计算机基础与应用

主　编　王颖娜　侯俊松　杨文静

副主编　龙　飞　唐玮嘉　王晓旭

北京理工大学出版社

BEIJING INSTITUTE OF TECHNOLOGY PRESS

内 容 简 介

本书内容划分为 3 篇：计算机基础知识篇、办公软件介绍篇、公共基础知识篇。第一篇为第 1~4 章，主要介绍计算机概述、计算机系统、计算机操作系统、计算机网络；第二篇为第 5~7 章，主要介绍 Microsoft Office 2016 系列中的 Word、Excel、PowerPoint；第三篇为第 8~12 章，主要介绍数据结构基础、算法设计基础、程序设计基础、软件工程基础、数据库技术基础。

本书可作为高等院校计算机专业基础课程的教材，也可作为计算机培训、计算机等级考试和计算机初学者的自学教材或参考书。本书配有《计算机基础与应用实验指导》和电子教案，便于广大师生的教与学。

图书在版编目（CIP）数据

计算机基础与应用／王颖娜，侯俊松，杨文静主编.
－－北京：北京理工大学出版社，2022.6
　　ISBN 978-7-5763-1370-3

Ⅰ.①计…　Ⅱ.①王…　②侯…　③杨…　Ⅲ.①电子计
算机-高等学校-教材　Ⅳ.①TP3

中国版本图书馆 CIP 数据核字（2022）第 096586 号

出版发行／北京理工大学出版社有限责任公司
社　　　址／北京市海淀区中关村南大街 5 号
邮　　　编／100081
电　　　话／（010）68914775（总编室）
　　　　　　（010）82562903（教材售后服务热线）
　　　　　　（010）68944723（其他图书服务热线）
网　　　址／http：//www.bitpress.com.cn
经　　　销／全国各地新华书店
印　　　刷／北京国马印刷厂
开　　　本／787 毫米×1092 毫米　1/16
印　　　张／20.75
字　　　数／565 字
版　　　次／2022 年 6 月第 1 版　2022 年 6 月第 1 次印刷
定　　　价／96.00 元

责任编辑／江　立
文案编辑／李　硕
责任校对／刘亚男
责任印制／李志强

前　言

随着计算机技术的迅速发展，计算机的地位日益重要。在培养高素质的专业人才方面，计算机知识与应用能力是极其重要的组成部分。本书根据普通高等院校非计算机专业对计算机知识的基本要求、教育部全国计算机等级考试基础内容，由多年在教学一线从事计算机基础系列课程教学的教师团队编写而成。

本书共 12 章，内容分为三篇，第一篇（第 1~4 章）介绍计算机基础知识，包括：计算机概述、计算机系统、计算机操作系统、计算机网络；第二篇（第 5~7 章）介绍办公软件，包括：Word 2016、Excel 2016、PowerPoint 2016；第三篇（第 8~12 章）介绍公共基础知识，包括：数据结构基础、算法设计基础、程序设计基础、软件工程基础和数据库技术基础。

本书内容涵盖面广，知识体系层次分明，重点突出，实用性强，采用图、表及实例方式来准确表达，并对重要的知识点和实践操作内容制作了相关的讲解视频（全书共提供 12 个微课视频），读者可利用手机扫描二维码观看，大大方便了读者的学习，并为后续课程的学习打下扎实的基础。

本书有配套的实践指导教材——《计算机基础与应用实验指导》，以案例教学为主，有详细的实验操作步骤和各章相关知识习题，可与本教材配套使用，使学习更加事半功倍。

本书第 1、4、11 章由侯俊松编写，第 2、9、10 章由龙飞编写，第 3 章由唐玮嘉编写，第 5、7、12 章由王颖娜编写，第 6 章由杨文静编写，第 8 章由王晓旭编写。全书由王颖娜、侯俊松、杨文静担任主编。本书的编写得到了云南大学滇池学院各级领导及同仁的关心和大力支持，在此表示深深的感谢！

由于编者水平有限，书中难免存在不足之处，恳请读者批评指正。我们的联系邮箱为 yingnawang2022@ 163. com。

编　者

2022 年 3 月

目　　录

第一篇　计算机基础知识篇

第二篇　办公软件介绍篇

第三篇　公共基础知识篇

第一篇

计算机基础知识篇

ONE

第 1 章

计算机概述

从远古时代"结绳记事"开始，人类就已经有意识地开始借助工具来进行计算，1946 年世界上公认的第一台计算机 ENIAC 的发明，使人类世界计算工具有了质的跨越。现今计算机已被广泛应用到人类社会的各个领域，并深入影响和改变着人们的工作、生产和生活方式。因此，了解、学习、掌握计算机相关基础知识和基本应用技能，是每一个人都应具备的基本素质。

1.1 计算机绪论

1.1.1 计算机发展历程

1946 年世界上第一台真正能运行和使用的大型通用电子数字积分计算机 ENIAC（Electronic Numerical Integrator And Computer）由美国宾夕法尼亚大学研制成功，是计算机发展史上的一个里程碑，也标志着计算机发展进入了一个全新的时代。

1. 电子计算机的诞生

现在的计算机已经被应用到社会发展、人类生活的各个方面，但计算机最初只是作为一种计算工具出现。在第一台电子数字积分计算机 ENIAC 诞生之前，计算工具经历了漫长的发展演变。

1）简易计算工具阶段

古埃及、古巴比伦、古印度和中国分别形成了各自独特的运算符号系统，并开始逐步寻找简单、方便和实用的计算工具。

初期的计算主要是用石子计数，或者用在绳子上打结的方式来记事和计数。在我国古书中有"事大，大结其绳；事小，小结其绳"和"结之多少，随物众寡"的记载，这一计数方式被后人称为"结绳记事"，可以认为是计算工具的雏形。

算筹是最早的人造计算工具，如图 1.1.1 所示。我国南北朝时期著名的数学家、天文学家和机械制造专家祖冲之，就是用算筹计算出圆周率 π 的值为 3.141 592 6~3.141 592 7，这一结果比西方早了一千多年。

算盘是计算工具发展史上第一次重大的变革。算盘最早出现于唐朝，由算筹演变而来，在元朝后期取代了算筹。它采用十进制表示形式，配合口诀使用，能够进行基本的加、减、乘、除等算术运算。在中世纪时期的世界各民族中，算盘是最为普及并和人们工作生活密切相关的计算工具，图1.1.2所示是一种最为常见的算盘样式。

图1.1.1　算筹

图1.1.2　算盘

2）机械计算机阶段

17世纪以来，欧洲进入文艺复兴的社会大变革时期，极大地促进了自然科学技术的发展，计算工具在欧洲也得到了突飞猛进的演变，由早期的简易计算工具阶段进入机械计算机阶段，为后来的计算机发展奠定了坚实的基础。

1617年，英国数学家纳皮尔（John Napier）发明了乘除器，也称纳皮尔算筹，如图1.1.3所示，开启了机械计算机时代。1642年，法国数学家帕斯卡（Blaise Pascal）发明了能实现加减运算的齿轮式帕斯卡计算器，如图1.1.4所示，这是人类历史上真正的第一台机械式计算工具，其原理对后来的计算工具产生了持久的影响。

图1.1.3　纳皮尔算筹

图1.1.4　帕斯卡计算器

机械式计算机的典型代表是1922年由英国著名发明家查尔·巴贝奇（Charles Babbage）研制的差分机，如图1.1.5所示。它以蒸汽机为动力，用齿轮啮合传动完成计算，计算精度可达6位小数，可用于计算平方、立方、对数和三角函数等。

3）机电计算机阶段

1941年世界上第一台完全由程序控制的机电式计算机Z-3在德国工程师康拉德·祖斯（Konrad Zuse）的带领下研制成功，如图1.1.6所示。Z-3的全部元件采用继电器，也是第一台采用二进制的计算机，并在该计算机上采用了浮点计数法、二进制运算、带数字存储地址指令格式等，为现代电子计算机的设计制造奠定了理论和实践基础。

图 1.1.5　巴贝奇差分机

图 1.1.6　Z-3 计算机

4）电子计算机阶段

20 世纪中期，伴随着第二次世界大战的隆隆炮声，具有划时代意义的计算工具"电子计算机"诞生了，其最大的特点是采用了电子线路来执行算术运算、逻辑运算和存储信息。在该时期电子计算机的演变和发展中，英国科学家艾伦·麦席森·图灵（Alan Mathison Turing，图 1.1.7）和美籍匈牙利数学家约翰·冯·诺依曼（John Von Neumann，图 1.1.8）都起到了关键性的作用。艾伦·麦席森·图灵被誉为计算机科学的奠基人，他建立的图灵机理论模型，对计算机的一般结构、可实现性和局限性产生了深远的影响，同时还提出图灵测试，奠定了人工智能的理论基础；约翰·冯·诺依曼被称为现代计算机之父，他提出了"存储程序"的概念，并成功实践了计算机内部指令、数据的二进制存储，以及计算机硬件需由运算器、逻辑控制装置、存储器、输入设备和输出设备五大部分组成的理论。

图 1.1.7　艾伦·麦席森·图灵

图 1.1.8　约翰·冯·诺依曼

目前，世界上公认的第一台电子计算机是在 1946 年 2 月由美国的宾夕法尼亚大学研制成功的 ENIAC，如图 1.1.9 所示。ENIAC 共使用了 18 000 多只电子管、1 500 多只继电器、10 000 多只电容和 7 000 多只电阻，占地 170 m²，重 30 t，每秒能完成 5 000 次加法运算或者 400 多次乘法运算，比当时最快的计算工具快 1 000 多倍。但其自身也存在以下两个方面的不足：

（1）存储容量太小，只能存储 20 个字长为 10 位的十进制数；

（2）与"存储程序"式的计算机不同，它的程序是"外插"型的，即采用布线接板的方式进行控制实现，执行程序前需要进行复杂的线路连接，当更换计算题目时，需要重新焊接连线，很费时间。

图 1.1.9　电子计算机 ENIAC

2. 计算机的发展

ENIAC 的研制成功开启了计算机快速发展的新时代，每当电子技术有突破性进展，就必然导致计算机的一次重大变革。我们根据制造计算机的主要电子元器件的不同，将计算机从 1946 年起始的整个发展过程划分成以下 5 个阶段。

1）第一代计算机

第一代计算机（1946—1958 年）主要是以电子管为主要逻辑元件的计算机，如图 1.1.10 所示。

（a）　　　　　　　　　　　　　（b）

图 1.1.10　第一代计算机

（a）UNIVAC-1（通用自动计算机一号）；（b）电子管

逻辑元件：电子管。

主存储器：汞延迟线、静电存储管、磁鼓、磁芯。

外存储器：磁带。

输入/输出：穿孔卡片。

编程语言：机器语言、汇编语言。

主要用途：军事领域、科学计算、数据处理。

代表机型：UNIVAC-1、IBM650、IBM701 等。

特点：体积大、功耗高、寿命短、可靠性差、运算速度慢（一般为每秒数千次至数万次）、价格昂贵、使用和维护困难。

2）第二代计算机

第二代计算机（1959—1964 年）主要是以晶体管为逻辑元件的计算机，如图 1.1.11 所示。

逻辑元件：晶体管。

主存储器：磁芯。

外存储器：磁带、磁盘。

输入/输出：拨码开关键盘和显示指示灯。

编程语言：高级语言 FORTRAN、ALGOL 和 COBOL 等。

主要用途：科学计算、数据处理、过程控制。

代表机型：IBM7030、CDC6600 等。

特点：体积缩小、能耗降低、可靠性提高、运算速度提高（一般为每秒数十万次，可高达 300 万次/秒）、性能比第一代计算机有很大的提高。

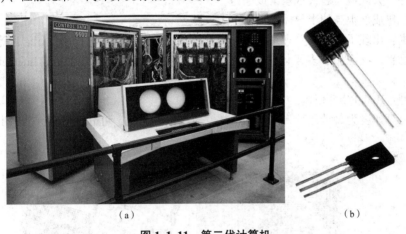

（a）　　　　　　　　　　　　　　　　（b）

图 1.1.11　第二代计算机

（a）CDC6600；（b）晶体管

3）第三代计算机

第三代计算机（1965—1970 年）主要是以中、小规模集成电路为逻辑元件的计算机，如图 1.1.12 所示。

逻辑元件：中、小规模集成电路。

存储器：开始使用半导体存储器。

软件技术：出现了操作系统、会话式语言和结构化、模块化程序设计方法。

主要用途：科学计算、信息管理、自动控制等领域。

代表机型：IBM360。

特点：运算速度更快（一般为每秒数十万次到数百万次），功耗更小，可靠性有了显著提高，价格进一步下降，产品走向了通用化、系列化和标准化等。

（a）　　　　　　　　　　　　　　　（b）

图 1.1.12　第三代计算机

（a）IBM360；（b）中、小规模集成电路

4）第四代计算机

第四代计算机（1971 年至今）主要是以大规模、超大规模集成电路为逻辑元件的计算机，如图 1.1.13 所示。

逻辑元件：大规模、超大规模集成电路。

存储器：集成度很高的半导体存储器。

软件技术：出现了数据库管理系统、网络管理系统和面向对象的程序设计语言等。

主要用途：广泛应用于多媒体技术、信息技术、数据挖掘、电子商务、Internet、电子政务等领域。

代表机型：IBM PC 系列机。

特点：运算速度为每秒几百万次至上亿次，应用范围广泛，可靠性更高，已逐步渗透到人们生活的各个领域。

（a）　　　　　　　　　　　　　　　（b）

图 1.1.13　第四代计算机

（a）IBM PC；（b）超大规模集成电路

5）第五代计算机（正在发展中）

从计算机所采用的主要逻辑元件来说，目前的计算发展还处于第四代水平，但在 20 世纪 80 年代，日本、美国等国家已经开始筹备第五代计算机的研究，它们的目标是能够打破现有计算机的固有体系结构，使计算机具有像人一样的思维、推理和判断能力，向智能化方向发展，使计算机接近人的思维方式。该项第五代计算机的研究至今也没有实现预期的目标，但却对人工智能

理论和智能机器人技术有很大的促进作用。从目前的研究情况来看，未来的新一代计算机可能在光计算机、生物计算机、量子计算机等方面取得革命性的突破。

1.1.2　计算机的分类

随着计算机技术的不断发展，计算机的分类标准和方法也在不断地发生变化，现在常见的计算机分类方式主要有以下 3 种。

1. 按计算机处理的信号不同分类

1）模拟信号计算机

模拟信号计算机处理的是连续变化的模拟量，即电压、电流、温度等物理量的变化。模拟信号计算机计算精度低、抗干扰能力弱、应用面窄，曾在 19 世纪末到 20 世纪 30 年代活跃过一段时期，主要用于过程控制，现在已基本被数字信号计算机所取代。

2）数字信号计算机

数字信号计算机处理的是脉冲变化的离散量，即以 0、1 组成的二进制数字信号。数字信号计算机计算精度高、抗干扰能力强，现在所使用的计算机都是数字信号计算机。

3）数模混合信号计算机

数模混合信号计算机是将模拟信号与数字信号相结合，兼有模拟信号计算机和数字信号计算机两者的功能。

2. 按计算机的用途不同分类

1）通用计算机

通用计算机硬件是标准的，并具有较好的可扩展性，可以安装和运行多种解决不同领域问题的硬件及软件，现在使用的计算机大多都是通用计算机。它适用于科学计算、数据处理、过程控制等各类应用场合，功能齐全、通用性好。

2）专用计算机

专用计算机硬件全部根据应用系统的要求配置，专门用于解决某些特定应用问题，如智能仪表、工业控制、网络路由器、自动售卖机、数码相机等。

3. 按计算机的规模与性能不同分类

1）超级计算机

超级计算机体积大、速度快、功能强、价格也高，主要为国家安全、空间技术、天气预报、石油勘探、生命科学等领域提供高强度计算服务。在 2021 年 6 月全球超级计算机 TOP500 榜单中，世界上运算速度最快的计算机是日本理化学研究所（Riken）与富士通公司（Fujitsu）共同研发的 Fugaku（富岳），其处理器核芯有 7 630 848 个，计算峰值为 442 010 TFlop/s（万亿次浮点运算每秒）。

2）大型计算机

大型计算机是一类高性能、大容量的通用计算机，具有很强的综合处理能力，有着标准化的体系结构和批量生产能力，广泛应用在银行、税务、大型企业、大型工程设计等领域。IBM3090、IBM eServer z900、IBM z14 等是大型计算机的典型代表。

3）小型计算机

小型计算机是介于微型计算机和大型计算机之间的一种计算机，其性能不及大型计算机，但体积小、结构简单、价格低廉、性价比高，适合于中、小型企业和事业单位，用于工业控制、数据采集、分析计算和企业管理等。

4）工作站

工作站是一种高性能的微型计算机，配备有大屏幕显示器、大容量存储器和图形加速卡等，多用于计算机辅助设计和图像处理等。

5）服务器

服务器是一种在网络环境下为客户端计算机提供各种服务的高性能计算机，它在软件的控制下，将与其相连的硬件设备提供给网络上的客户机共享，也能为网络用户提供集中计算、信息发布及数据管理等服务。按功能可分为数据库服务器、域名服务器、文件服务器、邮件服务器、Internet 服务器、打印服务器及应用服务器等。

6）微型计算机

微型计算机又称个人计算机（Personal Computer，PC），是现今使用量最广、产量最大的一类计算机。它体积小、功耗低、成本低、灵活性好、性价比高、使用方便，被人们普遍使用。我们日常使用的台式机、笔记本电脑、掌上计算机等都属于微型计算机。

7）嵌入式计算机

嵌入式计算机是作为一种信息处理部件，嵌入应用系统之中，实现对设备智能化控制的专用计算机，广泛应用于各种家用电器之中，如电冰箱、全自动洗衣机、空调、电饭煲、数码产品等。

1.1.3 计算机的特点及应用领域

1. 计算机的特点

自第一台世界公认的计算机诞生以来，计算机在各方面都得到飞速发展，虽然在规模、用途、性能、结构等方面有所不同，但是它们都具有如下共同的特点。

1）运算速度快

计算机运算速度从诞生时的几千次每秒发展到几十亿亿次每秒以上，使过去烦琐耗时的计算工作，现在可以在极短的时间内完成，为社会的发展和科技的进步起到了非常重要的推动作用，特别是在国防建设、航空航天、天气预报等方面有着特殊的重要作用。

2）计算精度高

计算机内部数据采用二进制表示，在进行浮点数计算时，计算机的字长决定了计算精确度。目前计算机的字长已达到 64 位，计算精度比早期的 8 位字长要精确很多。在宇宙飞船测控、导弹制导等方面，超高精度的计算是非常必要的。

3）记忆能力强

计算机具有存储功能，是区别于传统计算工具的一个重要特征。计算机的存储器可以存储大量数据，这使计算机具有了"记忆"能力，目前存储容量已达到太数量级的容量。

4）具有逻辑判断能力

计算机在执行给定程序的过程中，能够进行各种逻辑判断，并根据判断的结果自动决定下一步应该执行的指令。有了这种能力，计算机才能进行一系列复杂的计算，并完成各种过程控制和数据处理任务。

5）按存储程序自动运行

计算机作为一种计算工具，其最大的特点就是能够自动运行，并在无人操作控制的条件下，自动运行数小时、数天，甚至更长的时间。也就是说，当程序被编写完成并开始执行后，计算机的运行就可以不再需要人工干预和控制，直到程序执行结束完成相应的功能。

2. 计算机的应用领域

初期研究电子计算机的目的是完成复杂的科学计算，但随着计算机技术的发展，计算机的应用深度和广度得到不断拓展，现今的计算机已被应用到国民经济和社会生活的各个领域，归纳起来，可分为以下 6 个方面。

1）科学计算

科学计算是计算机最早且最成熟的应用领域，其特点是数据量不大、计算量庞大、计算精度要求高。如大型工程设计、人造卫星运行轨道计算、石油勘探、核能利用、地震预报、天气预报和海洋工程等都是高强度计算领域，都得益于超级计算机在科学计算领域的应用。

2）信息处理

信息处理也称为数据处理，是指利用计算机对数据信息进行输入、分类、加工、整理、合并、统计、制表、检索及存储等一系列的处理工作。信息处理的特点是数据量很大，访问量也很大，但运算量简单，如铁路售票系统、医院管理系统、企业信息系统、财务管理系统、税务管理系统、人力资源管理系统、办公自动化系统和决策支持系统等。

3）过程控制

过程控制又称实时控制，是指及时采集前端设备的检测数据，并使用计算机快速地进行分析处理，最终实现对设备的自动控制。过程控制在宇宙探索、国防建设、宇宙飞船的飞行与返回、工业生产、汽车自动装配生产线、数控机床、无人侦察机的飞行与返航、导弹的巡航飞行与目标锁定等方面都有广泛的应用。

4）计算机辅助系统

计算机辅助系统是利用计算机的计算、逻辑判断、数据处理、过程控制等功能，结合人的经验和判断能力，共同完成各项任务的系统。计算机辅助系统在各行各业中发挥着重要的作用，不仅降低了从业人员的工作强度，而且极大地提高了人们的工作效率和学习效率。现今广泛应用的计算机辅助系统主要有计算机辅助设计（Computer Aided Design，CAD）、计算机辅助制造（Computer Aided Manufacturing，CAM）、计算机辅助测试（Computer Aided Testing，CAT）、计算机集成制造系统（Computer Integrated Manufacturing System，CIMS）、计算机辅助软件工程（Computer Aided Software Engineering，CASE）、计算机辅助教学（Computer Assisted Instruction，CAI）等。

5）人工智能

人工智能（Artificial Intelligence，AI）是由计算机来模拟或部分模拟人类的智能，让计算机具备类似于人的判断、推理、决策等功能，去完成一些智能性工作。近几年，随着深度学习和强化学习的应用，人工智能主要应用于机器翻译、人脸识别、语音识别、智能机器人、博弈、专家系统、无人驾驶、智能问答、智能家电等领域，典型的代表有 IBM 公司研制的专门用于国际象棋对弈的"深蓝"计算机系统、谷歌公司研制的围棋程序 AlphaGo。

6）网络应用

网络应用是计算机应用中近几年发展最为迅速的一个领域，它把计算机技术与通信技术相结合，并辅以相应软件构成一个规模大、功能强、可通信的网络结构，最终目标是实现用户对网络中的硬件、软件、数据等资源的共享。网络应用主要包括即时通信、网络新闻、信息检索、网络视频、网络音乐、电子商务、网上支付、地图查询、网络游戏、网上银行、旅行预订、电子邮件、在线学习等。

1.1.4　计算机的发展趋势

现今计算机技术虽然取得了非常巨大的进步，但随着人类实践活动的不断拓展和科学技术的不断进步，对计算机的软、硬件技术也提出了更高的要求，计算机的发展将继续向前推进，其发展趋势主要归纳为以下 4 个方面。

1）巨型化

巨型化是指研制速度更快、存储量更大、功能更强、体积也更大的巨型计算机。其运算能力一般在每秒亿亿次以上，主要应用于天文、气象、地质、核技术、航天飞机和卫星轨道计算、中长期天气预报等尖端科学技术领域。巨型计算机的发展集中体现了计算机科学技术的发展水平，可以解决一些特别复杂的高强度计算难题，为尖端科学领域的数值分析和计算提供了很大的帮助。

2）微型化

微型化是指在保持计算机功能的前提下，利用微电子技术和超大规模集成电路技术，进一步缩小计算机的体积和降低计算机价格。现在的微型计算机已经形成了台式机、笔记本电脑、平板电脑和嵌入式计算机等多个系列，随着微处理器技术的发展，还会开发出更微小的计算机，以满足人们更广泛的需求。

3）网络化

网络化是指把计算机技术、多媒体技术、网络技术等相互结合，不断发展，最终使计算资源、存储资源、数据资源、信息资源、知识资源、专家资源等得到全面整合，实现资源共享和协同工作，从而让用户享受可灵活控制的、智能的、协作式的信息服务，并获得前所未有的使用方便性。

4）智能化

智能化是指计算机具有模拟人的感觉和思维过程的能力，具备模拟人的推理、联想、思维等功能，并在一定程度上代替人的脑力劳动。近年来，智能化研究包括模拟识别、物形分析、自然语言的生成和理解、博弈、定理自动证明、自动程序设计、专家系统、学习系统和智能机器人等方面，并在机器翻译、机器视觉、语音识别、无人驾驶等领域实用化方面取得了进展。

1.1.5 我国计算机发展简介

我国的计算机研究开始于 1956 年，首先由国务院总理周恩来主持制定《1956—1967 年科学技术发展远景规划纲要》，把计算机技术列为必须采取的四大紧急措施之一。随后由著名数学家华罗庚教授（图 1.1.14）起草了发展电子计算机的措施，他最早倡导研究计算机技术，并建立了中国第一个电子计算机科研小组，成为我国计算机技术的奠基人和主要开拓者。到如今，我国的计算机技术的发展大致可以划分为以下 4 个阶段。

图 1.1.14 华罗庚教授

1. 第一代计算机研制阶段（1958—1964 年）

我国从 1957 年开始研制通用数字电子计算机。在 1958 年 8 月 1 日，诞生了我国第一台电子计算机，该机可以演示短程序运行，后来改名为 103 型计算机（即 DJS-1 型），并在 738 厂小量生产了 38 台。在 1959 年国庆节前完成了我国第一台大型通用电子计算机（104 机）的研制任务，该计算机以苏联当时正在研制的 БЭСМ-II 计算机为蓝本，由中科院计算所、四机部、七机部和部队的科研人员与 738 厂密切配合，在苏联专家的指导帮助下完成。1960 年 4 月，研制成功一台小型通用电子计算机（107 机），该计算机由夏培肃院士领导科研小组首次自行设计并完成研制。1964 年，我国第一台自行设计的大型通用数字电子管计算机（119 机，图 1.1.15）研制成功，平均浮点运算速度为 5 万次/秒。

2. 第二代计算机研制阶段（1965—1972 年）

在研制第一代计算机的同时，我国已开始研制第二代计算机。1965 年 4 月，我国第一台自行设计的晶体管计算机 441-B（图 1.1.16）通过国家鉴定，浮点运算速度为 1.2 万次/秒，该 441-B 系列机被广泛装配到全国各重点院校和科研院所，是我国 20 世纪 60 至 70 年代中期的主

流应用机型之一。在 1967 年 9 月，大型通用晶体管计算机 109 丙研制成功，浮点运算速度为
11.5 万次/秒，为完成我国核武器的研制和东方红卫星的发射做出了重要贡献，被誉为"功勋计
算机"。

图 1.1.15　119 机 　　　　　　　　　　　　　　　图 1.1.16　441-B

3. 第三代计算机研制阶段（1973 年至 20 世纪 80 年代初）

我国第三代计算机的研制，在 1970 年开始才陆续获得突破。1972 年正式交付的小规模集成
电路 111 计算机，是我国最早研制成功的第三代计算机之一；1973 年 8 月，我国第一台自行设计
的运算速度为 100 万次/秒的集成电路计算机 150 机研制成功，这是我国第一台配有多道程序和
自行设计操作系统的计算机；1983 年，中国科学院计算所研制成功我国第一台大型向量机（757
机），计算速度达到 1 000 万次/秒；1983 年 11 月，我国第一台运算速度为 1 亿次/秒的向量巨型
计算机银河-Ⅰ（图 1.1.17），由国防科技大学研制成功，填补了我国巨型计算机的空白，这是
我国高速计算机研制的一个里程碑。

图 1.1.17　银河-Ⅰ巨型机

4. 第四代计算机研制阶段（20 世纪 80 年代中期至今）

我国第四代计算机研制与国外一样，也是从微型计算机开始的，随着芯片集成度越来越高，
计算机的体积也变得越来越小，1980 年年初，我国不少单位开始采用 Z80、X86 和 M6800 芯片研
制微型计算机，并于 1983 年 12 月研制成功与 IBM PC 机兼容的 DJS-0520 微型计算机；1992 年，国
防科技大学研制成功银河-Ⅱ通用并行巨型机，它的峰值性能达 4 亿次浮点运算/秒，总体上达到 20
世纪 80 年代中后期国际先进水平；1995 年，国家智能计算机研究开发中心推出的国内第一台具
有大规模并行处理机结构的并行机曙光 1000，实际运算速度达到 10 亿次浮点运算/秒；1997
年，国防科技大学研制成功银河-Ⅲ百亿次并行巨型计算机系统，采用可扩展分布共享存储并行

处理体系结构，由 130 多个处理节点组成，峰值性能为 130 亿次浮点运算/秒，系统综合技术达到 20 世纪 90 年代中期国际先进水平；2002 年 9 月，我国首颗具有自主知识产权的高性能通用芯片——龙芯 1 号通过鉴定，字长 63 位，最高主频 266 MHz，定点和浮点最快运算速度均达到 2 亿次/秒。

目前，国内运算速度最快的计算机为国家并行计算机工程技术研究中心研制的"神威·太湖之光"超级计算机（图 1.1.18），该系统全部使用中国自主知识产权的处理器芯片，共有处理器核芯 10 649 600 个，峰值性能为 9.3 亿亿次浮点运算/秒，在 2021 年 6 月最新公布的国际超级计算机 500 强榜单中，"神威·太湖之光"位列第 4。

图 1.1.18　超级计算机"神威·太湖之光"

1.2　计算机中的数据与编码

1.2.1　常用数制介绍

1. 数制的基本概念

数制是人们利用符号来计数的科学方法，它按照进位的原则进行计数，也称为进位计数制。在日常生活中，人们习惯用十进制进行计数，除此之外，还有许多非十进制的计数方法。例如，60 秒为 1 分钟，用的是六十进制计数法；一天有 24 小时，用的是二十四进制计数法；1 年有 12 个月，用的是十二进制计数法。当然，生活中还有很多各种各样的进制计数法，但在计算机的内部，为了便于数据的表示和计算，采用二进制计数法，其主要原因是由于电信号只有导通和断开两种状态，能够被二进制方便、准确地表示和存储。

在计算机中，虽然存储和计算都使用二进制数，但为了书写和表示方便，我们还引入了八进制数、十进制数和十六进制数。不论是哪一种进制，都包含一组数码和 3 个基本要素：基数、数位、权。

（1）数码：一组用来表示某种数制的符号。例如，十进制的数码是 0、1、2、3、4、5、6、7、8、9；二进制的数码是 0、1。

（2）基数：某数制可以使用的数码个数。例如，十进制的基数是 10；二进制的基数是 2。

（3）数位：数码在一个数中所处的位置。

（4）权：权是基数的幂，表示数码在不同位置上的数值。处在不同数位上的数字符号所代表的值不同。例如：十进制数 579.68，数码 5 的数位为 2，处于百位上，它代表 $5×10^2=500$，即 5 的权为 10^2；数码 7 的数位为 1，处于十位上，它代表 $7×10^1=70$，即 7 的权为 10^1；数码 9 的数位为 0，处于个位上，它代表 $9×10^0=9$，即 9 的权为 10^0；以此类推，数码 6 的数位是小数点后第一位，代表 $6×10^{-1}=0.6$，即 6 的权为 10^{-1}；数码 8 的数位是小数点后第二位，代表 $8×10^{-2}=0.08$，即 8 的权为 10^{-2}。

2. 常用的数制

计算机中常用的数制有二进制、八进制、十进制和十六进制 4 种，为方便记忆和机器识别，我们使用 B（Binary）表示二进制，二进制数 101 可以写成 101B；O（Octonary）表示八进制，八进制数 101 可以写成 101O 或者 101Q（由于字母 O 与数字 0 容易混淆，常用 Q 代替 O）；D（Decimal）表示十进制，十进制数 101 可以写成 101D（D 可省略）；H（Hexadecimal）表示十六进制，十六进制数 101 可以写成 101H。也可以一个数字加括号并在括号外面加对应的下标来表示进制的数据，以方便人们阅读，例如：$(101)_2$ 表示二进制数 101。

1）二进制

二进制是用 0 和 1 表示数值，采用"逢二进一"计数原则的进位计数制。二进制的基数为 2，权为 2^i，其中 i 代表数字在二进制中的数位。例如，二进制数 1011.11 可表示为

$$(1011.11)_2 = 1\times2^3 + 0\times2^2 + 1\times2^1 + 1\times2^0 + 1\times2^{-1} + 1\times2^{-2}$$

2）八进制

八进制是用 0、1、2、3、4、5、6、7 这 8 个数码表示数值，采用"逢八进一"计数原则的进位计数制。八进制的基数为 8，权为 8^i，其中 i 代表数字在八进制中的数位。例如，八进制数 765.43 可表示为

$$(765.43)_8 = 7\times8^2 + 6\times8^1 + 5\times8^0 + 4\times8^{-1} + 3\times8^{-2}$$

3）十进制

十进制是用 0、1、2、3、4、5、6、7、8、9 这 10 个数码表示数值，采用"逢十进一"计数原则的进位计数制。十进制的基数为 10，权为 10^i，其中 i 代表数字在十进制中的数位。例如，十进制数 179.43 可表示为

$$(179.43)_{10} = 1\times10^2 + 7\times10^1 + 9\times10^0 + 4\times10^{-1} + 3\times10^{-2}$$

4）十六进制

十六进制是用 0、1、2、3、4、5、6、7、8、9、A、B、C、D、E、F 这 16 个数码表示数值，规定 A 表示 10，B 表示 11，C 表示 12，D 表示 13，E 表示 14，F 表示 15，采用"逢十六进一"计数原则的进位计数制。十六进制的基数为 16，权为 16^i，其中 i 代表数字在十六进制中的数位。例如，十六进制数 3AB.4F 可表示为

$$(3AB.4F)_{16} = 3\times16^2 + A\times16^1 + B\times16^0 + 4\times16^{-1} + F\times16^{-2}$$
$$= 3\times16^2 + 10\times16^1 + 11\times16^0 + 4\times16^{-1} + 15\times16^{-2}$$

常用数制的比较如表 1.2.1 所示。

表 1.2.1　常用数制的比较

数制	数码	基数	权	计数规则	字母
二进制	0,1	2	2^i	逢二进一	B
八进制	0,1,2,3,4,5,6,7	8	8^i	逢八进一	O 或 Q
十进制	0,1,2,3,4,5,6,7,8,9	10	10^i	逢十进一	D
十六进制	0,1,2,3,4,5,6,7,8,9,A,B,C,D,E,F	16	16^i	逢十六进一	H

1.2.2　数制间的相互转换

1. 十进制转换成 r 进制

将十进制转换成为二进制、八进制或十六进制等非十进制数的方法都是类似的，可以分为 3 种情况来讨论。

（1）十进制整数转换成 r 进制，采用"除基数取余，逆序排序法"，基数分别为 r 进制的基数。具体做法为，将十进制整数逐次除以需要转换数制的基数，直到商为 0 为止，然后将所得到的余数自下而上逆序排序，所得到的数值就是最终的转换结果。

【例 1.1】将十进制数 17 转换为二进制数。

解：

则得：$(17)_{10} = (10001)_2$。

【例 1.2】将十进制数 17 转换为八进制数。

解：

则得：$(17)_{10} = (21)_8$。

【例 1.3】将十进制数 17 转换为十六进制数。

解：

则得：$(17)_{10} = (11)_{16}$。

（2）小于 0 的十进制小数转换成 r 进制，采用"乘基数取整，顺序排序法"，基数分别为 r 进制的基数。具体做法为，将小于 0 的十进制小数逐次乘以需要转换数制的基数，直到所得结果的小数部分的值为 0 为止，然后将每次所得到乘积的整数部分自上而下顺序排序，所得到的数值就是最终的转换结果。

【例 1.4】将十进制数 0.625 转换为二进制数。

解：

则得：$(0.625)_{10} = (0.101)_2$。

【例 1.5】将十进制数 0.325 转换为八进制数（取 3 位）。

解：

$$
\begin{array}{r}
0.325 \quad \text{取走整数} \\
\times \quad\quad 8 \quad \text{（小数点位置）} \\
\hline
\boxed{2}.600 \quad\cdots\cdots 2\text{（高位）} \\
0.600 \\
\times \quad\quad 8 \\
\hline
\boxed{4}.800 \quad\cdots\cdots 4 \\
0.800 \\
\times \quad\quad 8 \\
\hline
\boxed{6}.000 \quad\cdots\cdots 6\text{（低位）} \\
\vdots
\end{array}
$$

顺序排列

则得：$(0.325)_{10} = (0.246)_8$。

（3）大于 0 的十进制小数转换成 r 进制，我们只需要把大于 0 的十进制小数拆分成整数部分和小数部分，分别依据（1）和（2）两种方法转换出整数部分和小数部分的 r 进制，再拼接起来，所得到的数值就是最终的转换结果。

【例 1.6】将十进制数 17.625 转换为二进制数。

解：

由例 1.1 和例 1.4 可得：

$$(17)_{10} = (10001)_2$$
$$(0.625)_{10} = (0.101)_2$$

则得：$(17.625)_{10} = (10001.101)_2$。

2. r 进制转换成十进制

任意的 r 进制数转换为十进制数可以采用"位权法"，即把各 r 进制数按权展开，然后求和，便可得到转换结果。具体做法为，把 r 进制数按照它的一般表达式写法按权展开后，分别用各位数码乘以各自的权值后累加，最终结果就是该 r 进制数对应的十进制数。

【例 1.7】将二进制数 10101.01 转换为十进制数。

解：

$$
\begin{aligned}
(10101.01)_2 &= 1 \times 2^4 + 0 \times 2^3 + 1 \times 2^2 + 0 \times 2^1 + 1 \times 2^0 + 0 \times 2^{-1} + 1 \times 2^{-2} \\
&= 16 + 0 + 4 + 0 + 1 + 0 + 0.25
\end{aligned}
$$

则得：$(10101.01)_2 = (21.25)_{10}$。

【例 1.8】将十六进制数 1B2E 转换为十进制数。

解：

$$
\begin{aligned}
(1B2E)_{16} &= 1 \times 16^3 + B \times 16^2 + 2 \times 16^1 + E \times 16^0 \\
&= 1 \times 16^3 + 11 \times 16^2 + 2 \times 16^1 + 14 \times 16^0 \\
&= 4\,096 + 2\,816 + 32 + 14
\end{aligned}
$$

则得：$(1B2E)_{16} = (6\,958)_{10}$。

3. 二进制与八、十六进制之间的转换

二进制与八、十六进制之间存在着特殊的关系：$8^1 = 2^3$、$16^1 = 2^4$，即一位八进制相当于三位二进制，一位十六进制相当于四位二进制，所以在进行转换时我们就可以借助这个特殊的关系，让转换变得更加简单。

1）二进制转换成八、十六进制

当需要把二进制数转换成八、十六进制数时，转换方法分别为"三位合一"和"四位合一"。具体做法为，以小数点为界向左和向右划分，小数点左边（整数部分）每三位（八进制）或四位（十六进制）为一组构成一位八进制数或十六进制数，位数不足时在最左边补0；小数点右边（小数部分）每三位（八进制）或四位（十六进制）为一组构成一位八进制数或十六进制数，位数不足时在最右边补0。

【例1.9】 将二进制数 10101.01 转换成八进制数。

解：

$$\boxed{0}10\ 101.01\boxed{0}$$
$$2\quad 5\quad 2$$

则得：$(10101.01)_2 = (25.2)_8$。

【例1.10】 将二进制数 11101.01 转换为十六进制数。

解：

$$000\boxed{1}\ 1101.01\boxed{00}$$
$$1\quad D\quad 4$$

则得：$(11101.01)_2 = (1D.4)_{16}$。

2）八、十六进制转换成二进制

当需要把八、十六进制数转换成二进制数时，转换方法分别为"一位分三"和"一位分四"。具体做法为，把八进制数中每一位数码分别用三位二进制数表示，把十六进制数中的每一位数码分别用四位二进制数表示。

【例1.11】 将八进制数 25.2 转换成二进制数。

解：

$$2\quad\quad 5\quad .\quad 2$$
$$010\quad 101\quad 010$$

则得：$(25.2)_8 = (\boxed{0}10101.01\boxed{0})_2 = (10101.01)_2$。

【例1.12】 将十六进制数 1D.4 转换成二进制数。

解：

$$1\quad\quad D\quad .\quad 4$$
$$0001\quad 1101\quad 0100$$

则得：$(1D.4)_{16} = (\boxed{000}11101.01\boxed{00})_2 = (11101.01)_2$。

1.2.3 数据在计算机中的表示

计算机中的数据表示是指处理机硬件能够辨认并进行存储、传送和处理的数据表示方法。现实世界中任何形式的数据，在计算机内部都必须按照一定规则转换成0和1形式的二进制数据进行表示和存储。

1. 无符号数表示

无符号数是相对于带符号数而言的。计算机中的无符号数表示指的是整个机器字长的全部二进制位均表示数值位，相当于一个数的绝对值。例如，一台计算机中的寄存器字长为16位，那么该计算机的寄存器最大能存储的无符号数为65 535。因此，一个 n 位的二进制无符号数 X 的

表示范围为 $0 \leqslant X \leqslant 2^n - 1$。

2. 带符号数表示

任何符号在计算机内部都只能以二进制形式表示，因此当表示带符号数的正（+）、负（−）号时，也需要采用 0 和 1 来编码。通常情况下我们把带符号数的最高位规定为符号位（也称数符位），用 0 表示正，1 表示负，其余位表示数值。在一个字长为 8 位的计算机中，带符号数的表示如图 1.2.1 所示。

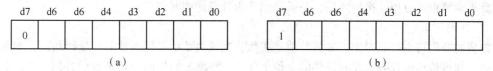

图 1.2.1 带符号数的表示

（a）正数（符号位为 0）；（b）负数（符号位为 1）

最高位 d7 为符号位，d6~d0 为数值位，这样就解决了带符号数的表示及运算问题，通常称这个表示过程为符号数字化。

数据在计算机中进行符号数字化处理后，便可以被计算机识别和处理。但如果符号位和数值同时参加运算，则有时会产生错误的结果。

例如，计算(−8)+6 的结果应为−2，但在计算机中若按照上述符号位和数值同时参加运算，则运算结果会出错，过程如下。

$$
\begin{array}{r}
10001000 \\
+\ 00000110 \\
\hline
10001110
\end{array}
$$

　　　　……−8 的机器数
　　　　…… 6 的机器数
　　　　…… 运算结果为−14

为了有效解决此类问题，改进带符号数的运算方法和简化运算器的硬件结构，最终，人们研究出带符号数的原码、反码和补码编码方法。

1）原码

原码表示法是数值的一种简单的表示法。整数 X 的原码：正数的符号位为 0，负数的符号位为 1，X 的数值用二进制表示。通常用 $[X]_{原}$ 表示 X 的原码。例如：

$[+1]_{原} = 00000001$ 　　　$[+127]_{原} = 01111111$ 　　　$[+6]_{原} = 00000110$

$[-1]_{原} = 10000001$ 　　　$[-127]_{原} = 11111111$ 　　　$[-8]_{原} = 10001000$

由此可知，8 位二进制原码表示的最大值为 127，最小值为−127，表示数据的范围为−127~127。

当采用原码表示法时，编码简单、直观、易懂，机器数与真值转换方便。但原码表示也存在以下一些问题。

（1）原码表示中，0 有两种表示形式，即

$[+0]_{原} = 00000000$ 　　　　　　　　$[-0]_{原} = 10000000$

0 的二义性，给机器判 0 带来了麻烦。

（2）用原码作四则运算时，符号位需要单独处理，且运算规则复杂。例如，对于加法运算，若两数同号，则数值相加，符号不变；若两数异号，数值部分实际上是相减，这时，必须比较两数绝对值的大小，才能决定运算方法、运算结果及符号。

2）反码

数值的反码可由原码得到。如果数值是正数，则该数值的反码与原码一样；如果数值是负数，则该数值的反码是对它的原码（符号位除外）各位取反而得到。整数 X 的反码通常用

$[X]_反$表示。例如：

$$[+1]_反 = 00000001 \qquad [+127]_反 = 01111111 \qquad [+6]_反 = 00000110$$
$$[-1]_反 = 11111110 \qquad [-127]_反 = 10000000 \qquad [-8]_反 = 11110111$$

由此可见，8 位二进制反码表示的最大值、最小值和表示数的范围与原码相同。

在反码表示中 0 也有两种表示形式，即

$$[+0]_反 = 00000000 \qquad [-0]_反 = 11111111$$

反码运算也不方便，很少使用，一般是用作求补码的中间码。

3）补码

数值的补码可由反码得到。如果数值是正数，则该数值的补码与原码、反码相同；如果数值是负数，则该数值的补码是在其反码的末位上加 1。整数 X 的补码为：正数的补码为 X；负数的补码的符号位为 1，其他各位为 X 的绝对值取反后，在最低位加 1，即为 X 的反码加 1。通常用 $[X]_补$表示 X 的补码。例如：

$$[+1]_补 = 00000001 \qquad [+127]_补 = 01111111 \qquad [+6]_补 = 00000110$$
$$[-1]_补 = 11111111 \qquad [-127]_补 = 10000001 \qquad [-8]_补 = 11111000$$

在补码表示中，0 有唯一的编码：

$$[+0]_补 = [-0]_补 = 00000000$$

这样，就可以用多出来的一个编码 10000000 来扩展补码表示数的范围，将该编码确定为 -128 的补码，或将最高位 1 既可看作符号位，又可看作数值位，补码表示数的范围为 -128~127。

利用补码可以方便准确地在计算机内进行运算。则上文 (-8)+6 的运算可改为

$$
\begin{array}{r}
11111000 \quad \cdots\cdots -8 \text{ 的补码} \\
+ \quad 00000110 \quad \cdots\cdots 6 \text{ 的补码} \\
\hline
11111110 \quad \cdots\cdots -2 \text{ 的补码}
\end{array}
$$

补码的运算结果仍然为补码，对补码再次进行求补运算即可得到原码，即

$$[11111110]_补 \xrightarrow{\text{取反加 1}} [10000010]_原，其真值为 -2，运算结果正确。$$

【例 1.13】计算 -9-6 的值。

解：

-9-6 = (-9)+(-6)，运算如下：

$$
\begin{array}{r}
11110111 \quad \cdots\cdots -9 \text{ 的补码} \\
+ \quad 11111010 \quad \cdots\cdots -6 \text{ 的补码} \\
\hline
\boxed{1}\ 11110001 \quad \cdots\cdots -15 \text{ 的补码}
\end{array}
$$

最高位的进位 1 会被丢弃，最终运算结果为 11110010，是 -15 的补码，最终结果正确。由此可见，利用补码可方便准确地实现正、负数的加减乘除运算（减法运算可以转换为加法运算，乘除运算也可以转换为加法运算）。在数的有效表示范围内，补码的符号位无须单独处理，如同其他数值位一样参与运算，运算规则简单，允许产生最高位的进位（被丢弃）。

当然，当运算结果超出计算机数据表示范围时，补码运算也会产生不正确的结果，在计算机系统中称这种错误为"溢出"，如例 1.14 所示。

【例 1.14】计算 50+80 的值。

解：

$$
\begin{array}{r}
00110010 \quad \cdots\cdots 50 \text{ 的补码} \\
+ \quad 01010000 \quad \cdots\cdots 80 \text{ 的补码} \\
\hline
10000010 \quad \cdots\cdots \text{ 结果为负}
\end{array}
$$

两个正整数相加，从结果的符号位可知运算结果是一个负数，这是由于结果超出了该数的有效表示范围（一个 8 位有符号的整数最大值为 01111111，即为 127）。

3. 定点数和浮点数表示

在计算机内部表示小数点比较困难，为此，我们把小数点的位置用隐含的方式表示，当隐含的小数点位置固定时，称为定点数；当隐含的小数点位置浮动变化时，称为浮点数。

1) 定点数表示

在定点数中，小数点的位置一旦确定就不会再改变。定点数又分为定点整数和定点小数两种。定点整数的小数点位置约定在最低位的右边，定点小数的小数点位置约定在符号位之后。

(1) 定点整数。

定点整数是纯整数，约定小数点位置在有效数值部分最低位之后。其表示形式如图 1.2.2 所示。

(2) 定点小数。

定点小数是纯小数，约定小数点位置在符号位与有效数值部分之间，其表示形式如图 1.2.3 所示。

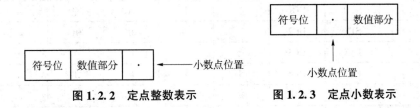

图 1.2.2　定点整数表示　　　　图 1.2.3　定点小数表示

2) 浮点数表示

浮点数是指小数点的位置不固定的数。浮点表示法规定：一个浮点数分为阶码和尾数两部分，阶码用于表示小数点在该数中的位置，尾数用于表示数的有效数值。由于阶码表示小数点的位置，所以阶码总是一个整数，可以是正整数，也可以是负整数；尾数可以采用整数或纯小数两种形式。

在 IEEE 754 标准下，当采用浮点数表示时，规定阶码采用移码形式的二进制整数表示，尾数采用原码形式的二进制小数表示，并且尾数的最高有效位必须是 1。在计算机中浮点数的存放方式如图 1.2.4 所示。

移码的计算方法非常简单，只需要求出给定数值的补码后，把补码的符号位取反，就得到该给定数值的移码。例如，数值 $X = -1011$，$[X]_{原} = 11011$，$[X]_{反} = 10100$，$[X]_{补} = 10101$，$[X]_{移} = 00101$。

【例 1.15】假设机器字长为 16 位，符号用 1 位表示，阶码部分用 5 位表示，在 IEEE 754 标准下，请用浮点数表示十进制数 +35.25。

解：

格式化数据：$(+35.5)_{10} = (+100011.01)_2 = (+0.10001101)_2 \times 2^{6}$。

阶码：$(+6)_{10} = [00110]_{原} = [00110]_{反} = [00110]_{补} = [10110]_{移}$。

因此，十进制数 +35.25 在计算机中的存储如图 1.2.5 所示。

±: 符号	P: 阶码	D: 尾数

0	10110	1000110100

图 1.2.4　浮点数的存放方式　　　　图 1.2.5　十进制数 +35.25 的浮点数存放方式

1.2.4 西文字符与汉字的编码

1. 西文字符编码

西文字符包括英文字母、数字、各种符号等，计算机内采用二进制代码对字符进行编码，且由权威部门制定相应的标准，确定编码的位数、顺序及编码意义等，作为识别与使用这些字符的依据。

国际上使用最广泛的西文字符编码方案是由美国国家标准学会制定的 ASCII 码（American Standards Code for Information Interchange，美国信息交换标准代码）。ASCII 码采用 7 位二进制数表示一个字符，共计可以表示 2^7 即 128 个字符。为了便于对字符进行分类和检索，把 7 位二进制数分为高 3 位（$d_7d_6d_5$）和低 4 位（$d_4d_3d_2d_1$）。7 位 ASCII 编码如表 1.2.2 所示。

表 1.2.2 7 位 ASCII 编码

$d_4d_3d_2d_1$	$d_7d_6d_5$							
	000	001	010	011	100	101	110	111
0000	NUL	DLE	SP	0	@	P	`	p
0001	SOH	DC1	!	1	A	Q	a	q
0010	STX	DC2	"	2	B	R	b	r
0011	ETX	DC3	#	3	C	X	c	s
0100	EOT	DC4	$	4	D	T	d	t
0101	ENQ	NAK	%	5	E	U	e	u
0110	ACK	SYN	&	6	F	V	f	v
0111	BEL	ETB	,	7	G	W	g	w
1000	BS	CAN	(	8	H	X	h	x
1001	HT	EM	)	9	I	Y	i	y
1010	LF	SUB	*	:	J	Z	j	z
1011	VT	ESC	+	;	K	[	k	{
1100	FF	FS	,	<	L	\	l		
1101	CR	GS	—	=	M	]	m	}
1110	SO	RS	.	>	N	^	n	~
1111	SI	US	/	?	O	_	o	DEL

利用上表可以查找数字、运算符、标点符号以及控制符等字符与 ASCII 码之间的对应关系。例如，数字 9 的 ASCII 码为 0111001，大写字母 A 的 ASCII 码为 1000001，ASCII 码 0100011 对应的字符为"#"等。

表 1.2.2 中高 3 位为 000 和 001 的两列是一些控制符，例如，NUL 表示空白、SOH 表示报头开始、STX 表示文本开始、ETX 表示文本结束、EOT 表示发送结束、ENQ 表示查询、ACK 表示应答、BEL 表示铃响、BS 表示退格、HT 表示横表、LF 表示换行、VT 表示纵表、FF 表示换页、CR 表示回车、CAN 表示作废、SYN 表示同步等。

计算机中数据的存储和运算以字节为单位，即以 8 位二进制数为单位。一个 ASCII 码在计算机中需要占用 1 个字节，一般情况下，字节的最高位 d_8 为 0，有时为了提高字符编码信息使用的可靠性，将这一位作为奇偶校验位，采用奇偶校验方法对传输的 ASCII 码信息进行校验。奇偶校验是指一种校验编码信息传输前后是否一致的方法，一般分为奇校验和偶校验。校验规则为：偶校验时，若 7 位 ASCII 码中"1"的个数为偶数，则校验位置为"0"，若 7 位 ASCII 码中"1"的个数为奇数，则校验位置为"1"；奇校验时，若 7 位 ASCII 码中"1"的个数为偶数，则校验位置为"1"，若 7 位 ASCII 码中"1"的个数为奇数，则校验位置为"0"。但不论是偶校验还是奇校验，校验位仅在信息传输时有用，在对 ASCII 码进行处理时校验位被忽略。

2. 汉字编码

汉字也是一种字符，在计算机中也需要用"0""1"组合的二进制数进行编码，才能被计算机识别接收。在汉字处理系统中，在汉字输入、处理、输出时，对汉字编码的要求是不相同的，因此在对汉字进行编码时，需要进行一系列的汉字代码转换，其汉字编码转换流程如图 1.2.6 所示。

图 1.2.6　汉字编码转换流程

1）汉字输入码

汉字输入码是计算机外部输入汉字时所用的编码，也称汉字外部码，简称外码。到目前为止，汉字的编码方法有百种之多，每一种都有自己的特点，可归并为下列 4 种。

（1）数字编码：常用的是国标区位码，用数字串代表一个汉字的输入码。区位码是将国家标准局公布的 6 763 个常用汉字分为 94 个区，每个区再分为 94 位，实际上把汉字组织在一个二维数组中，每个汉字在数组中的下标就是区位码。区码和位码各为两位十进制数，因此输入一个汉字需按键 4 次。例如，"中"字位于第 54 区 48 位，区位码为 5448。

（2）拼音编码：以汉语拼音为基础的输入码，如搜狗拼音输入法、全拼输入法、微软拼音输入法、紫光输入法和智能 ABC 输入法等。

（3）字形编码：根据汉字的形状形成的输入码。汉字个数虽多，但组成汉字的基本笔画和基本结构并不多，因此，把汉字拆分成基本笔画和基本结构，按基本笔画或基本结构的顺序依次输入，就能输入一个汉字。在现今实际使用中，五笔字型编码是最具有影响力的一种汉字字形编码。

（4）音形混合编码：利用拼音的一部分与汉字字形的一部分进行编码，从而实现对汉字的输入。例如，二笔输入法、全息码、五十字元等。优点是它兼容了拼音、字形输入的优点，大大减少了重码汉字，提高了输入速度；缺点是既要考虑字音，又要考虑字形，编码比较麻烦。

为了提高汉字的输入速度，还出现了基于模式识别的语音识别输入、手写输入或扫描输入等智能化输入方法。但不管哪种输入方法，都是操作者向计算机输入汉字的手段，而在计算机内部，汉字都是以机内码表示的。

2）汉字国标码

1980 年我国公布了 GB/T 2312—1980《信息交换用汉字编码字符集　基本集》，简称国标码，规定一个汉字编码占两个字节，使用每个字节的低 7 位编码，定义了 6 763 个常用汉字和 682 个图形符号。为了进一步满足信息处理的需要，在国标码的基础上，2000 年 3 月我国又推出了 GB 18030—2000《信息技术　信息交换用汉字编码字符集　基本集的扩充》，共收录了 27 000 多个汉字。GB 18030 的最新版本是 GB 18030—2005，以汉字为主并包含多种我国少数民族文字，收录汉字 70 000 多个。

国标码以区位码为基础进行编码，它们之间是一一对应的，区位码是十进制表示的国标码，国标码是十六进制表示的区位码，但为了与 ASCII 码兼容，编码时避开 ASCII 码中的第 0~32 个控制字符，就在区位码的区号和位号各加（32）$_{10}$，即（20$_{16}$）后，最终形成现今使用的国标码。

例如，"中"字的区位码为（5448）$_{10}$（3630$_{16}$），国标码为（8680）$_{10}$（5650$_{16}$）。

3）汉字机内码

汉字机内码是指计算机内部存储和处理汉字时所用的编码。汉字输入码经过键盘被计算机接收后就由有汉字处理功能的操作系统的"输入码转换模块"转换为机内码。

为了在计算机内部区分汉字编码和 ASCII 码，便将国标码的每个字节的最高位由 0 变为 1，变换后的国标码就称为汉字机内码。因此，可以得到如下的区位码、国标码、机内码的转换关系：

$$机内码 = 国标码 + （8080）_{16} = 区位码 + （A0A0）_{16}$$

【例 1.16】汉字"机"的区位码是（2790）$_{10}$，求其机内码。

解：

区位码：（2790）$_{10}$ =（00001 1011 0101 1010）$_2$ =（1B5A）$_{16}$

国标码：（1B5A）$_{16}$ +（2020）$_{16}$ =（3B7A）$_{16}$

机内码：（3B7A）$_{16}$ +（8080）$_{16}$ =（BBFA）$_{16}$ 或（1B5A）$_{16}$ +（A0A0）$_{16}$ =（BBFA）$_{16}$

现今，为了满足跨语言、跨平台进行文本转换和处理的要求，以及兼容 ASCII 码，UTF-8 成为互联网上使用得最广泛的一种编码，在 UTF-8 中一个中文字符占 3 个字节。

4）汉字字形码

汉字字形码又称汉字字模，是指汉字信息的输出编码，用于汉字在显示屏或打印机输出。汉字字形码通常有点阵和矢量两种表示方式。

（1）点阵方式。

用点阵方式表示字形时，就是将汉字分解成由若干个"点"组成的点字形，将此点字置于网状方格上，每个小方格大小为点字中的一个"点"。笔画经过的小方格"点"为黑色，用二进制数 1 表示；其他"点"为白色，用二进制数 0 表示，这种将汉字点字形数字化后的代码就称为汉字字形码。图 1.2.7 为"你"字的点阵及代码。

字模点阵的信息量是很大的，所占存储空间也很大。点阵越大，点数越多，输出的字形也就越清晰美观，占用的存储空间也就越大。常用汉字字形有 16×16、24×24、32×32、48×48、128×128 点阵等，不同字体的汉字需要不同的字库。用于显示的 16×16 点阵，每个汉字占用 32 个字节；用于打印的 24×24 的点阵形式，每个汉字就要占用 72 个字节。

（2）矢量方式。

矢量方式字形码存储于数学函数描述的曲线字库中，采用了几何学中二次曲线及直线来描述字体的外形轮廓，含有字形构造、颜色填充、数字描述函数、流程条件控制、栅格处理控制、附加提示控制等指令。当要输出汉字时，通过计算机的计算，由汉字字形描述生成所需大小和形状的汉字。由于是指令对字形进行描述，故与分辨率无关，均以设备的分辨率输出，既可以屏幕显示，又可以打印输出，字符缩放时总是光滑的，不会有锯齿出现，因此可产生高质量的汉字输出，点阵方式与矢量方式字形效果对比如图 1.2.8 所示。

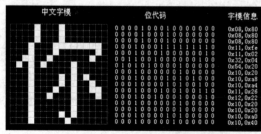

图 1.2.7　点阵及代码

图 1.2.8　点阵方式与矢量方式字形效果对比

（a）点阵字体；（b）矢量字体

1.3　信息技术概述

1.3.1　信息技术相关概念

1. 数据

数据（Data）是信息的载体，本身无意义，具有客观性，是存储在某种媒体上并能够被鉴别的符号，也是对客观事物的符号表示，描述、记录现实世界客体的本质、特征及运动规律的基本量化单元。在计算机科学中，数据是所有能输入计算机内部并被计算机程序处理的符号，即数据是计算机程序加工的原料。而所谓符号指的是数字、文字、字母及其他特殊字符，还包括图形、图像、图片、动画、影像、声音等多媒体数据。

2. 信息

信息（Information）是一个经过科学抽象后形成的一般性科学概念，是人们通常所说的信号、消息、情报、指令、密码等概念的总称，信息从数据中加工、提炼而来，有自身意义。数据经过加工处理之后，就成为信息，而信息则需要经过数字化转变后成为数据才能存储和传输。

不同角度对信息有不同的理解，从控制论的角度来说，信息是人类在适应外部世界、感知外部世界的过程中与外部世界进行交换的内容；从信息论的角度来说，信息是能够用来消除不确定性的东西，信息的功能是消除不确定性；从信息来源的角度来说，信息是用来表征客体变化或客体间相互关系的；从认识的角度来说，信息是指主体对于客体相关知识的获得程序。

3. 信息技术

信息技术（Information Technology，IT）是指在信息科学的基本原理和方法的指导下扩展人类信息功能的技术。一般来说，信息技术是以电子计算机和现代通信为主要手段实现对信息的获取、加工、传递和利用等功能的技术总和。信息技术主要包括信息感测技术、信息通信技术、信息智能技术、信息控制技术和计算机多媒体技术等。

信息技术由信息媒体和信息媒体应用的方法两个要素组成，主要包括以下两个方面的内涵：一方面是手段，即各种信息媒体，如印刷媒体、电子媒体、计算机网络等，是一种物化形态的技术；另一方面是方法，即运用信息媒体对各种信息进行采集、加工、存储、交流、应用的措施，是一种智能形态的技术。

1.3.2　信息技术的发展历程

信息技术的研究与开发，极大地提高了人类信息运用的能力，使信息成为人类生存和发展不可缺少的一种资源。根据信息技术研究开发和应用的发展历史，可以将信息技术分为以下 3 个发展阶段。

1. 信息技术的研究开发阶段

从 20 世纪 50 年代初期到 70 年代中期，信息技术在计算机、通信和控制领域得到了突破。在计算机领域，随着半导体技术和微电子技术等基础技术和支撑技术的发展，计算机开始成为信息处理的工具，软件技术也从最初的操作系统发展到应用软件的开发；在通信领域，大规模使用同轴电缆和程控交换机，使通信能力有了较大提高；在控制领域，单片机的开发和内置芯片的自动机械开始应用于生产过程。

2. 信息技术的全面应用阶段

从 20 世纪 70 年代中期到 80 年代末期，信息技术在办公自动化、工厂自动化和家庭自动化领域得到迅速发展和应用。计算机和通信技术的结合，使计算机信息系统全面应用到人们的生产、工作和日常生活中。社会组织开始根据自身的业务特点建立不同的计算机网络；工厂企业为提高劳动生产率和产品质量开始使用计算机网络系统，实现工厂自动化；智能化电器和信息设备大量进入家庭，家庭自动化水平迅速提高，使人们在日常生活中获取信息的能力大大增强，而且更加快捷方便。

3. 数字信息技术发展阶段

从 20 世纪 80 年代末至今，以互联网技术的开发和应用、数字信息技术为重点的互联网在全球得到飞速发展，美国在 20 世纪 90 年代初发起的基于互联网络技术的信息基础设施建设，在全球引发了信息基础设施建设的浪潮，由此带动了信息技术的全面研究开发和信息技术应用的热潮。在这个时期，信息技术在数字化通信、数字化交换、数字化处理技术领域有了重大突破。

1.3.3　现代信息技术的内容

现代信息技术是借助以微电子学为基础的计算机技术和电信技术的结合而形成的手段，是对声音的、图像的、文字的、数字的和各种传感信号的信息进行获取、加工、处理、储存、传播和使用的能动技术，其核心是信息学。

现代信息技术包括 ERP（Enterprise Resource Planning）、GPS（Global Positioning System）、RFID（Radio Ferquency Identification）等，可以从 ERP 知识与应用、GPS 知识与应用、RFID 知识与应用中了解和学习。现代信息技术是一个内容十分广泛的技术群，包括微电子技术、光电子技术、通信技术、网络技术、感测技术、控制技术、显示技术、信息安全技术等。

根据全球知名技术专家和未来学家预测，未来几十年内信息技术发展主要围绕以下 4 个方面。

1. 半导体、微电子及信息材料技术

半导体、微电子及信息材料技术包括半导体光集成电路、高温超导材料、光导体超栅极元件、纳米技术、超导电子存储器件、海量超级信息存储器、超级智能芯片、生物芯片、自增殖芯片、生物传感器、光线型电子元件、智能材料等。

2. 计算机硬件、软件技术

计算机硬件、软件技术包括光计算机元件、并行处理计算机、具有交互式电视功能的个人计算机、个人数字助理、光学计算机、神经网络计算机、模块软件、自动翻译系统、人工仿真系统、自增殖数据系统、生物计算机、计算机集成化制造系统等。

3. 通信技术

通信技术包括信息超高速公路、宽带网络、个人通信系统、标准数字协议等。

4. 信息应用技术

信息应用技术包括信息娱乐、电视会议、远程教学系统、联机出版、电子银行和电子货币、电子销售等。

1.4　计算机病毒

1.4.1　计算机病毒的定义和分类

1. 计算机病毒的定义

计算机病毒（Computer Virus）是指编制或在计算机程序中插入破坏计算机功能或者毁坏数据，影响计算机正常使用，并能自我复制或自动运行的一组计算机指令或一段程序代码。

2. 计算机病毒的分类

计算机病毒是人为制造的，对计算机信息数据或系统起破坏作用的程序。计算机中病毒后，轻则影响机器运行速度，重则死机、系统被破坏，甚至损坏计算机硬件。为了更好地了解计算机病毒特征，帮助我们更好地识别和处理计算机病毒，可以将常见的计算机病毒进行以下分类。

（1）按照寄生方式和传染途径分类，可分为引导型病毒、文件型病毒和混合型病毒。

（2）按照计算机病毒的链接方式分类，可分为源码型病毒、嵌入型病毒和操作系统型病毒。

（3）按照计算机病毒的传播媒介分类，可分为单机病毒和网络病毒。

（4）按照计算机病毒的破坏情况分类，可分为良性计算机病毒和恶性计算机病毒。

（5）按照计算机病毒攻击的系统分类，可分为攻击 DOS 系统的病毒、攻击 Windows 系统的病毒、攻击 UNIX 系统的病毒、攻击 OS/2 系统的病毒。

1.4.2　计算机病毒的特点

计算机病毒虽然也是一种计算机程序，但它与一般的程序相比，具有以下 6 个特点。

（1）传染性。计算机病毒具有强再生机制，它可以从一个程序传染到另一个程序，从一台计算机传染到另一台计算机，从一个计算机网络传染到另一个计算机网络。

（2）寄生性。病毒程序依附在其他程序体内，当这个程序运行时，病毒就通过自我复制而得到繁衍，并一直生存下去。

（3）隐蔽性。计算机病毒的隐蔽性表现在两个方面，一是传染过程很快，在其传播时多数没有外部表现；二是病毒程序隐蔽在正常程序中，其存在、传染和破坏行为不易被计算机操作人员发现。

（4）触发性。计算机病毒侵入系统后，病毒的触发是由发作条件来确定的，在发作条件满足前，病毒可能在系统中没有表现症状，不影响系统的正常运行。

（5）破坏性。计算机病毒发作时，对计算机系统的正常运行都会有一定干扰和破坏作用，有的干扰计算机工作，有的占用系统资源，有的破坏计算机硬件等。

（6）不可预见性。由于计算机病毒的种类繁多，新的变种不断出现，所以病毒对反病毒软件来说是不可预见的、超前的。

1.4.3　计算机病毒的防范与清除

计算机病毒的危害是严重的，不管是个人用户还是单位用户，时刻都会面临计算机病毒的威胁，了解一定的计算机病毒知识、预防措施和有效的查杀技术，对于减少计算机病毒危害是十分必要的。

1. 几种有代表性的病毒简介

（1）1986 年，巴基斯坦的两兄弟编写了 Brain 病毒，这是第一个针对 Microsoft（微软）公司的 DOS 操作系统的病毒。发作时，会填满当时广泛使用的 360 KB 软盘上的未用空间，致使其不能使用。

（2）1988 年，美国康奈尔大学的一名研究生编写了 Morris 病毒，这是第一个侵入互联网的病毒，通过互联网至少感染了 6 000 台计算机。

（3）1998 年，CIH 病毒出现，该病毒一开始是在每年的 4 月 26 日发作，后来的变种是在每月的 26 日发作。CIH 病毒发作时不仅破坏硬盘的引导区和分区表，而且破坏 BIOS 中的数据，必须返厂重写 BIOS 中的数据才能使计算机恢复正常，有人称之为破坏硬件的病毒。1999 年的 4 月 26 日，CIH 病毒再次发作，至少击中全球 6 000 万台计算机，经济损失达上亿美元。

（4）2000 年，一种称为"爱虫"的计算机病毒在全球各地传播，这个病毒通过 Microsoft 公司的 Outlook 电子邮件系统传播，邮件的主题为 I Love You，有一个附件。如果收到邮件的用户用 Outlook 打开这个邮件，系统则会自动复制并向该用户的电子邮件通讯录中所有的邮件地址发送这个病毒，这种传播方式使该病毒的传播非常迅速。

（5）2001 年，"红色代码"（Code Red）病毒诞生，该病毒利用了 Microsoft 公司互联网信息服务器（Internet Information Server，IIS）软件的漏洞，除了可以对网站进行修改外，还会使感染病毒的系统性能严重下降。

（6）2003 年出现的"冲击波"（Blaster）病毒利用了 Microsoft 公司软件中的一个缺陷，使中毒的计算机因反复重启而无法正常工作。2004 年出现的"震荡波"（Sasser）病毒也是使中毒的计算机因反复重启而瘫痪。

（7）2006 年，出现了"熊猫烧香"病毒，实际上它是一种蠕虫病毒的变种，由于中毒计算机中的可执行文件的图标会变为"熊猫烧香"图案，所以称为"熊猫烧香"病毒。中毒后的计算机可能出现蓝屏、频繁重启以及硬盘中的数据文件被破坏等现象。同时，该病毒的某些变种可以通过局域网进行传播，进而感染局域网内所有计算机系统，最终导致整个局域网瘫痪。

（8）2008 年 11 月出现的"扫荡波"病毒也是一种利用软件漏洞从网络入侵计算机系统的蠕虫病毒，"扫荡波"病毒运行后遍历局域网中的计算机并发起攻击，被击中的计算机会下载并执行一个"下载者"病毒，而"下载者"病毒还会下载"扫荡波"病毒，同时再下载一批游戏盗号木马。

（9）2017 年开始出现了一类被称为勒索病毒的新型计算机病毒，这类病毒主要以邮件、程序木马、网页挂载木马病毒等形式进行传播，利用各种加密算法对文件进行加密，被感染者一般无法自行解密，需要支付一定的赎金拿到解密密钥后才有可能破解。勒索病毒的主要攻击目标是存在大量无法及时修复漏洞的 Windows 7 和 Windows XP 等老旧操作系统。

2. 计算机病毒的传染途经

计算机病毒想要实现其不正当的目的，首先就需要让计算机感染上病毒，了解计算机病毒的传染途径是有效预防病毒传染的重要基础。计算机病毒主要通过外存设备和计算机网络两种途径传播。

（1）通过外存设备传染。这种传染方式是早期病毒传染的主要途径，使用了带有病毒的外存设备（移动硬盘、光盘和 U 盘等），计算机（硬盘和内存）就可能感染上病毒，并进一步传染给在该计算机上使用的外存设备。这样，外存设备把病毒传染给计算机，计算机再把病毒传染给外存设备，如此反复，使计算机病毒蔓延开来。

（2）通过计算机网络传染。这种传染方式是目前病毒传染的主要途径，该传染方式使计算机病毒的扩散更为迅速，能在很短的时间内使网络上的计算机受到感染。病毒会通过网络上的各种服务对网络上的计算机进行传染，如电子邮件、网络下载和网络浏览等。

3. 计算机病毒的防范措施

1）普及病毒知识

通过各种途径向计算机用户普及计算机病毒知识，使用户了解计算机病毒的基本常识和严重危害，严格遵守有关计算机系统安全的法律法规，强化信息时代的社会责任感，既要有保护自己计算机系统安全的意识，也要认识到编写和传播计算机病毒是一种违法的犯罪行为。

2）严格管理措施

根据计算机及网络系统的重要程度，制订严格的不同级别的安全管理措施，尽量避免使用他人的外存设备，如果确有需要，也应先进行查杀病毒处理；不要从网络上下载来历不明的软件，不要打开陌生的电子邮件；系统盘和存放重要文件的外存设备要加以写保护，重要数据要经常进行备份，而且应该有多个备份。

3）强化技术手段

强有力的技术手段也能有效预防病毒的传染。例如，安装病毒防火墙，可以预防病毒对系统的入侵，或发现病毒欲传染系统时向用户发出警报。

4. 计算机病毒的查杀

现今，计算机网络进一步普及，严格的预防措施只能尽可能减少计算机病毒传染的可能性，并不能完全避免病毒的感染。当计算机感染病毒后，有效的检查和病毒查杀手段就是安装合适的正版杀毒软件并及时升级，杀毒软件在检查和查杀计算机病毒时，一般不会破坏系统中的正常数据。目前，国内常见的杀毒软件有江民杀毒软件、金山毒霸、360 安全卫士、360 杀毒软件、火绒安全软件等。

思考题

1. 计算机的发展经历了哪几个阶段？各阶段的主要特征是什么？
2. 简述计算机的分类。
3. 计算机的特点是什么？
4. 计算机的主要应用领域有哪些？
5. 我国计算机的发展经历了哪几个阶段？试列出各阶段的代表机型。
6. 计算 -100 的原码、反码和补码。
7. 汉字"中"的区位码为 $(5448)_{10}$，求它的国标码和机内码。
8. 数据和信息的概念是什么？它们有什么区别？
9. 信息技术的概念及主要特征是什么？
10. 汉字的编码有哪几类？
11. 对于 16×16 的汉字点阵，一个汉字的存储空间有多少字节？
12. 计算机病毒的概念及特点是什么？
13. 对下列数值进行进制转换。

$(213)_{10}$ = (　　　　　　)$_2$ = (　　　　　　)$_8$ = (　　　　　　)$_{16}$

$(3E1)_{16}$ = (　　　　　)$_2$ = (　　　　　)$_8$ = (　　　　　)$_{10}$

$(10110101101011)_2$ = (　　　　)$_8$ = (　　　　)$_{10}$ = (　　　　)$_{16}$

14. 设机器字长为 16 位，试用定点整数表示 $(387)_{10}$。
15. 设机器字长为 32 位，符号 1 位，阶码 8 位，试用浮点数形式表示 $(26.625)_{10}$。

第2章

计算机系统

在人们的日常生活、工作和学习中，计算机的应用已经渗透到了方方面面。人们更多时候都将注意力集中到了计算机的使用上，对计算机的构成往往缺少了解。本章将对计算机系统的组成进行一个简单的介绍。

2.1　计算机系统概述

计算机系统的组成可以分为两个子系统：硬件系统和软件系统，如图 2.1.1 所示。

计算机的硬件系统主要指各计算机部件的有机组合，是构成计算机的物理实体。计算机部件是运用电、光、磁等物理原理构成的具有一定功能的器件。计算机硬件系统是计算机系统的物质基础，通常泛指计算机系统中"看得到、摸得着"的部分。

计算机的软件系统是各种程序和数据的集合，用于"指挥"计算机系统协调工作，达到一定的工作目的。

2.2　计算机硬件系统

计算机硬件系统是指"看得到、摸得着"的硬件设备有序组合而成的系统。本节将对这些组成硬件系统的各个部件进行一个简单的介绍。

2.2.1　计算机硬件系统的构成

计算机系统在半个多世纪的发展中，出现了各种不同的变化，在构架上也为提升效率或适应特定的应用环境而发生着不同的变化，但总体上，现有计算机中冯·诺依曼构架仍然有着广泛的应用。

在冯·诺依曼构架中，计算机的硬件系统主要由 5 个部分构成：运算器、控制器、存储器、输入设备和输出设备。

1. 运算器

运算器又称算术逻辑单元（Arithmetic and Logic Unit，ALU），进行算术运算和逻辑运算是其主要功能。计算机中大量的数据运算任务是在运算器中进行的，运算就是它最主要的工作。

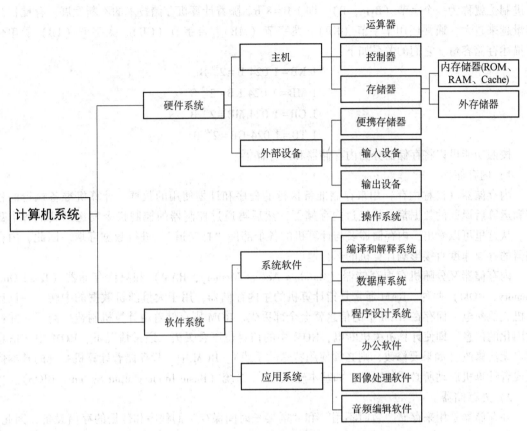

图 2.1.1 计算机系统

在计算机中，算术运算是指加、减、乘、除等基本运算；逻辑运算是指逻辑判断、关系比较等基本逻辑运算。当然，现代计算机的运算器中还集成了大量专门用于高级运算的各种运算单元，这使运算器所能执行的运算类型得到了很好的扩充，也大大提高了运算器的计算效率。

运算器中的数据都取自内存，运算的结果又送回内存。这些读取和写入操作都是由控制器来控制完成的。

2. 控制器

控制器（Control Unit）指挥计算机的各个部件按照指令的功能要求协调工作。它是计算机的指挥中心，在控制器的控制之下整个计算机有条不紊地工作。控制器的工作特点是采用程序控制方式，即在利用计算机解决问题时，首先需要用户编写解决问题的程序，并通过编译程序自动生成由计算机指令组成的可执行程序，存入内存；执行指令时，从内存中取出一条指令，送往指令寄存器；指令译码器对指令进行分析和翻译，生成相应的操作码的译码；操作控制器根据指令操作译码，产生实现指令功能所需要的动作控制信号；这些控制信号按照一定的规则发往对应部件，控制其动作来完成任务。

3. 存储器

存储器是计算机系统中存放各种信息的部件，是计算机中各种信息的交流中心，它的基本功能是能够按照指定的位置存入或读取二进制信息。存储器在计算机系统中有着广泛的应用，由于计算机中信息种类复杂，存储要求各不相同，因此存储器也是种类最为繁杂的一个部件。

存储器的容量是衡量存储器的一个重要指标。存储器容量的基本单位为字节。计算机中存储的信息是以二进制形式进行存储的，一个"0"或"1"就称为一个二进制位（bit，b），8 个二进制位就称为一个字节（Byte，B），即 1 B = 8 b。随着计算机存储技术的不断发展，存储器的容量越来越大，通常还用千字节（KB）、兆字节（MB）、吉字节（GB）、太字节（TB）等单位来描述存储容量。它们的关系如下：

$$1 \text{ KB} = 1\,024 \text{ B} = 2^{10} \text{ B}$$
$$1 \text{ MB} = 1\,024 \text{ KB} = 2^{20} \text{ B}$$
$$1 \text{ GB} = 1\,024 \text{ MB} = 2^{30} \text{ B}$$
$$1 \text{ TB} = 1\,024 \text{ GB} = 2^{40} \text{ B}$$

按照功能可以将存储器分为内存储器和外存储器。

1）内存储器

内存储器（简称内存）用来存储准备执行的程序和计划使用的数据。计算机准备执行的程序和运算后返回的数据都必须经过内存储器，然后再通过控制器的控制指令发送到其他各个部件。从这里可以看出，内存储器要与计算机的各个部件"打交道"，进行数据存取。因此，内存储器的存取速度直接影响计算机的运行速度。

内存储器又分随机存取存储器（Random Access Memory，RAM）和只读存储器（Read Only Memory，ROM）两种。RAM 通常是指计算机的主内存储器，用于大量随机数据的中转，一旦计算机关机断电，保存在 RAM 中的信息就会全部丢失。ROM 则存储着由计算机制造厂商写入并经过固化的信息，即使计算机关机断电，ROM 中的信息也不会丢失。通常情况下，ROM 中的信息用户无法修改（如果要修改，则必须使用特殊的手段）。ROM 中一般存储着计算机系统的基本信息或者计算机启动所必需的程序，如基本输入/输出系统（Basic Input/Output System，BIOS）。

2）外存储器

外存储器是用来存储"暂时不用"和"需要长时间保存"的程序和数据的存储设备，因此，外存储器又称辅助存储器，简称外存。通常外存储器只能和内存储器进行数据交换，不能与计算机的其他部件直接交换数据。外存储器通常具有存储容量大、便携性好、计算机关机断电后仍然能够保存数据等优点，缺点就是读、写速度相对于内存储器较慢。

4. 输入、输出设备

输入、输出设备是实现计算机与用户进行信息交换的设备。将用户信息转换为计算机能够识别的信息，并将之输送给计算机的设备，称为输入设备；反之则称为输出设备。计算机中信息的组织和存储与用户生活中普遍采用的形式有着较大的差别。计算机基本结构示意如图 2.2.1 所示。

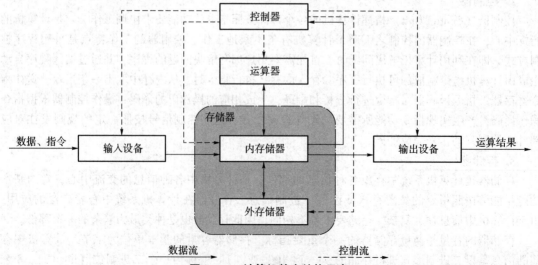

图 2.2.1　计算机基本结构示意

2.2.2　计算机基本工作原理

计算机的工作原理就是自动地执行用户程序的过程。而程序是指计算机指令的有序集合，即能够完成某项特定功能的指令序列。因此，计算机的工作过程实际就是快速执行指令的过程。

指令由操作码和操作数两部分构成。操作码指明该指令要完成的操作类型和性质，即解决"做什么"的问题，如取数、加法、输出等。操作数指明具体操作对象的内容所在的单元地址，即解决"对谁做"或者"做多少"的问题。

一条指令的执行过程分为 3 个步骤：取指令、分析指令和执行指令。

2.2.3　微型计算机硬件系统

微型计算机，又称个人计算机，是主要面向个人用户的需求开发的计算机系统。微型计算机具有体积小、功耗低、便携性好、通用性强的优点。随着时代的发展和技术的进步，个人使用的微型计算机正在向着更小巧、更便携的方向发展，我们对微型计算机的印象也不再是原来所固有的桌面台式计算机，一体式计算机、笔记本电脑、平板电脑、便携移动终端等名词和概念正不断进入人们的日常生活。

本小节将介绍微型计算机的硬件系统构成。当然，为便于学习，本小节将微型计算机定义为桌面台式计算机，其他形式的微型计算机的硬件系统只是在使用的器件形式上有所变化，总体结构框架基本相同，不再赘述。

1. 中央处理器

中央处理器（Central Processing Unit，CPU）又称微处理器，是微型计算机的核心部件，负责运算、处理计算机内部的所有数据，同时控制数据的交换。它相当于人体中的大脑，负责指挥和控制整个人体的运动，同时让人体具有思考功能。选用不同的 CPU 将直接影响计算机的性能。

CPU 主要包括两个部分，即运算器和控制器，当然还包括高速缓冲存储器及连接总线等。随着电子集成技术的不断发展，电路的集成化程度越来越高，在微型计算机中，大量的通用、专用运算单元，以及以往分离设计生产的控制单元都在向 CPU 集成。往往一个芯片就包含了大量的运算单元和控制单元，使外部电路的设计和产品的开发更加便捷。

CPU 的主要性能指标如下。

1）主频

主频也称 CPU 时钟频率，是指 CPU 的内部数字脉冲信号在单位时间内振荡的次数，单位是兆赫兹（MHz，$1\ \text{MHz}=10^6\ \text{Hz}$）或吉赫兹（GHz，$1\ \text{GHz}=10^9\ \text{Hz}$），用来表示 CPU 运算、处理数据的速度。主频和实际的运算速度存在一定的关系，但并不是一个简单的线性关系。通常情况下，同一生产厂商设计生产的同一系列的 CPU 产品，在其他各项技术指标都相同的情况下，主频越高的运算速度也就越快。

2）外频

外频是指系统的时钟频率，也可以说是系统总线的工作频率，是 CPU 和主板之间同步运行的速度。

3）字长和位数

计算机中作为一个整体来进行运算、处理和传输的一串二进制数称为一个"字"，组成"字"的二进制位数称为"字长"。通常情况下所说的 CPU 位数即 CPU 的字长，一般它与总线位宽相等。目前市场上在售的 CPU 的字长基本都为 64 位。

4）高速缓冲存储器容量

高速缓冲存储器（Cache，或称高速缓存）位于 CPU 中，是 CPU 和内存之间具有过渡性质的高速存储器，是内存储器的一种存在形式。高速缓存主要用于存储已经运算过，但是还没有完全运算完，稍后还会被运算器再次调用的数据。这些数据通常是一些中间数据，并不是最终的计算结果，这就避免了将数据存入内存，然后还要从内存中再次调取的麻烦，节省了大量的计算等待时间。高速缓存的工作频率很高，一般与 CPU 的运行频率相同。高速缓存容量也是 CPU 的重要性能指标之一，同等条件下增加高速缓存的容量能够提高 CPU 的执行速度。但是由于 CPU 面积和制造成本等因素的限制，高速缓存的容量一般都很小。

5）核心数量

自 20 世纪 70 年代以来，CPU 一直是通过提高主频的手段来提高性能的。然而，一味地提高 CPU 主频也带来了新的问题，如更高的电能消耗和更多的工作发热量，从而引发更多的问题。因此，Intel 公司开发了多核芯片，即在一块电路芯片上集成多个功能相同的处理器核心，让它们对原来的工作量进行分配处理，然后再汇总，从而提高了系统性能。这就好比同样一栋楼的打扫工作，一个人完成需要 16 天，而如果是两个人工作则需要 8 天，4 个人则只需要 4 天，以此类推。因此，核心数量也是 CPU 的一个重要性能指标。

6）制造工艺

制造工艺是指集成电路的内部电路与电路之间的距离，现行的主要单位是纳米（nm）。制造工艺向密集度愈高的方向发展，密度愈高的集成电路设计，意味着在同样面积的集成电路芯片中，可以拥有密度更高、功能更复杂的电路设计。

微型计算机的 CPU 主要有以下几个厂家的产品。

1）Intel

Intel（英特尔）是美国最大的微型计算机 CPU 生产厂家，其在微型计算机市场的占有率一直高居榜首。Intel 作为全球最大的通用处理器生产厂商，有着完备的产品线，覆盖从高端服务器，到微型计算机，甚至移动便携设备的处理器市场。Intel 酷睿处理器如图 2.2.2 所示，Intel 主要产品线如图 2.2.3 所示。

图 2.2.2　Intel 酷睿处理器

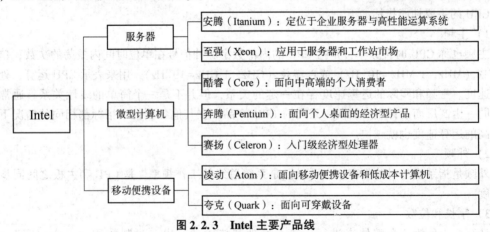

图 2.2.3　Intel 主要产品线

2）AMD

AMD（超威半导体）同属美国消费级 CPU 生产厂家，长时间保持着 X86 架构处理器市场占有率第二的位置。AMD 的处理器命名较为混乱，且大多不具备传承性，故而市场上对其处理器的型号分类和市场定位一直都较为模糊。现阶段常见的 AMD 主要处理器型号有以下两种。

（1）霄龙。该系列处理器主要面向服务器市场。霄龙处理器以高性能、高并发在服务器市场赢得了一席之地，打破了多年来 Intel 的垄断态势。

（2）锐龙。该系列处理器是 AMD 公司面向消费级市场的主力处理器型号，其应用领域涵盖了高端个人工作站、普通桌面消费者、低功耗移动便携设备等领域，区分这些处理器的方法只能看后缀，这也为普通消费者选择合适的处理器带来了困难。AMD 锐龙处理器如图 2.2.4 所示。

3）龙芯中科

龙芯中科脱胎于中科院，从 2001 年就开始研制中国自己的处理器。从最初的模仿者到现在的完全自主，二十年的努力终于迎来了龙芯 3A5000 处理器的成功，虽说在性能指标上距离国际主流水平还有一定差距，但是从无到有的过程标志着我国处理器技术完全摆脱了国际的专利限制，跨过了一系列专利壁垒。龙芯的 LoongArch 指令集脱胎于 MIPS 指令集，架构具有完全的自主知识产权，成为继 X86 和 ARM 之后，世界公认的第三个指令集架构。尤其是中国龙芯 3A5000 处理器的问世，意味着从顶层架构，到指令功能，全部自主设计，无须国外授权。摆脱国外专利限制，不光节约了大量专利授权费用，也在信息安全性上做到完全自主，这在国防和国家安全领域有着重要的意义。龙芯处理器现已大量应用于军事国防和电子政务领域。龙芯中科 3A5000 处理器如图 2.2.5 所示。

图 2.2.4　AMD 锐龙处理器　　　　图 2.2.5　龙芯中科 3A5000 处理器

2. 存储器

存储器是电子计算机的重要组成部分。冯·诺依曼提出"存储程序"概念后，存储器立刻变得不可或缺。在现代计算机发展历程中，存储器往往都会成为系统整体性能的主要瓶颈。磁存储、电存储、光存储等各种技术的更新迭代日新月异，都是为了解决存储器的性能和通信效率的问题。

以下介绍几种微型计算机中常见的存储器。

1）内存储器

内存储器简称内存，是 CPU 能够直接访问的存储器，用于存储正在运行的程序和数据。通常内存储器都被安装在主机箱内部，或者是集成到某些部件之上。它相当于人体中大脑里的记忆部分，这些部分中的数据内容能够被大脑直接提取并使用，使用完毕或计算后的结果也将首先存储在大脑里。

对于内存，任何一个字节的内容均可以按照其地址随机地进行存储和读取，而且存取时间与物理位置无关。与外存储器相比，内存的主要特点是数据存取速度较快；缺点是容量小，制造成本相对高昂，关机、断电后无法持续保存数据。

内存的主要性能指标有两个：存储容量和存取速度。通常情况下，更大的存储容量意味着更大的数据周转空间，更快的存取速度则代表着单位时间内更大的数据交换量。但是存储容量和存取速度并不能无限制地增大，它们受到多方面条件的制约，如总线带宽、系统寻址能力等。

2）外存储器

外存储器的主要功能就是在不持续供电的情况下，长时间地保存大量的数据资料。外存储器的存在形式多种多样，通常又分为用于存储计算机本地数据的硬盘和便于资料交换的便携式存储器。硬盘现阶段存在 3 种形式：传统机械硬盘、固态硬盘和混合硬盘。

（1）传统机械硬盘。

传统机械硬盘（Hard Disk Drive，HDD），是由存储介质（磁盘）和驱动器构成的。存储介质是由铝合金构成的若干个同轴盘片，在盘片表面涂上一层可以保存磁信号的磁膜，利用磁场方向的不同来表示数字"0"和"1"。这些盘片连同驱动装置和控制电路一同安装在一个完全密闭的无尘金属腔体内，仅在外部留出数据接口和电源接口。其内部结构如图 2.2.6 所示。

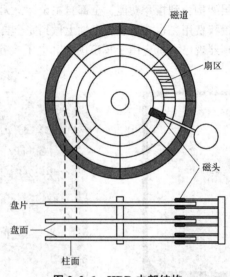

图 2.2.6　HDD 内部结构

（2）固态硬盘。

固态硬盘（Solid State Drive，SSD），是用固态电子存储芯片阵列而制成的硬盘，由控制单元和存储单元组成。SSD 存在多种接口规范，主要分为两类，一类在接口的规范和定义、功能及使用方法上与 HDD 的完全相同，这能够使老设备不需增加额外设备就可以直接将 SSD 应用于 HDD接口上；另一类则是跳脱出传统接口传输速率的限制，采用更高速的接口与计算机通信。相较于HDD，SSD 具有读写速度快、防震抗摔性好、功耗低、无噪声、工作温度范围大、轻便等众多优点，近年来正在逐步取代 HDD。不过它也有容量相对较小、寿命有限、单位容量价格较高等缺点。各种接口的 SSD 如图 2.2.7 所示。

（3）混合硬盘。

混合硬盘（Hybrid Hard Drive，HHD），是既包含 HDD 又有闪存模块的大容量存储设备。HHD 的设计初衷是集 SSD 和 HDD 的优点于一身，不过现阶段还有很多的问题需要解决。

除了以上的 HDD、SSD、HHD 外，还有很多形式的便携外存储器，如利用光学原理存储信息的光盘驱动器、Flash 卡、Flash 存储和 USB 接口相结合的 U 盘。光盘驱动器利用光线的反射，可以读取光盘上的数据，它的优点是存储介质（光盘盘片）价格低廉，可以大量制作。Flash 卡只有存储介质，需要专门的驱动设备，优点是便携性强，并且可以在多种数码设备上直接使用。U盘则是驱动和存储相结合的产物，体积小巧、价格低廉，具有非常强的便携性和通用性。

图 2.2.7　各种接口的 SSD

(a) SATA 接口；(b) PCI-E 接口；(c) M2 接口

3. 输入、输出设备

各种数据在计算机中都是以二进制形式存在，通常情况下普通用户是无法和计算机直接交流的，那么这就需要一些设备将用户信息和计算机数据进行转换。

日常中用户常用的信息类型有文字、图形、声音、视频等。如果要将这些信息发送给计算机，那就必须有相应的设备对以上信息进行采集、编码，再发送给计算机，而这个设备就称为输入设备。反之，经过计算机处理后的数据仍然以二进制数据的形式存在于计算机内部，如果直接将这些数据输出，用户是无法理解的，这时候就需要相应的设备将计算机输出的二进制数据转化为用户能够识别的信息形式，如文字、图形、声音、视频等，这样的设备就称为输出设备。

输入、输出设备是用户和计算机交流的桥梁。在生活中常见的输入设备有键盘、鼠标、扫描仪、摄像头等；常见的输出设备有信号灯、显示器、打印机、音响、投影仪等。

4. 其他设备

除了以上设备，微型计算机还需要一些其他设备的辅助才能更好地工作。

1）主板

主板是计算机中连接各个工作部件的主要载体。主板通常是一块大型的电路板，并提供了各种标准插座、接口，用于连接各种标准部件，或实现与外部设备的通信。计算机主板插座、接口如图 2.2.8 所示。为了让主板在连接部件后能够正常工作，通常的主板都包含以下主要部分。

(1) 主控芯片（芯片组）。

主控芯片的功能决定了主板对 CPU 的支持情况，同时也决定了主板对其他部件、通信标准、组件数量、数据吞吐量的支持情况，是主板的核心部件。

(2) 电源模组。

电源模组为主板各个部门提供了不同的、符合条件的电力标准。主板连接的各种部件对电源的需求是不同的，这些需求主要表现在电压和电流上，是为了让主板连接的部件能够获得符合要求的电压、足够维持工作的电流。主板上的电源模组，就用来提供相应的电源标准，以保证组件能够安全、稳定地进行工作。

(3) 扩展接口。

随着现在个人用户对计算机工作原理理解的不断深入，以及各种不同场景下对计算机设备的多样化需求，市场上不断涌现出了各种各样的针对不同场景的专门应用扩展组件。这些扩展组件为了和计算机更好地融合，通常都具有计算机连接的标准接口，能够方便地接入已有的计算机系统中。主板上具有这样的标准接口越多，也意味着计算机系统能够连接更多的扩展设备。扩展接口的数量决定了计算机系统能够增加设备的数量。

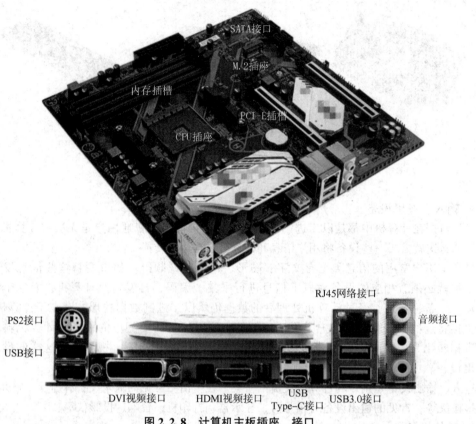

图 2.2.8　计算机主板插座、接口

2）电源适配器

计算机中大部分设备都需要直流供电，这就需要电源适配器将交流电转化为直流电，为计算机各部件提供所需要的合格电能。电源适配器功率越大，表示能够为计算机提供更大的电能；电源适配器转化的直流电越纯净，则表示计算机能够获得更加平稳的能源供应，避免直流电波动带来的设备损坏。

3）散热器

计算机主要设备，如中央处理器、显示适配器、供电模块等在工作时会产生大量的热量，如果不及时将这些热量疏散开，那么不断堆积的热量将会损坏计算机部件。由于热量堆积的速度远远高于自然散热，所以必须为计算机的主要发热器件增加主动散热设备，及时带走器件工作产生的热量，使计算机温度保持在设备的承受范围内。现在常见的散热设备主要是风扇，以加速空气流动的方式快速带走堆积的热量。当然，为了提高散热效果，还会额外增加其他的散热、传热器件，主要目的是增加与空气的接触面积，让风扇能够在相同时间带走更多热量；或者是将部件工作产生的热量，传导到其他更利于空气流通的位置，以达到减少风扇数量，或者获得更高散热效率的目的。热量传导的材料有热导率更高的金属（最常用的铜管）、水、油等。

4）机箱

原则上来说，计算机机箱并不是保证计算机正常工作的必需设备，但是各种计算机部件零散堆放并不符合人们的生活习惯，而且也不便于计算机部件的存放和运输。随着人们对生活质量的重视，计算机机箱被赋予了越来越多的职能：计算机部件的有序组织、计算机辐射的有效隔绝、工作环境的美化等。

2.2.4　总线

总线是计算机各功能部件和设备间传输数据的公共通道，它就好像一条连接了各个城市的高速公路，车辆就好比数据，都通过这条高速公路来往于各个城市之间。

1. 总线的分类

按照分类标准的不同，总线又被划分为多种形式，如图 2.2.9 所示。

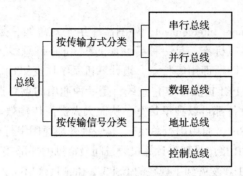

图 2.2.9　总线的分类

按照传输方式分类，总线分为串行总线和并行总线。顾名思义，串行总线表示连接设备间只有一条数据通道，一个时钟周期只能传输一个二进制比特位。并行总线则表示同时有多条数据通道连接设备，一个时钟周期就可以同时传输多个二进制比特位，如图 2.2.10 所示。

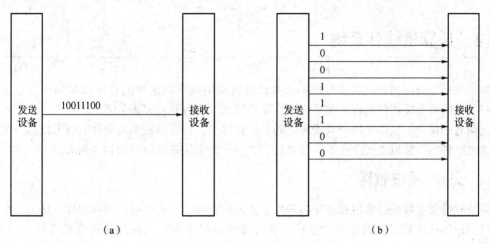

图 2.2.10　串行总线和并行总线

（a）1 个字节分 8 次发送；（b）1 个字节 1 次完成发送

按照传输的信号分类，总线可以分为数据总线、地址总线和控制总线。数据总线用于 CPU、存储器、输入/输出设备之间传输数据信号；地址总线用于传输存储单元的数据地址或者设备地址；控制总线用于传输各种控制信号。

2. 总线的性能指标

总线的性能指标通常有总线的带宽、总线的位宽和总线的工作频率。

总线的带宽：单位时间内总线上传送的数据总量，单位为字节。

总线的位宽：总线能够同时传送的二进制数据的位数。总线的位宽越宽，每个时钟周期能够传输的数据量就越大。常见的总线位宽有 16 位、32 位、64 位等。

总线的工作频率：指总线单位时间内完整工作周期的个数。总线频率越高，单位时间内传输数据就越多。其单位为 Hz，计算机中常见的单位有 MHz、GHz 等。

3. 总线的标准

总线的标准是为了便于各个厂商生产的设备能够方便地扩充至原有设备中的一个统一的界面，有了标准，不同厂商生产的不同功能的芯片、模块、设备，都能够与计算机进行连接，并完成数据的通信。目前，常用的总线标准有 PCI 总线和 PCI-E 总线以及在外部设备连接中经常使用的 USB。

PCI（Peripheral Component Interconnect，外围器件互连）总线，是 Intel 联合 IBM、COMPAQ 等多家计算机厂商推出的总线标准，是一种高性能的 32 位并行总线，具有高速、可靠、扩展性好、自动配置、多路复用、即插即用等特点，被计算机系统广泛采用。

PCI-E（PCI-Express，PCI 扩展标准）总线，是一种通用的点对点形式串行总线。它的特点是点对点连接设备，每个设备都可以独享带宽，从而大大提高传输效率。

USB（Universal Serial Bus，通用串行总线），是一种外部通用串行总线，用于计算机主机与外部设备进行连接和通信。USB 接口是现有计算机设备间最常见的外部接口。USB 接口经过长时间的发展，接口标准已经从 USB1.0 发展到了现在的 USB3.2 Gen 1、USB3.2 Gen 2，USB3.2 Gen 2×2 等多种标准。最新的 USB4 接口标准已经出炉，USB4 在物理上采用 Type-C 接口标准，部分向下兼容过往的 USB 标准，并且还加入了最新的雷电 3 协议，理想能够达到 20~40 Gbit/s 的数据传输能力，同时也计划将各种信号类型都能够兼容到一条 USB 数据线上，有望在以后的计算机系统中，所有外部设备都使用 USB 线连接通信。

2.3　计算机软件系统

软件是指为方便用户使用计算机和提高计算机使用效率而组织的程序以及用于开发、使用和维护程序的有关文档的集合。如果说硬件是看得到、摸得着的实体，那么软件就是看不到也摸不着的信息的集合。软件是用户与硬件之间的接口界面，是计算机系统设计的重要依据。用户主要是通过软件与计算机进行交流。一般来讲，软件分为系统软件和应用软件两大类。

2.3.1　系统软件

系统软件负责管理计算机系统中各种独立的硬件资源，使它们可以共同协作、协调工作。系统软件为使用计算机提供最基本的功能，使计算机使用者和其他软件将计算机当作一个整体，而不需要顾及底层每个硬件是如何工作的。系统软件通常包括操作系统、语言处理程序和各种实用程序。

1. 操作系统

操作系统是计算机发展的产物，是解决计算机硬件与软件之间有效联系的重要组成部分。它能充分、有效地调用软、硬件资源，使计算机正常有序地工作。它的作用主要有两个：一是方便用户使用计算机，是用户和计算机的接口，例如，用户输入一条简单的命令就能自动完成复杂的功能，这就是操作系统发挥作用的结果；二是统一管理计算机系统的全部资源，合理组织计算机工作流程，以便充分、合理地发挥计算机的作用。

2. 语言处理程序

语言是人们相互交流的工具，生活中人们交流的语言是自然语言。自然语言存在着各种不同的形式，如汉语、英语、法语等。计算机也拥有自己独特的语言形式，称为机器语言。只有用机器语言编写的程序计算机才能够直接执行。人与计算机之间的交流必须通过程序来完成，而编程语言是用来编写计算机程序的工具，存在着多种不同的形式。按照与计算机的紧密程度，编程语言分为机器语言、汇编语言和高级语言 3 类。

（1）机器语言是由一系列 0 和 1 代码按照一定规则组成的，能够被机器直接理解和运行的指令集合。使用机器语言编写的程序，由于每条指令都对应计算机一个特定的基本动作，因此程序占用内存少、执行效率高。其缺点也很明显，如编程工作量大，容易出错；依赖具体的计算机系统，因而程序的通用性、移植性都很差。

（2）汇编语言则是使用助记符来表示计算机指令的语言。在汇编语言中，每一条用符号来表示的汇编指令与计算机机器指令一一对应，降低了记忆难度。使用汇编语言不仅易于检查和修改程序错误，而且指令、数据的存储位置可以由计算机自动分配。

（3）高级语言是一类接近于人类自然语言和数学语言的程序设计语言的统称。高级语言按照一定的语法规则，由表达各种意义的运算对象和运算方法构成。使用高级语言编写程序的优点是，编程相对简单、直观、易理解、不容易出错；高级语言是独立于计算机的，因而用高级语言编写的计算机程序通用性好，具有较好的可移植性。

用高级语言编写的程序称为源程序，计算机系统不能直接理解和执行这种源程序，必须通过一个语言处理系统将其"翻译"成计算机系统能够认识、理解的目标程序才能被计算机系统执行。高级语言的翻译方式分为解释方式和编译方式。

（1）解释方式是指计算机对高级语言编写的源程序一边翻译一边执行，不能形成目标文件和执行文件。这种方式执行效率低，程序每次运行都先要经过"解释"，边翻译边执行；优点是开发过程中能够立刻发现程序中存在的错误，如 Python 语言。

（2）编译方式调用相应语言的编译程序，把源程序变成目标程序，然后再用连接程序把目标程序与库文件相连接形成可执行文件。尽管编译的过程复杂一些，但它形成的可执行文件，可以反复执行，程序再次调用时速度较快，如 Basic 语言和 C 语言。

3. 实用程序

实用程序是系统软件中的一组常用程序，它可以向操作系统、应用软件和用户提供经常需要使用的功能，如连接驱动程序、文件操作程序、调试程序等。它们不仅可以帮助用户便捷地对文件的目录、内容、属性和图形等进行显示、转储、修改、编辑等操作，而且还可以追踪、监控、排除程序中的错误。

2.3.2　应用软件

应用软件则是为了解决特定的问题而开发的应用程序。这类程序往往是基于系统软件提供的统一接口开发的，软件的运行需要系统软件的支持，如提供接口、调度硬件等。常用的应用软件有办公软件、图形图像处理软件、网络服务软件等。

办公软件是为了实现办公自动化而开发的软件。计算机在各个行业的快速渗透，使计算机应用在工作中扮演了极其重要的角色。现代办公主要涉及对文字、数字、图表、图形、语音等多媒体信息的处理。办公软件通常也包括了文字处理软件、电子表格软件、演示文稿软件等。随着计算机网络的不断发展和工作中对信息同步要求的不断提高，办公软件的功能也在不断增强。目前常用的办公软件有 Microsoft 公司的 Microsoft Office 和我国金山公司的 WPS Office。

图形图像处理软件是专门对图形和图像文件进行操作的软件。现在，图形图像处理已经不再是专业人士的"专利"。日常生活中存在的很多图形图像处理工作已经完全可以由普通用户来完成，这一切都归功于图形图像处理软件的发展。图形图像处理软件主要实现图像的绘制和编辑。常见的图形处理软件有 Adobe Photoshop、Macromedia 等；绘图软件有 AutoCAD、Adobe Illustrator 等；动画制作软件有 Flash、3ds Max 等。

　　网络服务软件是指主要面向网络信息处理而开发的专门软件。网络的迅猛发展也带动了网络服务软件的快速发展。现在人们可以通过网络轻松地学习、愉快地工作和方便地生活。常用的网络服务软件有浏览器软件、电子邮件软件、文件传输软件等。

思考题

1. 简述计算机系统的构成。
2. 简述计算机硬件系统的构成和工作原理。
3. 简述机器语言和高级语言各自的优缺点。
4. 简述微型计算机中的存储设备，并说明它们的优缺点。
5. 简述总线的概念和总线的类型。
6. 简述串行传输和并行传输的不同，并说明各自的优缺点。
7. 列举生活中常见的外部设备，并叙述它们在计算机系统中的作用和特点。
8. 想象一下计算机系统还可以作什么改进？

第3章

计算机操作系统

操作系统几乎是任何一台计算机都不可或缺的一部分，是用户能够正常使用计算机解决问题的基础，是非常重要的系统软件。本章主要介绍操作系统的概念、分类、功能以及常用的操作系统，并以 Windows 10 操作系统为例详细介绍如何对其进行使用以及如何对文件、程序、磁盘和设备进行管理等知识。

3.1 操作系统概述

操作系统是一个非常复杂的系统软件，它与应用软件的区别在于操作系统是直接运行在"裸机"之上的，而应用软件则必须要在操作系统的支持下才可以正常运行。同时，计算机的硬件系统也必须要在操作系统的控制之下才能发挥其功能。因此，智能手机、微型计算机、高性能计算机等都需要操作系统来组织计算机系统的工作流程、控制程序的执行，使计算机能够协调、高效地工作。也就是说，操作系统实际上是管理和控制计算机硬件资源和软件资源的一组程序。

3.2 操作系统的分类

操作系统从诞生之初到现在，出现了种类繁多且功能各异的操作系统，按照不同的分类标准，可分为不同类型的操作系统。

3.2.1 按用户界面分

按照用户与计算机对话的界面，操作系统可以分为命令行界面的操作系统和图形用户界面的操作系统。在命令行界面的操作系统（如 MS-DOS）中，用户需要熟记各种命令，通过输入命令来使用计算机系统。而在图形界面的操作系统（如 Mac OS、Windows 操作系统系列）中，用户只需根据界面的各种图标、命令按钮等就可以使用计算机系统。

3.2.2 按用户数分

按照使用计算机的用户数量，操作系统可以分为单用户操作系统（如 MS-DOS）和多用户操作系统（如 UNIX、Linux）。单用户操作系统是指同一台计算机在同一时间只允许一个用户使用，该用户独占计算机的硬件资源和软件资源。多用户操作系统是指同一台计算机在同一时间允许多个用户同时使用，共享计算机的硬件资源和软件资源。

3.2.3 按任务数分

按照计算机处理的任务数量，操作系统可以分为单任务操作系统和多任务操作系统。单任务操作系统是指用户每次只能运行一个应用程序（每个应用程序称为一个任务），如 MS-DOS，用户在执行打印机程序时，计算机就不能再执行其他程序了。多任务操作系统是指用户在同一时间可以运行多个应用程序，如 Windows 操作系统系列。

3.2.4 按系统功能分

按照系统功能，操作系统可以分为批处理操作系统、分时操作系统、实时操作系统、网络操作系统、嵌入式操作系统、移动操作系统等。

1. 批处理操作系统

批处理操作系统是指将若干作业按照一定的顺序由操作员输入计算机，由计算机自动执行。作业执行过程中操作员不与作业发生交互作用，直到作业执行结束，操作员才根据输出结果分析作业运行情况，决定是否需要修改再次执行。

2. 分时操作系统

分时操作系统是指一台主机连接多个终端（只有显示器和键盘）的系统。当多个用户通过终端访问主机时，系统将 CPU 的时间划分成若干很短的时间片，轮流处理各个用户从终端输入的命令，即多个用户分时共享计算机系统资源。例如，带有 10 个终端的分时系统，若每个用户每次分配一个 50 ms 的时间片，则每隔 0.5 s 即可为所有用户服务一遍。由于时间极短和计算机的高速运算，因此用户感觉"独占"使用计算机。

3. 实时操作系统

实时操作系统是指计算机对外部数据能够在规定时间范围内进行快速响应和处理的系统。实时操作系统分为实时控制系统和实时信息处理系统。实时控制系统主要用于生产过程的自动控制，如飞机自动驾驶系统、导弹制导系统、数据自动采集系统等。实时信息处理系统主要用于对实时的信息进行处理，如机票订购系统、情报检索系统等。

4. 网络操作系统

网络操作系统是指能够管理网络通信和网络共享资源以及协调各主机上任务的运行，能为用户提供各种网络服务的一种操作系统。目前常用的网络操作系统有 UNIX、Linux 和 Microsoft 公司的 Windows Server 系列。

5. 嵌入式操作系统

嵌入式操作系统是指运行在嵌入式智能芯片环境中，对整个嵌入式芯片以及它所控制、操作的各种部件装置等资源进行统一协调、调度、指挥和控制的操作系统。嵌入式操作系统具有微型化、可定制、实时性、可靠性和易移植性等特点。现广泛应用于制造业、过程控制、通信、航空、航天、军事等领域。

6. 移动操作系统

移动操作系统是为智能手机和平板电脑等移动设备而设计的，支持应用程序的安装与卸载，目前常用的智能手机操作系统有 Android 和 iOS。

3.3　操作系统的功能

操作系统既要管理软件资源，又要控制硬件资源，它像是具有多个职能部门的管理机构，每个职能部门各司其职，并相互协调。操作系统的功能包括处理机管理、存储管理、设备管理和文件管理等功能。

3.3.1　处理机管理

处理机管理是指对 CPU 资源进行管理，将 CPU 时间合理地分配给每个任务。由于内存中一般有多个任务需要执行，而同一时刻，CPU 只能执行其中一个任务，因此就存在竞用 CPU 资源的情况，所以操作系统需要对 CPU 资源进行管理，使 CPU 资源得到充分利用，提高使用效率。

3.3.2　存储管理

存储管理是指对计算机系统内存资源的管理，如内存分配、存储保护、虚拟内存等。由于内存资源有限，操作系统需要为进入内存中的程序合理地分配内存空间，保护存放在内存中的程序和数据不被破坏，将内存与外存结合起来为用户提供一个容量比实际内存还要大的虚拟存储空间。

3.3.3　设备管理

设备管理是指对除 CPU 和内存外的所有外部设备的管理。连接到计算机的设备种类多。功能各异，且存在有些设备资源可共享，有些则不然；主机和外部设备以及外部设备之间速度不匹配等问题。因此操作系统需要对设备进行管理，控制外部设备按用户程序的要求进行操作。

3.3.4　文件管理

文件管理是指对软件资源进行管理，如目录管理、文件存取控制管理、文件共享和保护等。计算机系统中的软件资源是各种程序和数据的集合，是通过文件的形式存放在外存中的。通过文件管理用户不考虑这些文件的存放方式、存放于磁盘的位置以及计算文件占用的磁盘空间大小等问题。

3.4　常用操作系统

3.4.1　HUAWEI Harmony OS

HUAWEI Harmony OS（华为鸿蒙系统）是由中国华为公司推出的一款全新的面向全场景的操作系统，它将人、设备、场景有机地联系在一起，将用户在全场景生活中所接触到的多种智能终端实现极速发现、极速连接、硬件互助、资源共享，用合适的设备为用户提供场景体验。

3.4.2　Windows

Windows 是 Microsoft 公司开发的图形用户界面操作系统，由于操作简单，用户界面生动形象，成为全球使用率最高的操作系统。Windows 操作系统主要有面向个人和客户机开发的 Windows XP/Vista/7/8/10 系列和面向服务器开发的 Windows Server 2003/2008/2012/10 系列。

3.4.3 Mac OS

Mac OS 是 Apple 公司为 Macintosh 系列计算机开发的操作系统，具有较强的图形处理能力，广泛用于桌面出版和多媒体应用等领域，缺点是与 Windows 缺乏较好的兼容性。

3.4.4 UNIX

UNIX 是一个多用户、多任务的分时操作系统。因其具有较好的可靠性和安全性，使用方便，易于移植，容易修改、维护和扩充，已成为服务器、中小型计算机、工作站、大型乃至巨型计算机及群集等的通用操作系统。

3.4.5 Linux

Linux 是一个源代码开放的操作系统。它是在 UNIX 的基础上发展而来的，安全性和稳定性好，具有强大的网络功能。现在流行的 Linux 版本有 Red Hat Linux、SuSE Linux 和 Ubuntu Linux。

3.4.6 iOS

iOS 是由 Apple 公司开发的移动操作系统，主要运行在 iPhone、iPod touch、iPad 以及 Apple TV 等产品上。

3.4.7 Android

Android 最初由 Andy Rubin 开发，后来由 Google 公司和开放手机联盟共同开发和改良。它是基于 Linux 的自由及源代码开放的操作系统，主要用于移动设备，如智能手机、平板电脑、电视等。

3.5 Windows 10 操作系统

3.5.1 Windows 10 简介

Windows 10 是 Microsoft 公司于 2015 年推出的新一代跨平台及设备应用的操作系统，可以实现语音、触控、手写等交互功能，主要运行在台式机、笔记本电脑、平板电脑、智能手机和物联网等设备上。Windows 10 共有家庭版、专业版、企业版、教育版、移动版、移动企业版和物联网核心版 7 个版本。

1. 家庭版

Windows 10 家庭版（Windows 10 Home）主要供个人家庭用户使用，包括 Windows 10 操作系统的全部基本功能。该版本主要面向个人计算机、平板电脑、笔记本电脑等设备。

2. 专业版

Window 10 专业版（Windows 10 Professional）是以家庭版为基础，功能更多，提供了可配置的安全性策略，支持远程和移动办公、系统自动更新等功能，有助于用户管理设备和应用，主要面向平板电脑、笔记本、PC 平板二合一等设备。

3. 企业版

Windows 10 企业版（Windows 10 Enterprise）是以专业版为基础，增加了专门给大、中型企业需要的一些管理、部署和安全性方面的高级功能，并提供批量许可证等服务，是功能最全的版本，适合企业用户使用。

4. 教育版

Windows 10 教育版（Windows 10 Education）是以企业版为基础，除了更新方面有差异，功能方面两者相差不大，主要面向学术机构、学校教师、管理人员和学生。

5. 移动版

Windows 10 移动版（Windows 10 Mobile）集成了与家庭版相同的通用 Windows 10 的应用和针对触控操作优化的 Office，主要面向小尺寸、有触控屏的移动设备，如智能手机、平板电脑，取代了早期的 Windows Phone 操作系统。

6. 移动企业版

Windows 10 移动企业版（Windows 10 Mobile Enterprise）与移动版类似，主要面向使用智能手机和平板电脑的企业用户，除了包括移动版的所有功能，还提供了企业所需的功能，同样采用与企业版类似的批量许可模式。

7. 物联网核心版

Windows 10 物联网核心版（Windows 10 IoT Core）主要是针对专用的嵌入式设备，用于物联网设备，如智能家居产品电视、空调等。

本章以下的介绍均以 Windows 10 专业版操作系统 21H1 版本号为例。

3.5.2　桌面组成

Windows 10 专业版操作系统安装完成，成功启动计算机后所看到的屏幕界面称为桌面，是用户与计算机交互的窗口。桌面由桌面背景、桌面图标和任务栏 3 部分组成，如图 3.5.1 所示。

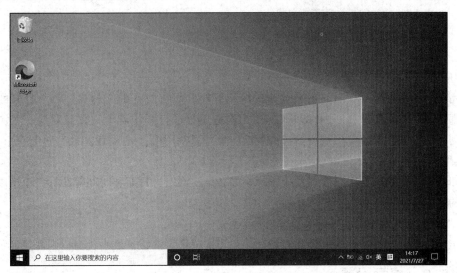

图 3.5.1　Windows 10 操作系统桌面

1. 桌面背景

桌面背景是指 Windows 10 操作系统桌面的背景图案，也称为墙纸。用户可以将自己喜欢的图片设置为桌面背景。Windows 10 支持幻灯片方式的动态更换背景图片功能。

2. 桌面图标

桌面图标是指显示在 Windows 桌面代表各种应用程序、文件或文件夹的图像标识。双击桌面图标可以打开相应的应用程序、文件和文件夹。Windows 10 操作系统安装完成之后，桌面图标默认只有"回收站"系统图标和"Microsoft Edge"快捷方式图标。用户在使用过程中，可以在安装应用程序时选择在桌面添加程序的快捷方式图标，也可以将经常使用的文件或文件夹的快捷方式放在桌面上。

3. 任务栏

任务栏位于桌面的底部，包括"开始"菜单按钮、搜索栏、"与 Cortana 交流"按钮、"任务视图"按钮、应用程序区域、通知区域和"显示桌面"按钮，如图 3.5.2 所示。

图 3.5.2　任务栏

1）"开始"菜单按钮

单击"开始"菜单按钮，即可打开"开始"菜单。

2）搜索栏

使用搜索栏可以快速检索 Windows 系统安装的应用程序、创建的文件和文件夹、互联网中的 Web 网页等内容。在搜索栏中通过键盘输入需要查找的关键词，系统将返回匹配该关键词的所有文件、文件夹和程序，并提供互联网搜索网页建议。

3）"与 Cortana 交流"按钮

Cortana 的中文名称为"小娜"，它是一款个人智能助理，能够了解用户的喜好和习惯并帮助用户在计算机中查找文件和数据、管理日历并进行日程安排、显示关注的信息等。Cortana 会记录用户的行为和使用计算机的习惯，随着使用 Cortana 次数的增多，用户的 Cortana 使用体验将会越来越个性化。单击"与 Cortana 交流"按钮可与个人智能助理通过语音进行交流，当前 Windows 10 专业版 21H1 版本号不支持中文。

4）"任务视图"按钮

单击"任务视图"按钮，可创建虚拟桌面。

5）应用程序区域

应用程序区域显示系统当前正在运行的应用程序和所有打开的文件夹。每个打开的程序在任务栏都有一个相对应的程序图标按钮，用相同应用程序打开的若干文件只对应一个图标，将光标移动到程序图标按钮上可进行窗口的切换，也可以使用组合键〈Alt+Tab〉进行窗口切换。

6）通知区域

通知区域显示应用程序图标和系统图标，如音量、网络、日期和时间等图标，单击图标可打开相应的程序对话框。

7）"显示桌面"按钮

单击该按钮，所有打开的窗口会被最小化；再次单击该按钮，最小化窗口则恢复显示。

3.5.3　桌面设置

1. 个性化设置

通过"个性化"设置，用户可根据自己使用计算机的习惯与喜好对桌面背景、桌面图标、主题等进行设置。在桌面空白处右击，在弹出的快捷菜单中选择"个性化"命令，即可打开"个性化"设置窗口进行相应的设置。

1）"开始"菜单

在"个性化"设置窗口中选择"开始"分类，即可对"开始"菜单的显示项目进行相关设置。

"开始"菜单主要由固定程序列表区、所有程序列表区、"开始"屏幕区组成，如图 3.5.3 所示。

图 3.5.3　"开始"菜单

（1）固定程序列表区。

固定程序列表区默认包括文档、图片、设置、电源等按钮。单击"文档""图片"按钮，可打开相应的窗口。单击"电源"按钮，可对操作系统进行"关机""重启"和"睡眠"等操作。单击"设置"按钮，在"设置"窗口中，用户可对系统、应用、设备等 13 个项目进行设置。

（2）所有程序列表区。

所有程序列表区包括操作系统提供的程序和工具以及用户安装的所有程序，这些应用程序按名称中的首字母或拼音升序排列，单击排序字母可以显示排序索引，单击图标可启动相应的应用程序。

（3）"开始"屏幕区。

"开始"屏幕区显示的是动态磁贴。动态磁贴的功能类似于快捷方式，但它不仅可以用来打开应用程序，还可以动态显示应用程序的更新和实时信息。例如"天气"应用程序，会自动在动态磁贴上显示天气的信息，而无须打开"天气"应用程序。用户还可以将常用的应用程序添加到此区域，以方便打开，如图 3.5.4 所示。

①固定应用程序。用户可以将常用的应用程序固定到"开始"屏幕区，以方便快速打开。

操作方法：在"开始"菜单的所有程序列表区中，选择需要固定到"开始"屏幕区的程序图标，右击，在弹出的快捷菜单中选择"固定到'开始'屏幕"命令。

②调整动态磁贴。选中某个磁贴，右击，在弹出的快捷菜单中选择"调整大小"命令，可以对磁贴进行尺寸的调整；选择"更多"命令，可以进行关闭或显示动态磁贴、固定到任务栏等操作，也可以将该程序从"开始"屏幕区中取消固定。"更多"子菜单的命令因选择的动态磁贴而异。

③分类管理。当用户将多个应用程序固定到"开始"屏幕区后，为了提高使用效率，可进行分类管理。选中需要分类的应用程序图标，将图标拖动到分类模块后松开，并对分类模块进行重命名，如图 3.5.5 所示。

图 3.5.4 "开始"屏幕区

图 3.5.5 "开始"屏幕区分类管理

2）主题

主题决定了桌面的总体外观，是背景、颜色和声音的组合。若选择了某一个主题，则其他几个选项中的设置（如背景、颜色等）也会随之改变。通常情况下，用户应首先选择主题，然后再修改背景、颜色、声音等选项。

在"个性化"设置窗口中，选择"主题"分类，可以选择系统提供的某一个主题，也可以在 Microsoft Store（应用商店）中下载主题。用户可将设置好的主题保存，方便以后使用，也可将不需要的主题删除。

3）桌面背景

桌面背景可以是 Windows 10 系统提供的图片，也可以是用户自己的图像文件，还可以是某一种纯色。桌面背景图片的契合度有填充、适应、拉伸、平铺、居中和跨区 6 种。

在"个性化"设置窗口中选择"背景"分类，可选择系统提供的图片、颜色，或者单击"浏览"按钮，通过弹出的"打开"对话框来选择需要作为桌面背景的图片，如图 3.5.6 所示。

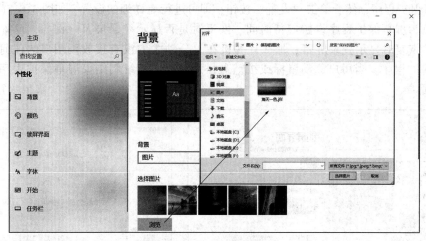

图 3.5.6 设置桌面背景

4）桌面图标

桌面图标包括系统图标、应用程序快捷方式图标、文件和文件夹图标。系统图标是指类似计算机、回收站、用户的文件（指当前登录操作系统的帐户文件夹）、控制面板和网络等系统自带的图标；快捷方式图标是用户自己创建或安装应用程序自动创建的图标。

（1）显示系统图标。

若要将"计算机""网络"等系统图标显示在桌面，则通过选择"个性化"设置窗口中"主题"分类下的"桌面图标设置"选项，打开"桌面图标设置"对话框，勾选需要显示的系统图标复选按钮。设置完成后，便可在桌面上看到所选的图标。

（2）更改桌面图标。

用户也可以根据自己的喜好，更改桌面图标的名称和标识。

①更改桌面图标名称。在桌面上选择需要更改名称的桌面图标，右击，在弹出的快捷菜单中选择"重命名"命令进行更改。

②更改桌面图标标识。选择"个性化"设置窗口中"主题"分类下的"桌面图标设置"选项，打开"桌面图标设置"对话框，选择需要更改图标标识的图标，单击"更改图标"按钮，在弹出的"更改图标"对话框中选择合适的图标，或单击"浏览"按钮在计算机中选择自己喜欢的图片来作为标识。

（3）创建桌面快捷方式图标。

快捷方式是 Windows 10 操作系统为用户提供的一种快速启动应用程序、打开文件或文件夹的方法。快捷方式仅仅是一个链接，并不是应用程序、文件或文件夹的本身，其表现形式是图标的左下角有一个弧形箭头。删除快捷方式，不会对原应用程序、文件或文件夹产生任何影响。

创建桌面快捷方式图标的方法是选择应用程序图标、文件或文件夹，右击，在弹出的快捷菜单中选择"发送到"命令，在其子菜单中选择"桌面快捷方式"命令即可。

5）屏幕保护程序

在一段时间内，若计算机没有接收到用户的任何指令，如移动或单击鼠标、按键，那么系统会自动启动屏幕保护程序。其表现形式是在屏幕上出现动态的图片或文字。屏幕保护程序能减少屏幕的损耗、隐藏屏幕信息和保障系统的安全。

在"个性化"设置窗口中选择"锁屏界面"分类下的"屏幕保护程序设置"选项，如图 3.5.7(a) 所示，打开"屏幕保护程序设置"对话框，在"屏幕保护程序"下拉列表中，选择一种屏幕保护程序，然后单击"设置"按钮，即可进行更详细的设置，如图3.5.7(b) 所示。用户还可以为屏幕保护程序设置等待时间、恢复时是否显示登录屏幕。例如，设置等待时间为1分钟、恢复时显示登录屏幕，那么计算机在1分钟之内没有接收到用户的任何指令，就启动屏幕保护程序。当用户移动鼠标或按键盘任意键时，系统则结束屏幕保护程序，返回系统登录界面。

（a）　　　　　　　　　　　　　　（b）

图 3.5.7 设置屏幕保护程序

6）"任务栏"设置

用户可以根据自己的需要进行设置，如任务栏的位置、显示或隐藏，通知区域是否显示系统图标或应用图标等。在任务栏空白处右击，在弹出的快捷菜单中选择"任务栏设置"命令，即可打开"任务栏"设置窗口并进行详细设置。

7）固定应用程序到任务栏

任务栏主要用于查看应用，当用户打开程序、文档或窗口后，在任务栏上就会出现一个相应的按钮。用户可以将某个应用直接固定到任务栏，以便快速访问；也可以取消固定，从"开始"菜单或"跳转列表"（最近打开的文件、文件夹和网站的快捷方式列表）进行设置。

（1）从"开始"菜单固定应用。

在"开始"菜单中，选择某个应用，右击，在弹出的快捷菜单中选择"更多"命令，在其子菜单中选择"固定到任务栏"命令；若要取消固定，则选择"从任务栏取消固定"命令。

（2）从"跳转列表"固定应用。

右击任务栏上的某一个应用程序按钮，在弹出的快捷菜单中选择"固定到任务栏"命令；若要取消固定，则选择"从任务栏取消固定"命令。

2. 虚拟桌面

虚拟桌面是指Windows 10操作系统可以有多个桌面环境供用户使用，每个桌面可处理不用的应用场景，相互之间互不干扰。例如一个桌面用于工作学习，一个桌面用于休闲娱乐等，方便用户管理，从而提高工作效率。

单击任务栏中的"任务视图"按钮，打开虚拟桌面操作界面，单击"新建桌面"按钮，即可创建一个桌面，系统自动为其命名为"桌面2"，用户也可重命名，如图3.5.8所示。对于多个桌面，用户可使用组合键〈Windows+Ctrl+左/右箭头〉进行切换。

图 3.5.8　两个虚拟桌面

3. 屏幕分辨率

屏幕分辨率决定了屏幕上所显示字符、图像的大小和清晰度，分辨率越高，显示的图标就越小，整个屏幕所容纳的图标就越多。

单击"开始"菜单中的"设置"按钮，在"设置"窗口中单击"系统"图标，在打开的"系统"设置窗口中，选择"显示"分类，在"显示分辨率"下拉列表中选择合适的分辨率；在"显示方向"下拉列表中选择桌面的显示方向，如图 3.5.9 所示。

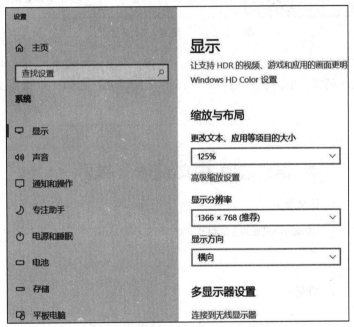

图 3.5.9　设置分辨率

4. 输入法设置

Windows 10 默认的输入法是"中文（简体，中国）−微软拼音"，单击通知区域的**中**、**英**图标，或按键盘上的〈Shift〉键，或按组合键〈Ctrl+空格〉，都可以进行中、英文输入法切换。

Windows 10 操作系统的中文输入法有微软拼音和微软五笔，用户也可以从互联网上下载一些常用的输入法安装使用。在输入中文时，首先应选择合适的输入法，单击通知区域的**拼**图标，在输入法列表中选择所需的输入法；或者使用组合键〈Ctrl+Shift〉在中文输入法之间进行切换。

单击"开始"菜单中的"设置"按钮，在"设置"窗口中单击"时间和语言"图标，在"时间和语言"设置窗口中，选择"语言"分类，如图 3.5.10 所示。

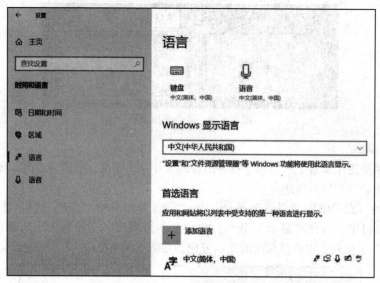

图 3.5.10　"语言"设置窗口

(1) 在"语言"设置窗口中，单击"中文（简体，中国）"按钮栏的"选项"按钮，打开"语言选项：中文（简体，中国）"窗口，单击"添加键盘"按钮，进行添加或删除输入法，如图 3.5.11 所示。

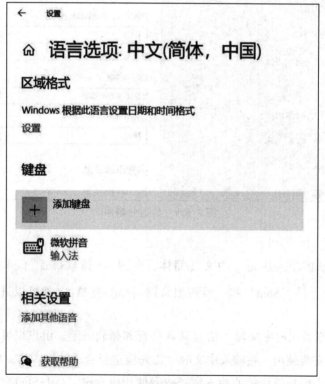

图 3.5.11　添加或删除输入法

(2) 在"语言"设置窗口中，单击"键盘"按钮，打开"键盘"窗口，在"替代默认输入法"下拉列表中选择输入法；单击"语言栏选项"按钮，如图 3.5.12 所示，在弹出的"文本服务和输入语言"对话框中设置"语言栏"的显示与隐藏等。

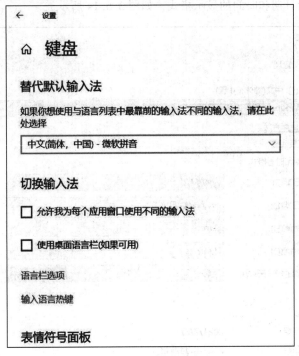

图 3.5.12　设置默认输入法

5. 日期和时间设置

如果计算机系统的日期和时间不准确,用户可以对其进行设置。在"控制面板"列表视图窗口中,单击"日期和时间"图标,弹出的"日期和时间"对话框,如图 3.5.13(a) 单击"更改日期和时间"按钮,在弹出的"日期和时间设置"对话框中设置正确的日期和输入正确的时间,如图 3.5.13(b) 所示。

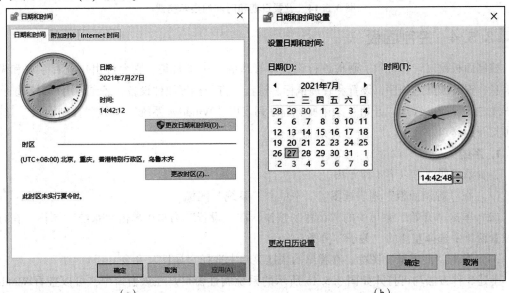

（a）　　　　　　　　　　　　　　　　　　　　　（b）

图 3.5.13　设置日期和时间

（a）"日期和时间"对话框；（b）输入正确的日期和时间

在"日期和时间设置"对话框中单击"更改日历设置"按钮，打开"区域"对话框，在"格式"选项卡中设置日期和时间的显示格式，如图 3.5.14 所示。

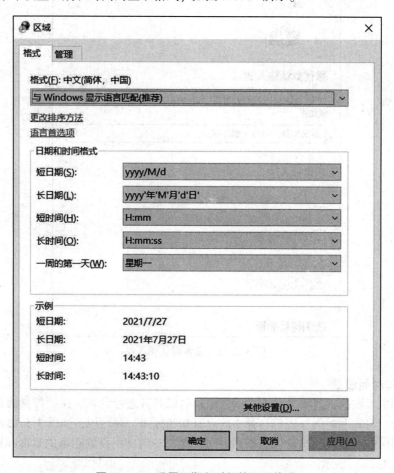

图 3.5.14 设置日期和时间的显示格式

3.5.4 控制面板

控制面板是对计算机软、硬件进行设置和管理的一个工具集，它允许用户查看系统和设备的信息，安装或删除程序，设置和管理鼠标、键盘、打印机等硬件设备，还允许用户对系统、应用程序进行设置。选择"开始"菜单所有程序列表中"Windows 系统"下的"控制面板"选项，即可打开该窗口。

1. 系统

查看系统属性有以下 4 种方法。

（1）在"控制面板"列表视图窗口中单击"系统"图标。

（2）单击"开始"菜单中的"设置"按钮，在"设置"窗口中单击"系统"图标，在打开的设置窗口中选择左侧的"关于"分类。

（3）右击"此电脑"图标，在弹出的快捷菜单中选择"属性"命令。

上述 3 种方法均可打开如图 3.5.15 所示的系统属性窗口。在该窗口中，可以查看 Windows 操作系统版本号、CPU 型号、内存大小、计算机名称等相关信息，还可对系统进行远程桌面、更改计算机名称、系统保护等设置。

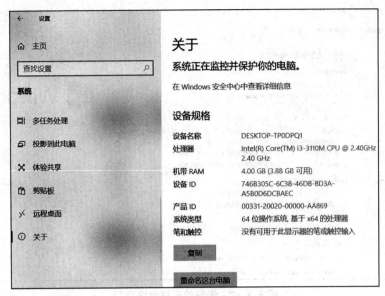

图 3.5.15　系统属性窗口

（4）在"控制面板"列表视图窗口上方地址栏内，单击"控制面板"→"所有控制面板项"后面的下拉箭头，在下拉列表中选择"系统"命令，如图 3.5.16 所示，可打开传统的系统属性窗口，如图 3.5.17 所示。

图 3.5.16　选择系统

2. 用户帐户

Windows 10 操作系统有两种帐户类型：本地帐户和 Microsoft 帐户，它们都可以登录操作系统。

1）本地帐户

本地帐户主要有 Administrator（管理员）帐户、标准帐户和来宾帐户 3 种类型，每种类型的权限不同。

图 3.5.17　传统的系统属性窗口

　　管理员帐户默认禁用，具有对计算机进行管理的最高权限，如更改计算机相关设置、安装或卸载软件和硬件、操作计算机所有文件等。管理员帐户可以创建或删除其他用户、为其他用户创建密码、更改图片和帐户类型。一台计算机至少要有一个管理员帐户类型的用户，当计算机中只有一个管理员帐户类型的用户时，不能将自己的帐户类型更改为受限帐户类型。

　　标准帐户的权限次于管理员帐户，可以对计算机进行常规操作，但是不能执行对其他用户有影响的操作，如安装软件或更改安全设置等。

　　来宾帐户默认禁用，属于受限帐户，适用于临时使用计算机的用户，该帐户不能安装或卸载软件或硬件，不能更改计算机设置、创建密码等。

　　（1）创建本地帐户。

　　①单击"开始"菜单中的"设置"按钮，在"设置"窗口中单击"帐户"图标，在"帐户"设置窗口中选择"家庭和其他人员"分类下的"将其他人添加到这台电脑"选项，打开"Microsoft 帐户"窗口，在第 1 步中单击"我没有这个人的登录信息"按钮，在第 2 步中单击"添加一个没有 Microsoft 帐户的用户"按钮，然后输入用户名、密码。

　　②选择"开始"菜单所有程序列表中"Windows 系统"下的"控制面板"选项，在"控制面板"列表视图窗口中，打开"管理工具"下的"计算机管理"窗口，在"本地用户和组"下方选择"用户"选项，展开本地用户列表，在用户列表空白处右击，在弹出的快捷菜单中选择"新用户"命令，打开"新用户"对话框，输入用户名和密码，如图 3.5.18 所示。

　　（2）管理本地帐户。

　　选择"开始"菜单所有程序列表中"Windows 系统"下的"控制面板"选项，在"控制面板"列表视图窗口中单击"用户帐户"图标，进入"用户帐户"设置窗口，单击"管理其他帐户"按钮，选择某一个用户，进入"更改帐户"窗口，即可更改帐户名称、密码、帐户类型等，如图 3.5.19 所示。

　　2）Microsoft 帐户

　　Microsoft 帐户是使用 Office Online、Outlook、Skype、OneNote、OneDrive 等一系列服务的账号。使用 Microsoft 帐户登录，可以免费使用云存储或备份重要的数据和文件，可以跨设备同步更新用户的文件。

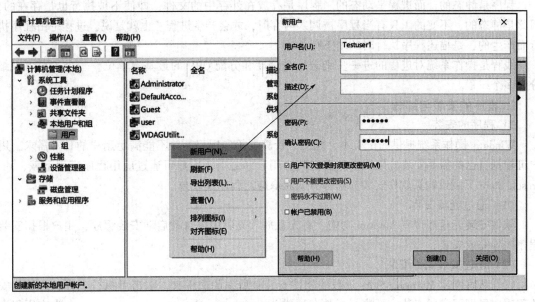

图 3.5.18 创建新帐户

图 3.5.19 管理本地帐户

单击"开始"菜单中的"设置"按钮,在"设置"窗口中单击"帐户"图标,在"帐户"设置窗口中选择"帐户信息"分类下的"更改 Microsoft 账号登录"选项。如果已经有 Microsoft 账号,则输入账号的电子邮件或手机号码及密码登录。

如果用户没有 Microsoft 帐户,则单击"创建一个"按钮,按照向导输入帐户信息进行注册。

3.5.5 程序管理

1. 程序、进程和线程

程序是指令的有序集合,是以文件的形式存储在外存中。当执行程序时,操作系统将其从外存中调入内存,并开始运行。

进程是一个正在被执行的程序。当程序被调入内存运行时,系统就会创建一个进程,当程序执行结束,进程也就消失了。若一个程序被执行多次,则系统会产生多个进程。

程序是静态的，而进程是动态的。程序是存放在外存中的文件，即使不被执行也是存在的，因此是静态的、不变的。只有当程序被调入内存时，才会产生进程。也就是说，进程是由程序执行而产生的，是描述程序执行时的动态行为。

线程是操作系统对进程的进一步细分，是调度和分配 CPU 的最基本单位。一个进程可以细分为多个线程。

2. 程序的安装与卸载

1）程序的安装

Windows 操作系统提供的记事本、画图、计算器等应用程序并不能满足用户的日常需求，用户可根据自己的需要安装应用程序。在安装应用程序之前，用户可通过应用程序官网下载、Microsoft Store 下载或购买软件安装光盘等方式获取应用程序安装包。

（1）通过光盘安装。

软件安装光盘都带有 Autorun 功能，将光盘放入光驱中可自动启动安装程序，用户根据安装程序向导完成安装。

（2）通过安装文件安装。

打开从官网或 Microsoft Store 下载的软件安装包所在的文件夹，双击可执行文件，再根据安装程序向导即可完成安装。可执行文件名通常为 Setup. exe、Install. exe 或 * . exe（ * 为应用程序的名称）。

2）程序的卸载

当程序不再使用时，可将程序卸载以节省磁盘空间。卸载程序有以下 3 种方法。

（1）单击"开始"菜单中的"设置"按钮，在打开的"设置"窗口中单击"应用"图标，在"应用"设置窗口中选择"应用和功能"分类，选中需要卸载的程序，单击"卸载"按钮即可。

（2）打开"此电脑"文件夹窗口，在"计算机"选项卡的"系统"选项组中，单击"卸载或更改程序"按钮。或者在"应用和功能"窗口中选中需要卸载的程序，单击"卸载"按钮即可。

（3）选择"开始"菜单所有程序列表中"Windows 系统"下的"控制面板"选项，在打开的"控制面板"列表视图窗口中单击"程序和功能"图标，在打开的"程序和功能"窗口中列出了已安装的应用程序，右击某程序，在弹出的快捷菜单中选择"卸载/更改"命令，根据向导完成程序的卸载。

3. 程序的运行与退出

1）程序的运行

运行已安装成功的应用程序，主要有以下 3 种方法。

（1）单击"开始"菜单，在所有程序列表中选择需要运行的应用程序选项，再单击即可。

（2）在桌面双击需要运行的应用程序快捷方式图标。

（3）在任务栏搜索区输入需要运行的应用程序名称，在搜索结果列表中单击该应用程序图标。

2）程序的退出

单击应用程序窗口右上角的关闭按钮可以退出程序。

4. 任务管理器

通过任务管理器，可以查看当前正在运行的程序、进程、线程和计算机的性能等相关信息。

1）任务管理器的打开

打开任务管理器有以下 4 种方法。

（1）在任务栏空白处右击，在弹出的快捷菜单中选择"任务管理器"命令。

（2）右击"开始"菜单，在弹出的快捷菜单中选择"任务管理器"命令。

（3）使用组合键〈Ctrl+Shift+Esc〉。

（4）使用组合键〈Ctrl+Alt+Delete〉，在登录屏幕上选择"任务管理器"命令。

上述方法都可以打开任务管理器。"任务管理器"窗口有"详细信息"和"简要信息"两种模式，可根据需要进行选择。

2）任务管理器的使用

在"详细信息"模式下，任务管理器有进程、性能、应用历史记录、启动、用户、详细信息和服务 7 个选项卡。

（1）进程。

"进程"选项卡显示当前正在运行的应用程序、后台进程、Windows 进程及各个应用程序和进程所占用的 CPU（程序使用 CPU 状况）、内存（程序占用内存大小）、磁盘（程序占用磁盘空间的大小）、网络（程序使用网络流量的多少）等资源情况。选择无响应的应用程序，右击，在弹出的快捷菜单中选择"结束任务"命令，可以结束无响应的应用程序。

（2）性能。

"性能"选项卡显示 CPU、内存、磁盘、以太网、Wi-Fi、GPU 等资源的实时使用动态。选择"CPU"选项，可以查看 CPU 的利用率、进程数、线程数及 CPU 的基本信息等，如图 3.5.20 所示。

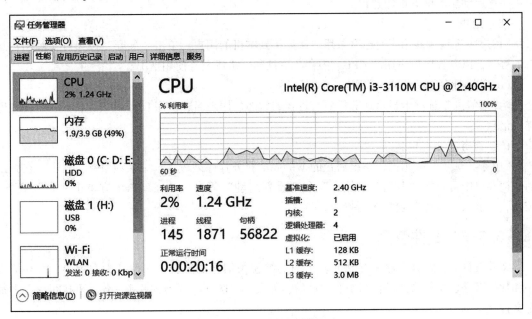

图 3.5.20　"性能"选项卡

单击"打开资源监视器"按钮，在弹出的"资源监视器"窗口中可以查看使用 CPU、内存、磁盘、网络的具体信息，如图 3.5.21 所示。

（3）应用历史记录。

"应用历史记录"选项卡统计应用程序的运行信息，如占用 CPU 的时间，上传和下载消耗的网络流量等信息。

（4）启动。

"启动"选项卡显示开机自动运行的程序，单击"禁用"按钮，可禁止该程序在开机时启

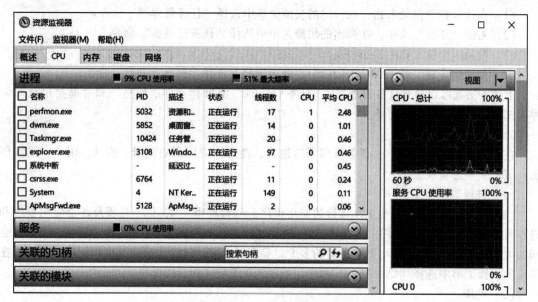

图 3.5.21　"资源监视器"窗口

动,加快操作系统启动速度。"启动影响"栏显示启动项对 CPU 和磁盘活动的影响程度,向用户提供一些启动影响度方面的建议。

(5)用户。

"用户"选项卡显示当前已登录用户和连接到本机的用户。单击"展开"按钮可显示用户运行的程序,以及程序所占用的 CPU、内存、磁盘和网络流量等使用情况。

(6)详细信息。

"详细信息"选项卡显示计算机所有进程的状态、用户名、占用 CPU 和内存资源、线程数等详细信息。

(7)服务。

"服务"选项卡显示操作系统后台的 Windows 服务程序列表。选中某项服务,右击,在弹出的快捷菜单中可选择"开始""停止"和"重新启动"等命令。在窗口下方单击"打开服务"按钮,可进入"服务"窗口进行操作。

3.5.6　文件管理

文件是具有名称并存储在存储介质上的一组相关信息的集合。在计算机系统中,所有的程序和数据都是以文件形式进行组织和存储的,如文本、图片、视频、音频、各种可执行程序等都是文件。

在操作系统中,对文件进行统一组织、管理和存取的程序称为文件系统,它是操作系统的一部分。在文件系统的管理下,用户通过文件名称对文件进行操作,而无须了解文件存储的具体物理位置以及其是如何存储的。

1. 文件系统

Windows 10 支持的常用文件系统有 FAT32、NTFS、exFAT 3 种。

1) FAT32

FAT32 可支持容量达 8 TB 的卷,但由于 Windows 10 操作系统的限制,只能创建最大为 32 GB 的 FAT32 分区。FAT32 的兼容性高,可以被绝大部分操作系统所识别,但是单个文件的大小不能超过 4 GB，不具备文件加密、文件压缩和磁盘配额的高级功能。

2）NTFS

NTFS 是日志型文件系统，具有文件或文件夹权限、加密、磁盘配额和压缩等高级功能，安全、可靠、容错能力好。理论上，它支持单个文件的大小最大为 16 EB，在 Windows 10 操作系统中，其支持的单个文件的大小最大为 256 TB。

3）exFAT

exFAT 是为解决 FAT32 不支持 4 GB 及更大文件而推出的文件系统，适用于闪存。

2. 文件

1）文件名

在计算机系统中，文件种类繁多，为了可以高效地访问文件，需要对不同的文件赋予不同的文件名称。文件名包括文件主名和扩展名两部分，如图 3.5.22 所示。同一文件夹内，相同类型的文件，其文件名不能相同。

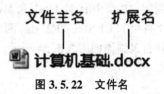

图 3.5.22　文件名

为方便用户访问文件，应该使用具有意义的词或数字的组合作为文件名。操作系统不同，文件命名的规则也有所不同。Windows 10 操作系统的文件命名规则如下。

（1）不能包含以下 9 个字符："\""/"":"" * ""?""""""<"">""｜"。

（2）不区分英文字母的大小写，如 HELLO. docx 和 hello. docx 是同一个文件。

（3）可以包含空格、逗号、顿号和句号等分隔符，如"My, First, Program. Hello、Word. abc"。文件名中最后一个"."及其后面的字符称为扩展名，该文件的扩展名为". abc"。

（4）不能超过 255 个字符。

2）文件类型

文件的扩展名表示文件的类型，不同类型的文件需要相应的应用程序打开，Windows 10 操作系统中常用的文件扩展名及其类型如表 3.5.1 所示。

表 3.5.1　文件扩展名及其类型

扩展名	文件类型	扩展名	文件类型
. docx	Word 2010 文档	. jpg、. bmp、. gif、. png	图像文件
. elsx	Excel 2010 电子表格	. avi、. mp4、. rmvb、. wmv	视频文件
. pptx	PowerPoint 2010 演示文稿	. mp3、. wma、. wav、. mid	音频文件
. txt	文本文件	. exe、. com	可执行程序文件
. rar、. zip	压缩文件	. html、. asp	网页文件

Windows 10 操作系统默认情况下，文件的扩展名是不显示的，若需要显示文件扩展名，则可在文件夹窗口"查看"选项卡的"显示/隐藏"选项组中，勾选"文件扩展名"复选按钮，如图 3.5.23 所示。

3. 文件夹

文件夹也称目录，是用来组织和存放文件的一块存储空间，以方便对文件进行分类管理。与文件类似，用户通过文件夹名称来对文件夹进行操作。

1）树状目录结构

为了便于管理计算机中的大量文件，用户需要在磁盘上创建文件夹（目录），再在文件夹下创建子文件夹（子目录），然后将文件分门别类地存放在不同的文件夹或子文件夹中，这种组织

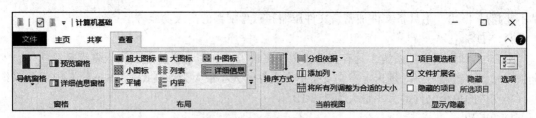

图 3.5.23　显示文件扩展名

结构称为树状目录结构。树根为根文件夹（根目录），树枝为子文件夹（子目录），树叶为文件。例如，D 盘中有 MyFile1 和 MyFile2 两个文件夹及 Test. txt 一个文件，MyFile1 中有一个 ExcelFile 文件夹和 E1. xlsx、E2. xlsx 两个文件，MyFile2 中有 W1. docx 和 W2. docx 两个文件，则它们的树状目录结构如图 3.5.24 所示。

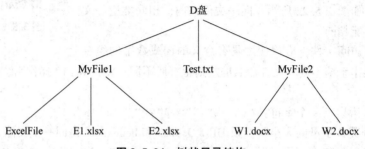

图 3.5.24　树状目录结构

2）文件路径

当建立好目录结构后，文件将存放在各自对应的文件夹中，要访问文件时，就需要加上文件路径，以便找到指定的文件。文件路径分为绝对路径和相对路径两种。

（1）绝对路径。

绝对路径从磁盘根目录开始，依次显示目标文件之前的各级子文件夹。例如，E1. xlsx 文件的绝对路径为 D:\MyFile1\E1. xlsx。

（2）相对路径。

相对路径从当前目录开始到指定的文件。例如，当前目录是 ExcelFile，则 W1. docx 的相对路径为..\..\MyFile2\W1. docx（.. 表示上一级目录）。

4. 文件资源管理器

文件资源管理器是操作系统用于管理计算机所有资源的应用程序。通过文件资源管理器，可以新建、打开、删除、移动和复制文件，启动应用程序，打印文档，搜索文件等。"文件资源管理器"与"此电脑"是有区别的，"文件资源管理器"是一个应用程序，而"此电脑"是一个系统文件夹。

1）文件资源管理器的打开

打开文件资源管理器的方法有以下 3 种。

（1）使用组合键〈Windows+E〉。

（2）右击"开始"菜单，在弹出的快捷菜单中选择"文件资源管理器"命令。

（3）选择"开始"菜单所有程序列表中"Windows 系统"下的"文件资源管理器"选项。

2）"文件资源管理器"窗口的组成

"文件资源管理器"窗口由"后退""前进"和"上移"按钮、控制菜单、快速访问工具栏、导航窗格、内容窗格、搜索栏、地址栏、状态栏、视图栏、选项卡及所对应的功能区按钮组成，如图 3.5.25 所示。

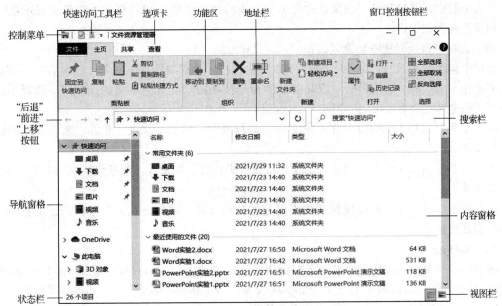

图 3.5.25　"文件资源管理器"窗口

（1）"后退""前进"和"上移"按钮。

单击"后退"按钮，返回前一操作位置，"前进"是相对于"后退"的操作。单击"上移"按钮，返回上一级目录。

（2）快速访问工具栏。

快速访问工具栏默认按钮有"属性"和"新建文件夹"，单击"自定义快速访问工具栏"按钮，在下拉列表中可添加"撤销""恢复""删除"和"重命名"等按钮到快速访问工具栏。

（3）导航窗格。

导航窗格显示整个计算机资源的文件夹树状目录结构，可以快速访问相应的文件夹。用户通过单击"展开"和"收缩"按钮，可显示或隐藏子文件夹，如图 3.5.26 所示。

（4）内容窗格。

内容窗格显示当前文件夹中的内容。打开文件资源管理器后，默认显示的是快速访问界面，其内容窗格中包含"常用文件夹"和"最近使用的文件"。用户可通过右击经常访问的文件夹，在弹出的快捷菜单中选择"固定到'快速访问'"命令即可将经常访问的文件夹添加到"常用文件夹"中。

图 3.5.26　导航窗格

（5）搜索栏。

在搜索框内输入需要查询文件或文件夹所包含的关键字，单击右侧的"搜索"按钮，可搜索出满足条件的文件或文件夹，并高亮显示关键字。

（6）地址栏。

地址栏显示当前文件或文件夹的完整路径。

（7）状态栏。

状态栏显示所选文件或文件夹的相关信息。

（8）视图栏。

在视图栏中，通过单击"在窗口中显示每一项的相关信息"和"使用大缩略图显示项"两个按钮进行视图的切换。

（9）选项卡及所对应的功能区按钮。

选项卡包含"主页""共享""查看"3 个主选项卡，根据选择的对象，还包含针对该对象的上下文选项卡。每个选项卡所对应功能区的命令按钮按功能分为不同的选项组。选择不同的项目时，命令按钮会有所不同。

在"主页"选项卡，可以对文件或文件夹进行复制、粘贴、移动、删除、重命名、新建文件夹等操作。

在"共享"选项卡，可以对选中的文件或文件夹进行共享设置，包括设置共享用户、权限、停止共享等。

在"查看"选项卡，可以设置文件夹内容的显示方式、排序方式、分组依据、是否显示扩展名和隐藏项目等。

3）OneDrive

OneDrive 是 Microsoft 公司推出的云存储服务，用户使用 Microsoft 帐户登录 OneDrive 后即可获取云存储服务。OneDrive 不仅支持 Windows 及 Windows Mobile 移动平台，还提供了相应的客户端程序供 Mac OS、iOS、Android 等设备平台使用。用户可以向 OneDrive 中上传图片、文档、视频等文件，并可以随时随地通过设备进行访问。

4）"快速访问"列表

对于常用的文件夹，用户可将其固定在"快速访问"列表中。右击需要固定在"快速访问"列表区的文件夹，在弹出的快捷菜单中选择"固定到快速访问"命令。

5. 文件和文件夹的操作

1）文件或文件夹的选定

在 Windows 操作系统中对文件或文件夹进行操作，首先要选定对象，然后再选择操作命令。选定对象是 Windows 操作系统中最基本的操作。表 3.5.2 为选定对象的几种操作方法。

表 3.5.2　选定对象的操作方法

选定对象	操作方法
选定单个对象	单击要选定的对象
选定多个连续对象	方法 1：单击第一个对象，然后按住〈Shift〉键不松开，再单击最后一个对象
	方法 2：使用键盘上的方向键，将光标移动到第一个对象上，然后按住〈Shift〉键不松开，再将光标移动到最后一个对象
选定多个不连续对象	方法 1：按住〈Ctrl〉键，单击要选定的对象
	方法 2：在文件夹窗口"查看"选项卡的"显示/隐藏"选项组中，勾选"项目"复选按钮，然后通过对象的复选按钮进行选择
选定全部对象	方法 1：使用快捷键〈Ctrl+A〉
	方法 2：在文件夹窗口的"主页"选项卡的"选择"选项组中，单击"全部选择"按钮

2）文件或文件夹的新建

新建文件或文件夹的方法有以下 3 种。

（1）通过快捷菜单新建。

在桌面空白处或文件夹的内容窗格中，右击，在弹出的快捷菜单中选择"新建"命令，在其子菜单中选择新建文件或文件夹。

（2）通过文件夹窗口的命令按钮新建。

在文件夹窗口"主页"选项卡的"新建"选项组中，单击"新建文件夹"按钮或"新建项目"按钮，即可新建文件或文件夹。

（3）通过应用程序新建。

在已启动的应用程序窗口中，选择"文件"菜单中的"新建"命令，或者使用组合键〈Ctrl+N〉新建文件。

3）文件或文件夹的打开

打开文件夹即打开文件夹窗口。打开文件则启动该文件的应用程序，并将其内容在应用程序窗口中显示。

打开文件或文件夹的方法有以下 4 种。

（1）双击要打开的文件或文件夹。

（2）右击要打开的文件或文件夹，在弹出的快捷菜单中选择"打开"命令。

（3）选定要打开的文件或文件夹，按〈Enter〉键。

（4）在文件资源管理器或文件夹窗口中，选定要打开的文件或文件夹，在"主页"选项卡的"打开"选项组中，单击"打开"按钮（也可以在"打开"按钮的下拉列表中选择不同的应用程序），即可将文件打开。

4）文件或文件夹的关闭

关闭文件或文件夹的方法有以下 3 种。

（1）在打开的文件或文件夹窗口中，单击窗口控制按钮栏的"关闭"按钮。

（2）使用组合键〈Alt+F4〉。

（3）在打开的文件或文件夹窗口中双击"控制菜单"图标，或在"控制"菜单中选择"关闭"命令。

5）文件或文件夹的查看

文件或文件夹的查看包括显示方式、排序方式、分组方式等。显示方式包括大图标、中等图标、小图标、列表、详细信息、平铺和内容等。排序方式和分组方式包括按文件或文件夹的名称、类型、大小、修改日期、标题等。

（1）通过快捷菜单查看。

在文件夹的内容窗格中，右击，在弹出的快捷菜单中选择"查看"命令，在其子菜单中可设置文件或文件夹的显示方式；选择"排序方式"命令，可在其子菜单中设置文件或文件夹的排序方式；选择"分组依据"命令，可在其子菜单中设置文件或文件夹的分组方式。

（2）通过"查看"选项卡查看。

在文件夹窗口"查看"选项卡的功能分组中，对相关按钮进行设置，如图 3.5.27 所示。

图 3.5.27　在"查看"选项卡中设置查看方式

6）文件或文件夹的属性

文件或文件夹具有大小、占用空间、所有者等信息，该类型信息称为属性。右击某个文件或文件夹，在弹出的快捷菜单中选择"属性"命令，即可查看其属性，如图 3.5.28 所示。

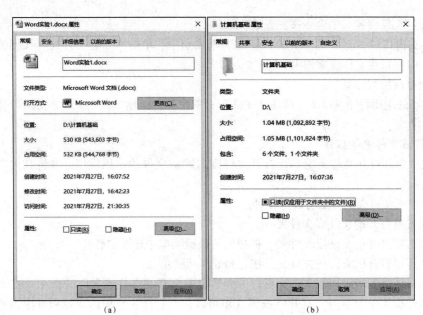

图 3.5.28 文件与文件夹的属性

(a) Word 文件属性；(b) 文件夹属性

文件或文件夹有两个重要的属性：只读与隐藏。

（1）只读。

勾选"只读"复选按钮后，只能查看文件内容或文件夹及其子文件夹中文件的内容，不能对文件进行修改。

（2）隐藏。

默认情况下，具有隐藏属性的文件或文件夹是不显示的，若要让系统显示隐藏的文件或文件夹，则需要在文件夹窗口"查看"选项卡的"显示/隐藏"选项组中，勾选"隐藏的项目"复选按钮，如图 3.5.29 所示。

图 3.5.29 显示隐藏项目

7）文件或文件夹的重命名

文件或文件夹的重命名的方法有以下 4 种。

（1）右击文件或文件夹，在弹出的快捷菜单中选择"重命名"命令，输入新名称，按〈Enter〉键。

（2）选定文件或文件夹，按功能键〈F2〉，输入新名称，按〈Enter〉键。

（3）选定文件或文件夹，在文件夹窗口"主页"选项卡的"组织"选项组中，单击"重命名"按钮，输入新名称，按〈Enter〉键。

还可以对文件或文件夹进行批量重命名，操作方法同上。如果对类型相同的文件或文件夹进行批量重命名，则名称按照"文件名+编号"的方式批量命名。如果对不同类型的文件进行批量重命名，则文件名相同，扩展名不同，如图 3.5.30 所示。

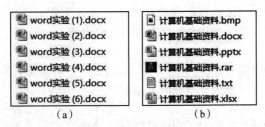

图 3.5.30　批量重命名

（a）相同类型文件批量重命名；（b）不同类型文件批量重命名

8）文件或文件夹的复制与移动

在学习复制与移动的方法之前，我们需要先了解"剪贴板"。

在 Windows 操作系统中，剪贴板是系统为了程序和文件之间用于传递信息，而在内存中分配的一块临时存储区域，主要用来存放用户复制或剪切的对象。剪贴板中的内容可以多次进行粘贴。

文件或文件夹的复制或移动的方法如表 3.5.3 所示。

表 3.5.3　复制或移动对象的方法

操作	方法	快捷键	备注
复制	方法 1：选定对象，右击，在弹出的快捷菜单中选择"复制"命令	〈Ctrl+C〉	复制是将对象的副本移动到指定的位置而原对象依然存在。复制的对象暂时存储在剪贴板中
	方法 2：在文件夹窗口的"主页"选项卡的"剪贴板"选项组中，单击"复制"按钮		
剪切	方法 1：选定对象，右击，在弹出的快捷菜单中选择"剪切"命令	〈Ctrl+X〉	剪切是将对象从一个位置移动到指定位置。剪切的对象暂时存储在剪贴板中
	方法 2：在文件夹窗口的"主页"选项卡的"剪贴板"选项组中，单击"剪切"按钮		
粘贴	方法 1：在指定文件夹中，右击，在弹出的快捷菜单中选择"粘贴"命令	〈Ctrl+V〉	粘贴是将剪贴板中的对象移动到指定位置
	方法 2：在文件夹窗口的"主页"选项卡的"剪贴板"选项组中，单击"粘贴"按钮		

9）文件或文件夹的删除

删除文件或文件夹的方法有以下 3 种。

（1）选定对象，右击，在弹出的快捷菜单中选择"删除"命令。

（2）在文件夹窗口"主页"选项卡的"组织"选项组中，单击"删除"按钮。

（3）使用〈Delete〉键或组合键〈Shift+Delete〉（永久删除）。

删除是将不需要的对象移动到"回收站"中。若要永久删除，则对象不会移动到"回收站"中。若删除的对象在移动设备上，则不经过"回收站"，直接删除。

10）文件或文件夹的恢复

回收站是一个系统文件夹，主要用来存放用户临时删除的文档资料，存放在回收站的文件可以恢复，方法是打开"回收站"窗口，选定需要恢复的文件，可用以下两种方法来还原文件或文件夹。

（1）右击，在弹出的快捷菜单中选择"还原"命令。

（2）在"回收站"窗口的"回收站工具"选项卡的"还原"选项组中，单击"还原选定的项目"或"还原所有项目"按钮。

11）文件或文件夹的搜索

在使用计算机的过程中，用户可能会忘记一些文件或文件夹的存放位置，利用 Windows 10

操作系统提供的搜索功能，可以快速而准确地定位文件或文件夹所在位置。通过设定查找目录和查找内容，系统会返回满足该查找条件的文件或文件夹信息。搜索分为简单搜索和高级搜索。

（1）简单搜索。

在文件资源管理器中设定要查找的范围（如某个磁盘驱动器或文件夹），然后在搜索框内输入查找内容的关键字，搜索结果会显示在内容窗格中。

（2）高级搜索。

使用简单搜索得到的结果比较多，用户可通过"搜索工具—搜索"选项卡的"优化"选项组中的各按钮，限定文件或文件夹的相关信息（如修改日期、类型、大小等），以提高搜索的效率。

简单搜索和高级搜索如图3.5.31所示。

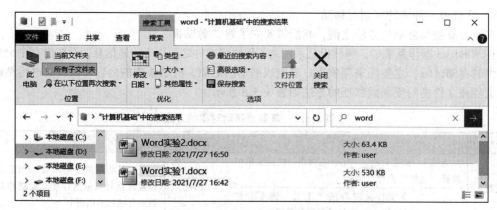

图3.5.31 简单搜索与高级搜索

在搜索具有共性的文件时，可使用通配符"＊"和"？"，其中"＊"表示任意多个字符，"？"表示任意一个字符。

12）文件与文件夹的压缩与解压缩

对于特别大的文件或文件夹，为了节省存储空间，可使用WinRAR、7-Zip等软件对其进行压缩。右击需要压缩或解压的文件或文件夹，在弹出的快捷菜单中根据需要选择相应的压缩或解压缩命令，如图3.5.32所示。

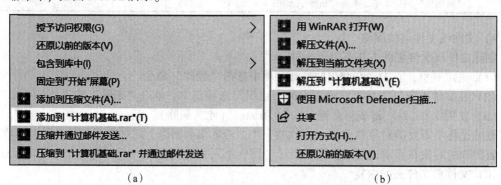

（a）　　　　　　　　　　　　　　　　（b）

图3.5.32 文件或文件夹的压缩与解压
(a) 压缩；(b) 解压

6. 文件的备份及还原

1）文件的备份

文件备份功能可为用户创建安全的数据文件备份。操作系统默认对图片、文档、下载、音乐、视频、桌面文件以及硬盘分区进行备份，用户也可以自己选择需要备份的文件。启用和设置文件备份后,操作系统将跟踪新增或修改的备份文件,并将它们添加到备份中,定期对选择的备份文件进行备份,用户可以更改计划,也可以手动创建备份。

备份和还原功能默认关闭,需要用户将其启用后,才能使用。操作方法:单击"开始"菜单中的"设置"按钮,在打开的"设置"窗口中单击"更新和安全"图标,进入"更新和安全"设置窗口,选择"备份"分类下的"转到'备份和还原'(Windows 7)"选项,即可打开"备份和还原(Windows 7)"设置窗口,如图3.5.33所示。单击"设置备份"按钮,启动文件备份向导,按照向导进行设置。

图3.5.33 "备份和还原(Windows 7)"设置窗口

2)文件的还原

如果文件已备份,则用户可在"备份和还原(Windows 7)"设置窗口中单击"还原我的文件"按钮,根据还原文件向导进行还原。在默认情况下,操作系统会选择最新的备份数据进行还原,如果需要还原特定时间段备份的数据,可单击"选择其他日期"按钮来选择其他时间段内备份的数据进行还原,如图3.5.34所示。

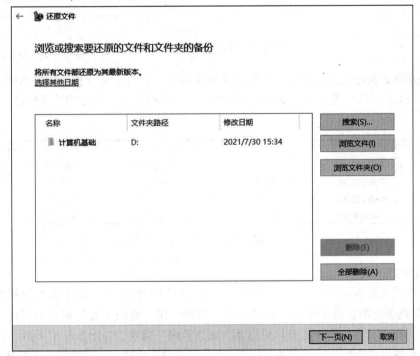

图3.5.34 文件还原

3.5.7 磁盘管理

磁盘是计算机最重要的外存储器，存储着大量文件。对磁盘进行正确的管理，可以确保信息的安全，延长磁盘的使用寿命，提高磁盘的工作效率。

1. 卷和分区的概念

Windows 10 操作系统中包括基本磁盘和动态磁盘两种配置类型的硬盘，个人计算机中的硬盘通常配置为基本磁盘。无论是基本磁盘还是动态磁盘都必须在使用之前创建卷或分区，然后使用操作系统支持的一种文件系统对卷或分区进行格式化，并为格式化的卷或分区分配驱动器号。

1）卷

卷是一种磁盘管理方式，可以为用户提供更加灵活、高效的磁盘管理方式。在动态磁盘中，卷有其特殊意义，可以把不同硬盘的分区组合成一个卷。例如，有两块容量分别是 500 GB 和 250 GB 的硬盘，可使用动态磁盘中的卷来划分为 600 GB 和 150 GB。

2）分区

分区是指按用户需求将硬盘划分出不同类型及容量的逻辑空间单位。在基本磁盘中，硬盘可以分为主分区和扩展分区。主分区不能再细分，通常用于安装操作系统。扩展分区可以细分为若干逻辑分区，其逻辑结构如图 3.5.35 所示。在基本磁盘中，卷和分区的概念是相同的，每个主分区和逻辑分区又称为一个卷。

主分区
NTFS
C:
扩展分区
NTFS
D:（逻辑分区1）
NTFS
E:（逻辑分区2）
NTFS
F:（逻辑分区3）

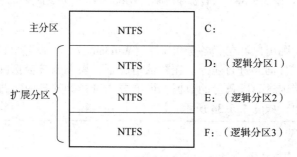

图 3.5.35　磁盘分区的逻辑结构

无论是基本磁盘还是动态磁盘，每个卷或分区都有一个由字母及冒号组成的唯一编号，称为驱动器号或盘符。在“此电脑”文件夹窗口中，可以看到已经划分好的卷或分区，如图 3.5.36 所示。

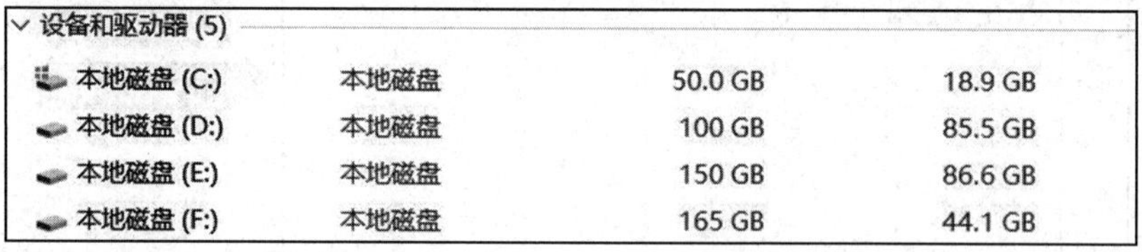

设备和驱动器 (5)
本地磁盘 (C:) 本地磁盘 50.0 GB 18.9 GB
本地磁盘 (D:) 本地磁盘 100 GB 85.5 GB
本地磁盘 (E:) 本地磁盘 150 GB 86.6 GB
本地磁盘 (F:) 本地磁盘 165 GB 44.1 GB

图 3.5.36　磁盘分区

2. 磁盘管理工具

磁盘管理工具是 Windows 10 操作系统提供的专门用于管理计算机中磁盘的系统工具。在“控制面板”列表视图窗口中单击“管理工具”图标，在“管理工具”窗口中双击“计算机管理”图标，并在“计算机管理”窗口中选择“磁盘管理”选项，如图 3.5.37 所示。在磁盘管理器中，可查看磁盘的个数、配置类型、分区、卷标、文件系统类型、容量等相关信息，还可进行如下操作：

（1）对新安装硬盘进行初始化；

（2）基本磁盘和动态磁盘相互转换；

（3）在基本磁盘中创建主分区、扩展分区和逻辑分区；

（4）在动态磁盘中创建卷；

（5）格式化卷或分区；

（6）为卷或分区分配驱动器号和卷标；

（7）将分区标记为活动分区；

（8）扩展或压缩卷或分区的容量；

（9）删除卷或分区。

注意：数据无价，谨慎操作。

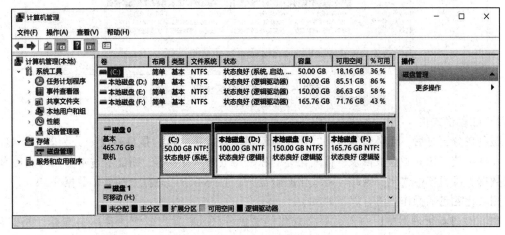

图 3.5.37　磁盘管理

3. 磁盘的分区和格式化

1）磁盘分区

通过"磁盘管理"对磁盘进行分区的方法：在未分配的硬盘空间区块上右击，在弹出的快捷菜单中选择"新建简单卷"命令，如图 3.5.38 所示。

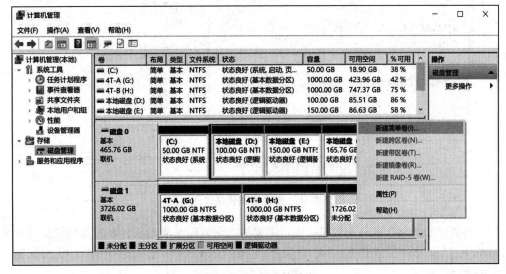

图 3.5.38　新建简单卷

然后，根据弹出的"新建简单卷"向导进行操作。磁盘分区结果如图 3.5.39 所示。

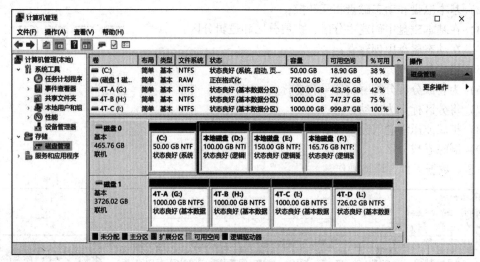

图 3.5.39　磁盘分区结果

2）磁盘格式化

磁盘在分区之后，还必须经过格式化才能使用。格式化的目的是将磁盘划分为若干个扇区，安装文件系统，建立磁盘根目录。格式化会删除磁盘上的所有数据，新磁盘进行分区后，磁盘上没有数据，可直接格式化。因此，格式化旧磁盘时，应先备份旧磁盘上的重要数据。

格式化磁盘的操作方法有以下两种。

（1）在磁盘管理器中，右击需要格式化的磁盘分区，在弹出的快捷菜单中选择"格式化"命令；在弹出的"格式化"对话框中设置卷标、文件系统、分配单元大小等，如 3.5.40 所示。

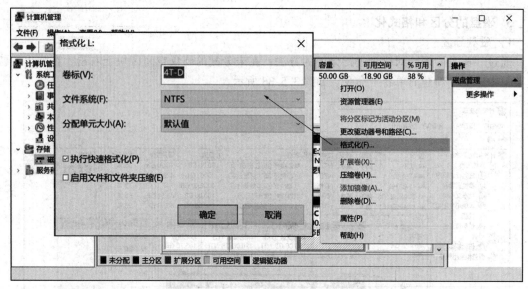

图 3.5.40　磁盘管理器格式化磁盘

（2）打开"此电脑"文件夹窗口，右击需要格式化的磁盘驱动器，在弹出的快捷菜单中选择"格式化"命令；在弹出的"格式化本地磁盘（F:）"对话框中进行相关设置，如图 3.5.41 所示。

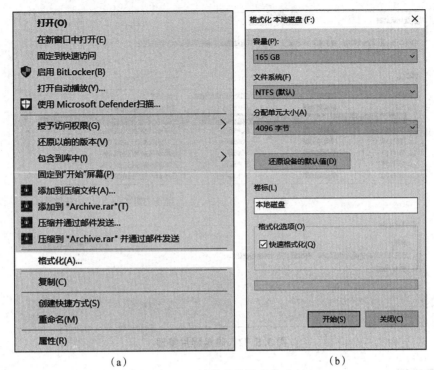

图 3.5.41　快捷菜单格式化磁盘

（a）快捷菜单；（b）"格式化本地磁盘（F：）"对话框

容量：磁盘分区时设置的空间大小。

文件系统：Windows 10 支持常用的 FAT32、NTFS、exFAT 3 种，根据需要进行选择，详见本节"文件系统"内容。

分配单元大小：文件占用磁盘空间的基本单位。分配单元越小越节约空间，但读写速度慢；分配单元越大越节省读写时间，但浪费空间；通常保持默认设置。

卷标：卷的名称，即磁盘驱动器的名称。

"快速格式化"表示仅删除磁盘上的文件和文件夹，而不检查磁盘的损坏情况，通常适用于没有损坏的磁盘。

4. 磁盘维护

磁盘维护是通过磁盘扫描程序来检查磁盘的破损程度并修复磁盘。打开"此电脑"文件夹窗口，右击需要扫描的磁盘驱动器，在弹出的快捷菜单中选择"属性"命令，打开"属性"对话框，单击"工具"选项卡的"检查"按钮。

5. 磁盘碎片整理

磁盘碎片是指一个文件没有被存储在连续的磁盘空间中，而是被分散存储在不同的磁盘空间中。对文件进行反复复制、移动或删除时，会产生许多碎片，日积月累，这些碎片会降低磁盘的读写效率。磁盘碎片整理就是将分散存储的文件重新整理，使其存储在连续的磁盘空间中。定期对磁盘进行碎片整理可以提高计算机的性能。

在"开始"菜单所有程序列表中的"Windows 管理工具"下，单击"碎片整理和优化驱动器"按钮，打开"优化驱动器"窗口，如图 3.5.42 所示。在该窗口中，选择需要进行磁盘碎片整理的驱动器后，单击"分析"按钮，先分析出系统的碎片程度，然后根据分析结果来决定是否整理磁盘碎片；单击"优化"按钮，即可对选定的磁盘驱动器进行碎片整理。

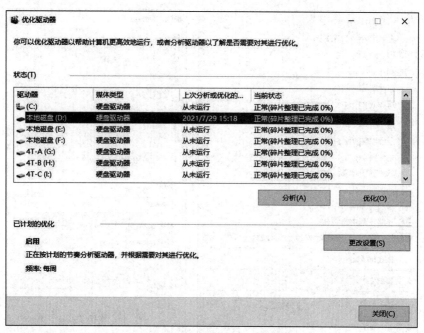

图 3.5.42　磁盘碎片整理

6. 磁盘清理

磁盘清理是指将已下载的程序文件、Internet 临时文件等删除，以释放磁盘空间。

操作方法：在"开始"菜单所有程序列表中的"Windows 管理工具"下，单击"磁盘清理"按钮，打开"磁盘清理：驱动器选择"对话框，在"驱动器"下拉列表中，选择需要清理的磁盘驱动器，如图 3.5.43(a) 所示。单击"确定"按钮，勾选要删除文件的复选按钮，单击"确定"按钮，如图 3.5.43(b) 所示。

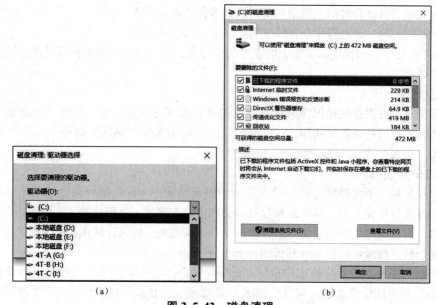

(a) (b)

图 3.5.43　磁盘清理

(a) 选择磁盘驱动器；(b) 选择要删除的文件

3.5.8 设备管理

设备管理是对计算机输入、输出系统的管理。它的主要任务是完成用户提出的输入、输出请求，为用户分配输入、输出设备，提高输入、输出设备的利用率，方便用户使用输入、输出设备而无须具体了解设备的物理特性。设备管理具有缓冲区管理、设备分配、设备处理、虚拟设备及实现设备独立性等功能。

在 Windows 10 操作系统中，用户可通过"设备管理器"对设备进行统一管理，如更新硬件驱动程序、卸载设备、扫描检测硬件改动、启用或禁用设备以及查看硬件相关信息等。

1. 打开设备管理器

打开设备管理器有以下两种方法。

(1) 选择"开始"菜单所有程序列表中的"Windows 系统"下的"控制面板"选项，在"控制面板"列表视图窗口中单击"设备管理器"图标。

(2) 右击"此电脑"图标，在弹出的快捷菜单中选择"管理"命令，在打开的"计算机管理"窗口左侧导航窗格中单击"设备管理器"按钮。

2. 查看设备信息

在"设备管理器"窗口中，分类显示了计算机中的所有硬件设备，单击"展开"按钮，可以查看具体设备。不同类型的硬件设备，其快捷菜单选项会有所不同，右击设备名，在弹出的快捷菜单中可进行相关操作。在快捷菜单中选择"属性"命令，还可查看设备的具体信息。

当硬件设备不能正常运行时，在设备管理器中会列出带有"?"号的"其他设备"类别，在具体设备名称前带有"!"标志，如图 3.5.44(a) 所示。双击设备名称，打开问题设备属性对话框，在"常规"选项卡的"设备状态"框中显示了该设备的问题及解决方法，可根据提示进行操作，如图 3.5.44(b) 所示。

(a)

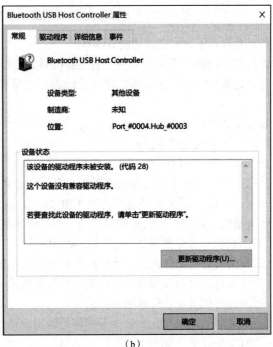

(b)

图 3.5.44　问题设备

(a) 设备问题标识；(b) 问题设备属性对话框

3. 设备驱动程序的安装与卸载

1）安装设备驱动程序

当设备接入计算机后，只有在安装设备驱动程序后才能使用。

对于即插即用设备（U 盘、USB 鼠标、移动硬盘、数码相机等），将其连接到计算机后，操作系统会自动检测设备并安装驱动程序。

对于非即插即用设备（声卡、显卡、打印机等），将其连接到计算机后，则需要用户手动安装驱动程序，设备才能正常工作。该类型设备所需的驱动程序可以从购买设备时所配备的驱动程序光盘安装，也可以从硬件厂商的官网下载对应型号的驱动程序进行安装。

此外，用户还可以使用驱动精灵等软件扫描计算机的硬件设备，为硬件安装、更新、卸载驱动程序。

2）卸载设备驱动程序

打开"设备管理器"窗口，右击需要卸载驱动程序的设备名称，在弹出的快捷菜单中选择"卸载设备"命令，打开"卸载设备"确认对话框，单击"卸载"按钮，即可卸载该设备的驱动程序。

4. 硬件设备的启用与禁用

如果某个硬件设备暂时不需要使用，则可对其禁用，以释放相应的系统资源，保证计算机系统高效地工作。禁用设备只是将设备驱动程序处于停用状态，而物理设备仍然与计算机相连接。

操作方法：打开"设备管理器"窗口，右击需要禁用的设备名称，在弹出的快捷菜单中选择"禁用设备"命令，在弹出的禁用设备对话框中单击"是"按钮即可。若要重新启用该硬件，则在快捷菜单中选择"启用设备"命令即可。

思考题

1. 什么是操作系统？它的功能有哪些？

2. 目前常用的操作系统有哪些？请简要说明各操作系统的特点。

3. 什么是程序？什么是进程？什么是线程？程序和进程的区别是什么？进程和线程的区别是什么？

4. 如何设置开机启动程序？

5. 如何处理未响应的程序？

6. 如何查看当前 CPU、内存、磁盘的使用情况？

7. 简述文件、文件夹、文件管理系统三者之间的联系与区别。

8. 简述 Windows 10 操作系统支持的 3 种文件系统：FAT32、NTFS 和 exFAT。

9. 什么是绝对路径？什么是相对路径？两者的区别是什么？

10. 如何查找 C 盘中所有的 jpg 类型的图像文件？

11. 回收站的功能是什么？什么样的文件删除后不能恢复？

12. 简述如何对新购买的移动硬盘进行分区和格式化。

13. 如何进行磁盘碎片整理和磁盘清理？

14. 什么是即插即用设备？什么是非即插即用设备？两者有何区别？

15. 如何查看故障设备？

第 4 章

计算机网络

计算机网络最早出现于 20 世纪 50 年代，经过 70 多年发展，逐渐形成现今能够实现实时通信、共享资源的 Internet。计算机网络的出现，给人们的工作、生产、生活、学习乃至思维都带来了深刻的变革，也对现今社会的发展产生深远的影响。本章主要介绍计算机网络的概念、组成、分类、数据通信基础、体系结构及 Internet 基础等方面的基本知识。

4.1 计算机网络概述

4.1.1 计算机网络的定义及功能

1. 计算机网络的定义

计算机网络是指将分散在不同地点且具有独立功能的多个计算机系统，使用通信设备和通信线路相互连接起来，在网络协议和软件的支持下进行数据通信，实现资源共享的计算机系统以及通信线路的集合。

计算机网络将信息传输和信息处理功能相结合，为远程用户提供共享网络资源，大大提高了信息资源的利用率、获取便捷性、可靠性和信息处理能力。

2. 计算机网络的功能

计算机网络主要具有数据通信、资源共享和分布式处理 3 种功能，其中共享的资源包含硬件资源、软件资源和数据资源，分布式处理又被称为协同工作。

1）数据通信

数据通信是计算机网络最基本的功能，是实现其他功能的基础。它主要实现计算机与计算机，计算机与终端之间的数据传输，使地理位置分散的生产单位或部门通过计算机网络连接起来，实现集中控制、管理和信息交换，如收发电子邮件、发布信息、网上聊天、电子商务、视频会议等。

2）资源共享

资源共享是计算机网络的主要功能，是指网络中所有计算机不受地理位置的限制，在被允许的情况下，可以使用网络中所有的硬件资源、软件资源和数据资源。硬件资源共享是指共享计算机硬件系统及其外部设备，如网络打印、下载各类软件资源、访问数据库等；软件资源共享是指共享各种语言处理程序和各类应用程序；数据资源共享是指共享网络中提供的各种数据信息。

3）分布式处理（协同工作）

分布式处理是现今计算机网络的流行功能，是指把一项复杂的任务划分成许多简单的子任务，分别交由网络中各台计算机分工协作来完成，这样，以往只有大型计算机才能完成的工作，现在可由多台微型计算机或小型计算机构成的网络协同完成，既提高了效率，又降低了费用，如网格计算、云计算、远程医疗、网络售票等。

3. 常用的计算机网络资源共享模式

把地理位置上不同的多个共享资源通过计算机网络组成逻辑上的同一个共享资源的模式，称为计算机网络资源共享模式。常用的计算机网络资源共享模式主要有集中式资源共享模式、无盘网络资源共享模式、客户机/服务器资源共享模式和浏览器/服务器资源共享模式等。

1）集中式资源共享模式

集中式资源共享模式也称主机终端模式，就是多个终端（用户）通过分时的方式共享使用主机中的共享资源，所有共享资源都集中在主机上，终端使用键盘、显示器共享主机中的资源。该模式的优点是资源集中、容易管理、安全性高；缺点是对主机的性能要求很高，终端的优势不能充分发挥。虽然这种模式现今已经不再是网络资源共享的主流模式，但仍有用户从维护成本低、系统安全性高等因素考虑，在使用这一模式时，只是把终端换成了一台独立的计算机。

2）无盘网络资源共享模式

无盘网络资源共享模式是指把用户的应用程序和数据保存在服务器上，应用程序运行时需要先从服务器下载到终端计算机，再在终端计算机上运行。这种资源共享模式的出现是由于早期的硬盘等资源价格昂贵，各终端计算机上没有硬盘或硬盘容量很小，应用程序和数据只能存储在服务器上，各终端通过网络使用服务器中的数据和应用程序。

3）客户机/服务器资源共享模式

在客户机/服务器（Client/Server，C/S）资源共享模式中，客户机是一台能独立工作的计算机，服务器是高档微型计算机或专用服务器。客户机接收用户请求时，进行适当处理后，把请求发送给服务器，服务器完成相应的数据处理功能后，把结果返回给客户机，客户机以方便用户的方式把结果提供给用户。这种模式主要运行在局域网上，能充分发挥服务器和客户机各自的优势，具有比较高的效率，安全性也比较高。其不足之处是需要为每个客户机安装应用程序，程序维护比较困难。客户机/服务器模式的结构如图4.1.1所示。

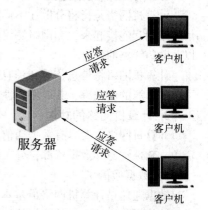

图 4.1.1　客户机/服务器模式的结构

4）浏览器/服务器资源共享模式

浏览器/服务器（Browser/Server，B/S）资源共享模式是一种三层结构的分布式资源共享模式。在浏览器/服务器资源共享模式中，客户机上只需要安装一个Web浏览器软件，用户通过Web页面实现与应用系统的资源共享；Web服务器充当应用服务器的角色，专门处理业务逻辑，接收来自Web浏览器的访问请求，访问数据库服务器进行相应的逻辑处理，并将结果返回给浏览器；数据库服务器则负责数据的存储、访问和优化。浏览器/服务器模式的结构如图4.1.2所示。

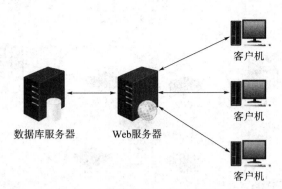

图 4.1.2　浏览器/服务器模式的结构

4.1.2　计算机网络的发展

计算机网络是计算机技术与通信技术相结合的产物，最早出现于 20 世纪 50 年代，至今为止，其发展过程可以归结为以下 4 个阶段。

1. 计算机网络的萌芽阶段（20 世纪 50—60 年代）

计算机网络的雏形出现于 20 世纪 50 年代，是一种面向终端的计算机网络结构形式。该网络是由以单个主机为中心，若干终端通过通信线路连接到主机构成。主机是网络的中心和控制者，终端分布在不同的地理位置上，并通过公共交换电话网和调制解调器（Modem）等通信线路和通信设备与主机相连，用户通过本地终端使用远程主机，其简化逻辑结构如图 4.1.3 所示。典型应用是美国航空公司和 IBM 公司在 20 世纪 60 年代初联合开发的飞机订票系统 SAVER-1，该系统由一台 IBM 计算机和全美范围内的 2 000 个终端组成。

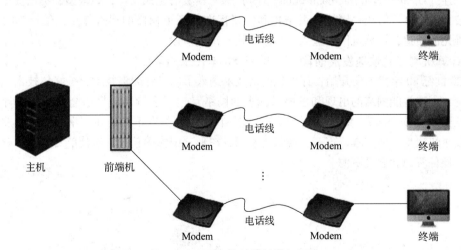

图 4.1.3　面向终端的计算机网络

2. 计算机网络的发展阶段（20 世纪 60—70 年代中期）

20 世纪 60 年代中期，出现了多个主机互连的系统，可以实现计算机与计算机之间的通信和资源共享。该网络系统是以分组交换网为中心的第二代计算机网络，其中以通信控制处理机（Communication Control Processor，CCP）和通信线路构成通信子网，由主机和终端构成资源子网，资源子网通过通信线路连接到通信子网，其简化逻辑结构如图 4.1.4 所示。典型代表为 1969 年美国国防部高级研究计划局（Advanced Research Projects Agency，ARPA）建成的 ARPANET 实验网，该网络最初只有 4 个节点，以电话线路为主干网络。

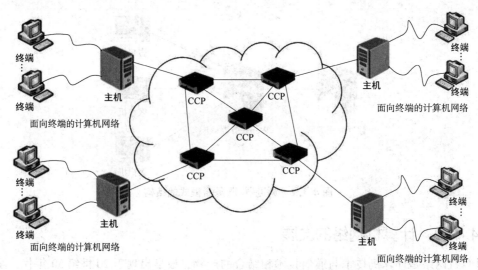

图 4.1.4　以分组交换网为中心的计算机网络

3. 计算机网络的标准化阶段（20 世纪 70—80 年代末期）

20 世纪 70 年代，随着分组交换网的迅速发展，网络应用越来越广泛，规模也不断增大，通信也变得更加复杂，为此，各大计算机公司纷纷提出并制定了自己的网络技术标准。随之产生的异种网络体系结构设备互连的问题，大大阻碍了计算机网络的发展。因此，必须要建立一个国际化的网络体系结构标准，以实现更大范围内的计算机互连成网，进行数据通信和资源共享。

1984 年，国际标准化组织（International Organization for Standardization，ISO）公布了关于开放系统互连（Open System Interconnection，OSI）参考模型的正式文件，该模型的提出促进了计算机网络技术的发展，对统一网络体系结构和协议标准起到了积极的促进作用，使计算机网络走上了标准化的轨道，计算机网络进入了体系结构标准化阶段。

4. 计算机网络的快速发展阶段（20 世纪 80 年代末期至今）

从 20 世纪 80 年代末期开始，计算机网络技术进入了以光纤通信技术、多媒体技术、综合业务数字网、人工智能网络的出现和发展为标志的网络互连互通阶段。目前全球最大的计算机网络就是互联网（Internet），如图 4.1.5 所示，它不仅可以使身在不同地域、不同国家的网络用户之间方便、快捷地交换文本、声音、视频、音频、图形、图像等信息，也能够让上网用户共享互联网中的硬件资源和软件资源。

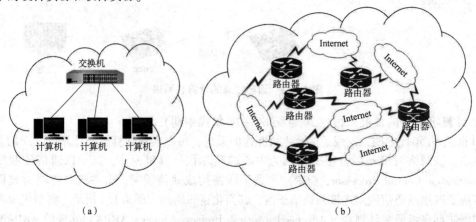

图 4.1.5　互联网

（a）简单的计算机网络；（b）复杂的互联网

4.1.3　计算机网络的组成和分类

1. 计算机网络的组成

计算机网络从逻辑功能来看由通信子网和资源子网两部分组成，如图 4.1.6 所示，这两部分之间通过通信线路相互连接。

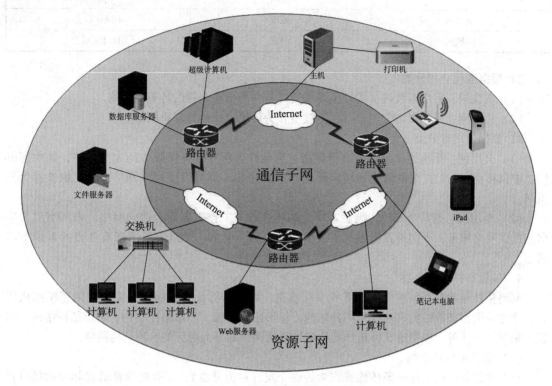

图 4.1.6　计算机网络的逻辑组成

（1）资源子网：由各种数据处理资源和数据存储资源组成，包括主机、智能终端、磁盘存储器、监控设备、I/O 设备等。资源子网的设备通过数据传输介质连接到通信接口装置（节点），各节点再按一定的拓扑结构连接成网络，主要负责网络的数据处理、提供资源共享和服务。

（2）通信子网：由通信控制处理机和传输线路组成的独立的数据通信系统。它面向通信控制和通信处理，负责整个网络的数据传输、加工和变换等通信处理工作。

2. 计算机网络的分类

1）根据覆盖范围分类

（1）局域网（Local Area Network，LAN）：地理覆盖范围小，一般在 10 km 以内，传输速率高、误码率低的网络。局域网投资规模较小，组网简单，容易实现，是目前最常见、应用最广泛的一种计算机网络。如今，一个学校或公司都有若干互连的局域网，我们称作校园网或企业网。

（2）城域网（Metropolitan Area Network，MAN）：地理覆盖范围介于局域网和广域网之间，将多个局域网互连起来的网络。城域网多采用以太网技术，因此有时也并入局域网的范围进行讨论。

（3）广域网（Wide Area Network，WAN）：地理覆盖范围广，一般在 100 km 以上，传输速率相对较低、误码率高的网络，也被称为远程网，是互联网的核心。

3 种网络之间的比较如表 4.1.1 所示。

表 4.1.1 局域网、城域网、广域网之间的比较

网络种类	覆盖范围	分布距离
局域网	房间	10 m
	建筑物	100 m
	校园	1 000 m
城域网	城市	10 km 以上
广域网	国家	100 km 以上

2）根据通信介质分类

（1）有线网：采用双绞线、同轴电缆和光纤等作为传输介质的计算机网络。

（2）无线网：采用微波、卫星、红外线等作为传输介质的计算机网络。

3）根据使用者分类

（1）公用网：指由国家或私企出资建造，为全社会所有人提供服务的大型网络，如中国电信、中国移动。凡是按照网络公司规定缴纳相应费用的人都可以使用该网络，因此也被称为公用网。

（2）专用网：指某个部门为满足本单位的特殊业务工作需要而建造的网络。该网络只为本部门提供网络服务，不向外界提供网络服务，如银行、电力、铁路等系统都有各自的系统专用网络。

4）根据拓扑结构分类

网络拓扑结构是指网络中的计算机、交换机、路由器等设备和通信线路连接的逻辑结构形式。常用的网络拓扑结构有总线型拓扑结构、星形拓扑结构、环形拓扑结构、树形拓扑结构、网状形拓扑结构5种，按照这5种拓扑结构把计算机网络划分为对应的5种结构网络。

（1）总线型拓扑结构。

总线型拓扑结构采用一条传输线作为传输介质（称为总线），所有终端都通过相应的接口直接连接到总线上，如图4.1.7所示。总线型拓扑结构的网络通常采用广播式传输，即连接在总线上的主机都是平等的，它们中的任何一台主机都允许把数据传送到总线上或从总线上接收数据。

总线型拓扑结构的特点：网络中只有一条总线，电缆使用量少，易于安装，易于扩充，而且站点与总线之间的连接采用无源器件，网络的可靠性高；但由于总线型拓扑结构不是集中控制，对总线的故障很敏感，故总线一旦发生故障将导致整个网络瘫痪。

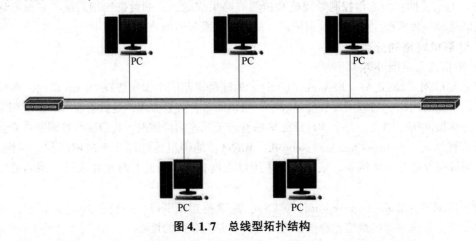

图 4.1.7 总线型拓扑结构

（2）星形拓扑结构。

星形拓扑结构是由网络中的每个终端通过点到点的链路直接与一个公共的中心设备连接而成，实际上可以看作是在总线结构的网络基础上，把公用总线缩成只有一个点形成的网络结构，如图 4.1.8 所示。

星形拓扑结构的特点：结构简单、易于维护和扩充，控制简单，便于建网，某个工作站出现故障不会影响其他站点和全网的工作；但由于每个工作站都需要用单独的通信线路与中心站点连接，故需要的连接线较多，且要求中心设备具有很高的可靠性，因为一旦中心设备出现故障，将导致整个网络瘫痪。

（3）环形拓扑结构。

环形拓扑结构由网络中若干终端使用转发器通过点到点的链路首尾相连形成一个闭合环路。转发器的作用是接收从一条链路传送来的数据，同时不经过任何缓冲，以同样的速率把接收的数据传送到另一条链路上，如图 4.1.9 所示。在环形拓扑结构中，线路传输是单向的，即所有站点的数据只能按同一方向进行传输。数据的接收也是将传输的数据中包含的地址信息与本站点地址相比较，如果地址相同，则接收数据，否则不予接收。

环形拓扑结构的特点：信息流在网络中是沿着固定方向流动的，两个节点仅有一条道路，简化了控制机制，故控制软件简单，电缆使用量小，线路利用率高，适合于光纤通信。但由于信息在环路中串行穿过各个节点，当环路中节点过多时，势必影响信息传输速率，使网络的响应时间延长，且环路是封闭的，不便于扩充，可靠性低，一个节点故障，将会造成全网瘫痪，维护难，分支节点故障定位较难。

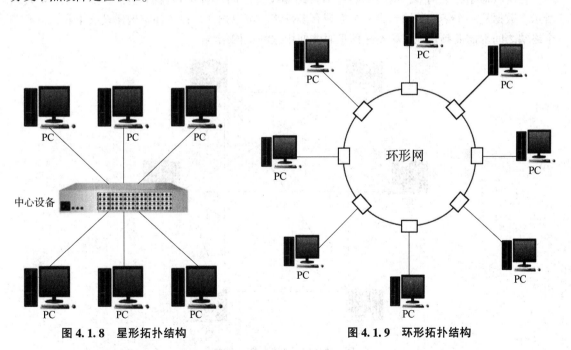

图 4.1.8 星形拓扑结构　　　　　　图 4.1.9 环形拓扑结构

（4）树形拓扑结构。

树形拓扑结构的网络是从星形拓扑结构演变过来的，如图 4.1.10 所示，各终端按一定的层次连接起来，其形状像一棵倒置的树，顶端是一个带分支的根站点，每个分支还可延伸出子分支。它是一种分级的集中控制式网络，与星形拓扑结构相比，它的通信线路总长度短，成本较低，节点易于扩充，寻找路径比较方便，但除了叶子节点及其相连的线路外，任意一个节点或其相连的线路故障都会使系统受到影响。

树形拓扑结构的特点：易于扩充网络站点和分支；某一分支的站点或线路发生故障，很容易将其从整个网络中隔离出来，可靠性高。但组建网络时使用的连接线较多，整个网络对根站点的依赖性大，一旦根站点出现故障，将导致全网不能正常工作。

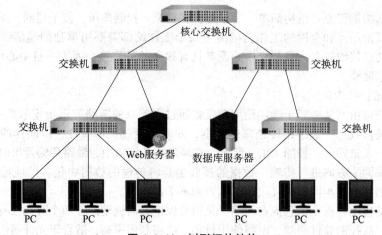

图 4.1.10 树形拓扑结构

（5）网状形拓扑结构。

在网状形拓扑结构中，网络中的每两台终端设备之间均有点到点的链路连接，如图 4.1.11 所示，数据从一个终端传输到另一个终端有多条路径可以选择。该拓扑结构建设成本高，只有各个终端之间都需要频繁地互相发送信息时才使用这种组网结构。

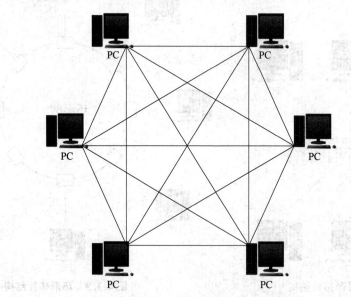

图 4.1.11 网状形拓扑结构

网状形拓扑结构的特点：系统可靠性高，容错能力强，数据传输时通过路由选择，可绕过出现故障或繁忙的站点。但网络结构复杂，连接成本比较高，不易管理和维护。

5）根据传输技术分类

（1）广播式网：这类网络中所有联网计算机都共享一个公共通信信道，一台计算机可以同时向多台计算机发送数据。

（2）点对点式网：每条物理线路连接两台计算机，如果两台计算机之间没有直接连接的线路，则它们之间的数据传输必须经过中间节点转发。

6）其他分类方法

（1）按信息交换方式分为电路交换网、分组交换网和混合交换网。

（2）按网络中使用的操作系统分为 NetWare 网、Windows NT 网和 UNIX 网。

（3）按网络信号频带所占用的方式分为基带网和宽带网。

4.1.4　我国的计算机网络

我国计算机网络起步于 20 世纪 80 年代，于 1980 年进行联网试验，并开始组建各单位的局域网，在 80 年代后期，相继建成各行业的专用广域网。1987 年，通过中国学术网 CAnet 向世界发出第一封 E-mail，标志着我国进入了 Internet 时代；1989 年 11 月，第一个公用分组交换网建成运行，1993 年建成新公用分组交换网 ChinaPAC。经过几十年的发展，形成了现今的四大主流网络体系，即中科院的中国科技网 CSTnet，教育部的中国教育和科研计算机网 CERnet，原邮电部的中国公用计算机互联网 Chinanet 和原电子工业部的中国金桥信息网 ChinaGBN。

在我国，计算机网络的发展历程可以大略地划分为以下 3 个阶段。

第一阶段（1987—1993 年）为我国计算机网络研究试验阶段。在此期间中国一些科研部门和高等院校开始研究计算机网络技术，并开展了科研课题和科技合作工作，但这个阶段的网络应用仅限于小范围内的电子邮件服务。

第二阶段（1994—1996 年）为我国计算机网络起步阶段。1994 年 4 月，中关村地区教育与科研示范网络工程进入 Internet，从此中国被国际上正式承认为有 Internet 的国家。之后，Chinanet、CERnet、CSTnet、ChinaGBN 等多个 Internet 项目在全国范围相继启动，Internet 开始进入公众生活，并在中国得到了迅速的发展。至 1996 年年底，中国 Internet 用户数已达 20 万，利用 Internet 开展的业务与应用逐步增多。

第三阶段（1997 年至今）是计算机网络在我国发展最为快速的阶段。国内 Internet 用户数自 1997 年以来基本保持每半年翻一番的增长速度。据中国互联网络信息中心 2021 年 8 月发布的第 48 次《中国互联网络发展状况统计报告》显示，截至 2021 年 6 月，我国网民规模达 10.11 亿，较 2020 年 12 月增长 2 175 万，互联网普及率达 71.6%；截至 2021 年 5 月，我国 5G 标准必要专利声明数量占比超过 38%，位列全球首位；截至 2021 年 4 月，我国光纤宽带用户占比提升至 94%，固定宽带端到端用户体验速度达到 51.2 Mbit/s，移动网络速率在全球 139 个国家和地区中排名第 4 位。现今，随着 10 亿以上的用户接入互联网，我国逐步形成了全球最为庞大、生机勃勃的数字社会。

4.2　计算机网络数据通信基础

4.2.1　网络数据通信基本概念

数据通信是通信技术和计算机技术相结合而产生的一种数据通信方式。数据通信中的各设备终端通过通信信道（Channel）相互连接起来，进行数据与信息的收集、传输、交换和处理，从而实现地理位置不同的数据终端之间软、硬件和信息资源的共享。数据通信根据传输介质的不同，分为有线数据通信与无线数据通信两种。最早的数据通信方式有电报和电话等，随着计算机技术的发展，数据通信的重点逐步转向了计算机网络。

　　计算机网络的本质是一个网络数据通信系统，从计算机网络的组成角度来看，一个完整的网络数据通信系统由数据终端设备、数据通信设备和数据传输信道 3 部分组成，如图 4.2.1 所示。

图 4.2.1　网络数据通信系统

　　数据终端设备（Data Teminal Equipment，DTE）是数据的生成者和使用者，在计算机网络中，其负责数据的处理和输出。常见的数据终端设备有 PC、服务器、打印机等。

　　数据通信设备（Data Communication Equipment，DCE）是负责数据传输控制的设备。常见的数据通信设备有网卡、交换机、路由器等。

　　数据传输信道是信息在信号变换器之间传输的通道。常见的数据传输信道有电话线、同轴电缆、光纤等。

4.2.2　网络数据通信传输介质

　　网络数据通信传输介质是通信中实际传送信息的载体，即数据发送方和接收方之间的物理通路。计算机网络中采用的数据通信传输介质可分为有线和无线两大类，双绞线、同轴电缆和光纤等是常用的有线传输介质；卫星、无线电、红外线、激光和微波等属于无线传输介质。

1. 有线传输介质

1）双绞线电缆

　　双绞线电缆由双绞线构成，如图 4.2.2 所示。双绞线是由一对相互绝缘的金属导线绞合而成，绞合的导线可以减少相互之间的电磁辐射干扰，提高传输质量，将一对或多对双绞线放在一根绝缘套管中便构成了双绞线电缆，是现今价格低廉、应用最为广泛的网络线缆。双绞线电缆分为非屏蔽双绞线电缆（Unshielded Twisted Pair，UTP）和屏蔽双绞线电缆（Shielded Twisted Pair，STP）两种，屏蔽双绞线电缆在防电磁干扰能力方面比非屏蔽双绞线电缆更强。双绞线电缆通常简称为双绞线。目前，双绞线广泛应用于局域网中，通常使用的是由 4 对双绞线组成的非屏蔽双绞线，其传输距离不超过 100 m。

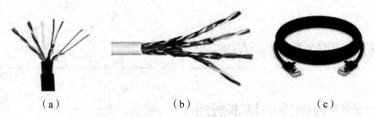

（a）　　　　　　　　　（b）　　　　　　　　　（c）

图 4.2.2　双绞线电缆

（a）非屏蔽双绞线；（b）屏蔽双绞线；（c）成品双绞线

2）同轴电缆

　　同轴电缆（Coaxial Cable）如图 4.2.3 所示，由同轴的内外两个导体组成，内导体是一根金属线，外导体（也称外屏蔽层）是一根圆柱形的套管，一般是由细金属线编织成的网状结构，内外导体之间有绝缘层。常用的同轴电缆有粗缆和细缆之分，粗缆的特点是连接距离长，可靠性高，安装难度大、成本高；细缆的特点是传输距离略短，但安装比较简单，成本较低。在早期的局域网中经常采用同轴电缆作为传输介质，现在已基本被非屏蔽双绞线取代。

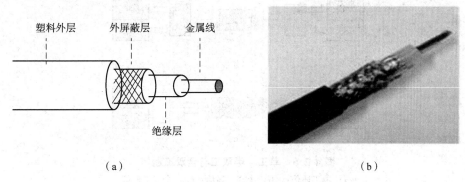

图 4.2.3　同轴电缆

（a）结构；（b）实物

3）光纤

　　光纤是光导纤维的简称，是能传导光波的石英玻璃纤维。光纤非常细，将其外加保护层构成光缆（Optical Fiber Cable），如图 4.2.4 所示。光纤不同于双绞线和同轴电缆将数据转换为电信号传输，而是将数据转换为光信号在其内部传输。光缆具有容量大、传输速率高、传输距离长、抗干扰能力强等优点，不足之处是成本高、

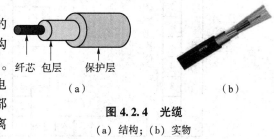

图 4.2.4　光缆

（a）结构；（b）实物

连接技术比较复杂，主要用于长距离数据传输、主干网和高速局域网的建设等。

2. 无线传输介质

　　无线传输介质通过电磁波在空间维度上进行数据传输，不需要架设或铺埋物理线路。目前常用的无线传输介质有微波、红外线、蓝牙、可见光、激光和卫星等。无线网络的特点是传输数据受地理位置的限制较小、使用方便，不足之处是容易受到障碍物和天气的影响。我们现今家庭所使用的无线路由器的 Wi-Fi 属于微波通信，通过它能让我们在有效范围内方便快捷地接入网络。

4.2.3　网络数据通信方式

　　网络数据通信方式是指网络中通信双方在数据信号发送、传输和接收过程中对数据信号的处理方式。常见的数据通信方式，按数据的传输方式可分为单工通信、半双工通信和全双工通信，如图 4.2.5 所示；按传输信息时信息与所用信道数量的关系，可分为串行通信与并行通信，如图 4.2.6 所示。

1. 单工、半双工与全双工通信

1）单工通信

单工通信指在任一时刻，信号只能由通信双方中的一端发往另一端，在信道上单向传输。此种方式中信道两端节点的功能固定，发送方只能发送数据，不能接收数据；接收方只能接收数据不能发送数据，如无线电广播、电视广播等。

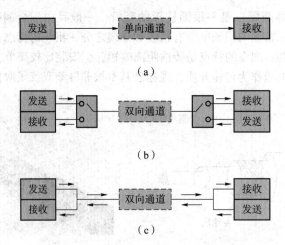

图 4.2.5 单工、半双工与全双工通信

（a）单工通信；（b）半双工通信；（c）全双工通信

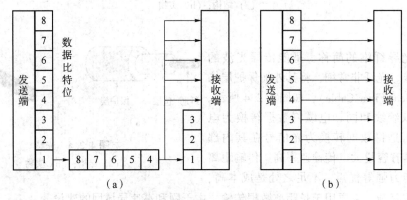

图 4.2.6 串行、并行通信

（a）串行通信；（b）并行通信

2）半双工通信

半双工通信指通信双方均可进行数据发送与接收，但不能同时具备两种功能。在同一时刻，信号只能从一端发向另一端，若要改变信号传输方向，则需进行线路切换，如计算机网络中的非主干线路通信。

3）全双工通信

全双工通信指通信双方在任何时刻均可发送和接收数据。全双工通信中使用两条信道，其中一条信道用于发送数据，另一条信道用于接收数据，如现代电话通信、计算机与计算机之间的通信。

2. 串行通信与并行通信

1）串行通信

串行通信指将待传输数据按位依次传输，一次只传输一位二进制的数据，从发送端到接收端仅需建立一条信道。串行通信方式虽然传输率低，但成本低，结构简单，适合于远距离传输，在远程数据通信中普遍采用串行通信方式。

2）并行通信

并行通信指将网络数据分组后，以组为单位在多个并行信道上同时传输数据，组内的每位数据占用一条信道。并行通信方式传输效率高，但需要搭建多条信道，成本也随之增高，因此一般用于近距离高速通信。

4.2.4　网络数据通信编、解码技术

计算机网络通过通信子网将各终端互连，以实现资源共享和数据传输。当通信双方所采用的信号形式不一致时，就需要对信号形式进行转换，使其一致后才能进行数据的传输。在一般情况下，在发送方将需要进行传输的原始数据转换为适合在信道上传输的信号所使用的技术称为编码技术，在接收方为了能够接收并处理信道上传输过来的信号，将信道上传输过来的信号转换为能够被处理的数据所使用的技术称为解码技术，但无论是编码技术还是解码技术，其本质上都是对信号形式进行变换。

在计算机网络中，使用模拟信号和数字信号进行数据的传输，把需要传输的数据变换为模拟信号的过程称为调制，把需要传输的数据变换为数字信号的过程称为编码。

1. 调制

调制是现代通信的重要方法，数字调制是一个将数字信号转换成模拟信号的过程，与模拟调制相比有许多优点。数字调制具有更好的抗干扰性能，更强的抗信道损耗，以及更好的安全性。在调制方法上，主要是通过改变余弦波的幅度、相位或频率来传送数字信号 0 和 1。常见的数字调制方法有调幅、调频和调相 3 种，如图 4.2.7 所示。

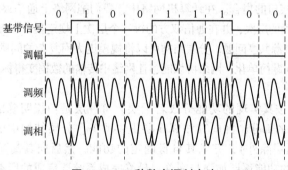

图 4.2.7　3 种数字调制方法

1）调幅

调幅又称幅移键控，通过改变载波信号的振幅来表示数字信号 0 和 1，而载波的频率和相位都不会改变，比较容易实现，但抗干扰能力差。例如，0 或 1 分别对应无载波或有载波输出。

2）调频

调频又称频移键控，通过改变载波信号的频率来表示数字信号 0 和 1，而载波的振幅和相位都不变，容易实现，抗干扰能力强，目前应用较为广泛。例如，0 或 1 分别对应频率 f_1 或 f_2。

3）调相

调相又称相移键控，通过改变载波信号的相位来表示数字信号 0 和 1，而载波的振幅和频率都不改变，分为绝对调相和相对调相两种。例如，0 或 1 分别对应相位 0° 或 180°。

2. 编码

将模拟信号转换为数字信号最常见的方法为脉冲编码调制（Pulse Code Modulation，PCM），简称脉码调制。使用 PCM 进行模拟信号的数字化编码时，需要经过 3 个步骤：抽样、量化和编码。抽样是将连续时间模拟信号变为离散时间、连续幅度的抽样信号；量化是将抽样信号变为离散时间、离散幅度的数字信号；编码是将量化后的信号编码成为一个二进制码组输出，如图 4.2.8 所示。

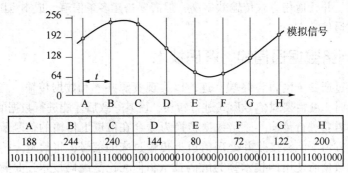

图 4.2.8　抽样、量化和编码过程

A	B	C	D	E	F	G	H
188	244	240	144	80	72	122	200
10111100	11110100	11110000	10010000	01010000	01001000	01111100	11001000

4.3　计算机网络的体系结构

4.3.1　计算机网络体系结构概述

计算机网络体系结构（Computer Network Architecture）指计算机之间相互通信的层次、各层次中的协议和层次之间的接口的集合。在计算机网络中，我们把网络上通信终端之间相互连接的复杂过程划分成多个定义明确的层次，并在通信双方的每一个层次上规定接口、服务和网络协议，来解决计算机之间数据通信和资源共享问题。分层结构可以将规模庞大而复杂的问题转化为若干较小的局部问题进行处理，从而使问题简单化；网络协议能够让网络中传输的数据变得标准、统一、容易理解。

1. 分层结构

分层结构是将系统按其实现的功能分成若干层，每一层是功能明确的一个子部分。最低层完成系统功能的最基本的部分，并向其相邻高层提供服务。分层结构中的每一层都直接使用其低层提供的服务（最低层除外），完成其自身确定的功能，然后向其高层提供服务（最高层除外）。分层结构使系统的功能逐层加强与完善，最终完成系统要完成的所有功能。

分层结构的优点在于使每一层实现相对独立的功能，每一层不必知道下一层功能实现的细节，只要知道下层通过层间接口提供的服务是什么以及本层应向上一层提供什么样的服务，就能独立地进行本层的设计与开发。另外，由于各层相对简单独立，故容易设计、实现、维护、修改和扩充，增加了系统的灵活性。

例如，甲要给乙邮寄一封信件，我们可以将整个过程划分为 3 层，即第一层的铁路局负责信件的运输；第二层的邮局负责信件的处理；第三层的用户负责信件的内容。在整个过程中，每一层各司其职，相互独立，如图 4.3.1 所示。

2. 网络协议

网络协议是计算机网络的重要组成部分，计算机网络的各层功能都是由各层上的网络协议来实现的。网络协议中明确规定了通信双方在相同层次上，以及信息交换时的格式、方法、意义和先后顺序。换句话说，网络协议就是计算机网络通信的一整套规则，是为完成计算机网络通信而人为制定的标准。

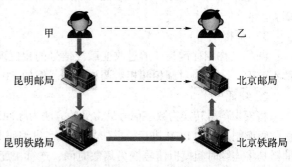

图 4.3.1　寄送信件过程

网络协议主要由 3 个部分组成，称为网络协议三要素，即语法、语义和规则。

（1）语法：用于规定通信双方对话的格式，即通信数据和控制信息的结构与格式。

（2）语义：用于对构成协议的协议元素的解释，即规定具体事件应发出何种控制信息，完成何种动作以及作出何种应答。

（3）规则：用于规定通信双方的应答关系，即对事件实现顺序的详细说明。

4.3.2 OSI 参考模型和 TCP/IP 体系结构

1. OSI 参考模型

OSI 参考模型，是 ISO 为了解决当时不同网络体系结构互连的问题，而于 1983 年提出的分层网络体系结构模型。该模型共有 7 层，自下而上分别为物理层、数据链路层、网络层、传输层、会话层、表示层和应用层，如图 4.3.2 所示。

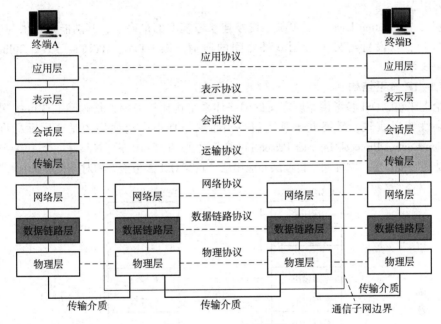

图 4.3.2 OSI 参考模型

1）物理层

物理层（Physical Layer）的功能是在传输介质（双绞线、同轴电缆和光缆等）上传输原始的由 0 和 1 组成的比特流。物理层并不关心传输数据的语义和结构。在物理层，当发送方发送二进制比特流时，物理层能确保接收方正确地接收，且传输的双方有一致的通信规程，即物理层协议。

2）数据链路层

数据链路层（Data Link Layer）的主要功能是将原始的物理连接改造成无差错的、可靠的数据传输链路，同时需要将比特流组合成帧（Frame）传送，使传送的比特流具有语义和规范的结构。

3）网络层

网络层（Network Layer）是将数据链路层提供的帧组成数据包（Packet），其功能是对通信子网的运行进行控制，主要任务是如何把网络层的协议数据单元从源站点传输到目的站点。网络层实现的功能主要包括路由选择和网络互连，路由选择为在通信子网上传输的数据包选择合适的传输途径，网络互连实现数据包的跨网传输。

4）传输层

传输层（Transport Layer）也称运输层，工作在端到端或主机到主机的功能层次。传输层的功能就是在通信子网的环境中实现端到端的数据传输管理、差错控制、流量控制和复用管理等，为高层用户提供可靠的、透明的、有效的数据传输服务。

5）会话层

会话层（Session Layer）也称会晤层或对话层，数据单元统称为报文（Message），不参与具体的传输，主要提供包括访问验证和会话管理在内的通信机制。

6）表示层

表示层（Presentation Layer）主要用于处理在两个通信系统中交换信息的表示方式，即负责对所传输数据进行不同数据格式的转换。

7）应用层

应用层（Application Layer）是开放系统互连参考模型的最高层，其功能是提供为应用软件而设计的接口，以设置与另一应用软件之间的通信，如 HTTP、HTTPS、FTP、Telnet、SSH、SMTP、POP3 等。

2. TCP/IP 体系结构

从理论上来讲，OSI 参考模型所定义的网络体系结构比较完整，是国际上认可的网络标准。但因其复杂性难以实现，最终并未真正流行，而现今真正广泛使用的是非国际标准 TCP/IP（Transmission Control Protocol/Internet Protocol）参考模型。TCP/IP 参考模型是一个 4 层结构，自下而上依次是网络接口层、网际层、传输层和应用层，它与 OSI 参考模型的对应关系如图 4.3.3 所示。

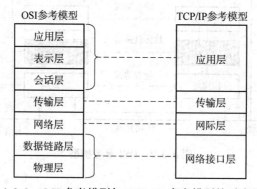

图 4 3.3　OSI 参考模型与 TCP/IP 参考模型的对应关系

1）网络接口层

网络接口层（Host-to-network Layer）位于 TCP/IP 参考模型的最底层，与 OSI 参考模型的物理层、数据链路层对应，负责将相邻高层提交的 IP 报文封装成适合在物理网络上传输的帧格式并传输，或将从物理网络接收到的帧解封，从中取出 IP 报文并提交给相邻高层。

2）网际层

网际层（Internet Layer）负责将报文独立地从源主机传输到目的主机，不同的报文可能会经过不同的网络，而且报文到达的顺序可能与发送的顺序有所不同，但是网际层并不负责对报文的排序。网际层在功能上与 OSI 参考模型中的网络层对应。

3）传输层

传输层（Transport Layer）负责在源主机和目的主机的应用程序间提供端到端的数据传输服务，使主机上的对等实体可以进行会话，相当于 OSI 参考模型中的传输层。传输层上有两个协议，传输控制协议（Transmission Control Protocol，TCP）和用户数据报协议（User Datagram Protocol，UDP）。TCP 是可靠的、面向连接的协议，保证通信主机之间有可靠的数据传输；UDP 是一种不可靠的、无连接的协议，优点是协议简单、效率高，缺点是不能保证正确传输。

4）应用层

应用层（Application Layer）对应于 OSI 参考模型的会话层、表示层和应用层，提供用户所需要的各种服务。应用层的主要协议有简单电子邮件协议（Simple Mail Transfer Protocol，SMTP），负责互联网中电子邮件的传递；超文本传输协议（Hyper Text Transfer Protocol，HTTP），提供 WWW 服务；文件传输协议（File Transfer Protocol，FTP），用于交互式文件传输；域名（服务）系统（Domain Name System，DNS），负责域名到 IP 地址的转换。

4.3.3　IP 地址

IP 地址是指互联网协议地址，又译为网际协议地址。IP 地址是一种统一的地址格式，用于标识连接到网络中每一个终端。根据 IP 地址的版本号不同，IP 地址有 IPv4 和 IPv6 两个版本，目前互联网使用的主流 IP 地址依然是 IPv4 地址。

1. IPv4 地址

IPv4 地址用 32 位二进制数来表示，如 01110111 00111110 00000110 00011110。由于二进制数的 IPv4 地址很难记住，因此将 32 位二进制数分成 4 个字节，每个字节中间用圆点“.”隔开，并将每个字节转换成人们所熟悉的十进制数据，这种表示方法称为点分十进制法。例如，将上述 IPv4 地址用点分十进制法表示则是 119.62.6.30，如图 4.3.4 所示。

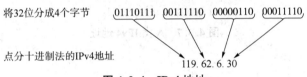

32 位二进制 IPv4 地址　01110111001111100000011000011110

将 32 位分成 4 个字节　01110111，00111110，00000110，00011110

点分十进制法的 IPv4 地址　119.62.6.30

图 4.3.4　IPv4 地址

1）IPv4 地址的构成

IPv4 地址使用两级编址，由网络号（Net ID）和主机号（Host ID）两部分构成，如图 4.3.5 所示。网络号标识主机所从属的网络，主机号标识网络中的某台具体主机。网络号和主机号所占的二进制位数与 IPv4 地址的分类有关。

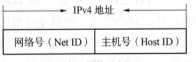

IPv4 地址

| 网络号（Net ID） | 主机号（Host ID） |

图 4.3.5　IPv4 地址结构

2）IPv4 地址分类

IPv4 地址分为 A、B、C、D、E 五类，其中 A、B、C 三类是常用的 IPv4 地址，用于一对一通信（单播），D 类用于一对多通信（多播），E 类保留为今后使用。本书主要介绍 A、B、C 三类常用的 IPv4 地址，它们的地址结构如图 4.3.6 所示。

（1）A 类地址。

A 类地址的网络号为 8 位，最高位为类别位，置为 0，主机号为 24 位，网络地址的范围为 0~127，共有 $2^7 = 128$ 个网络地址，因 0 和 127 是保留网络地址，有特殊用途，所以可用的网络地址有 128-2＝126 个；主机地址的范围为 0.0.0~255.255.255，共有 $2^{24} = 16\ 777\ 216$ 个主机地址，其中全 0 和全 1（即 0.0.0 和 255.255.255）是保留主机地址，另作他用，所以可用的主机地址有 $2^{24}-2 = 16\ 777\ 214$ 个。因此，A 类 IP 地址的一个网络地址可以分配 16 777 214 个主机地址，如图 4.3.7 所示。

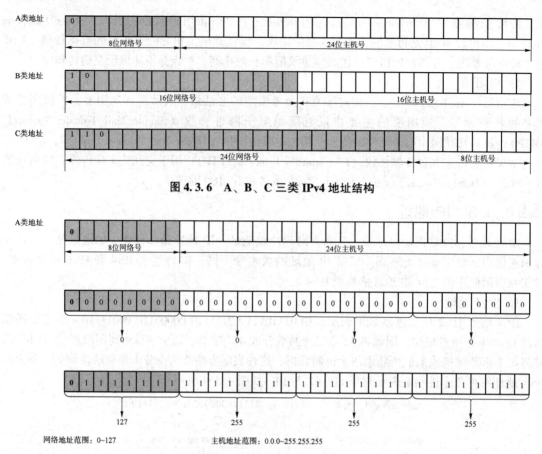

图 4.3.6 A、B、C 三类 IPv4 地址结构

图 4.3.7 A 类 IPv4 地址

（2）B 类地址。

B 类地址的网络号为 16 位，最高两位为类别位，置为 10，主机号为 16 位，网络地址范围为 128.0~191.255，共有 $2^{14} = 16\ 384$ 个网络地址，因 128.0 和 191.255 是保留网络地址，故可用网络地址有 16 382 个；主机地址范围为 0.0~255.255，共有 $2^{16} = 65\ 536$ 个主机地址，因全 0 和全 1（即 0.0 和 255.255）的主机地址保留作他用，所以可用的主机地址有 65 534 个。因此，B 类 IP 地址的一个网络地址可分配 65 534 个主机地址，如图 4.3.8 所示。

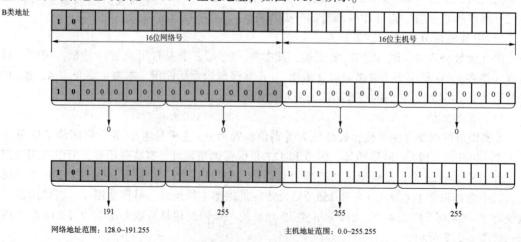

图 4.3.8 B 类 IPv4 地址

（3）C 类地址。

C 类地址的网络号为 24 位，最高三位为类别位，置为 110，主机号为 8 位，网络地址范围为 192.0.0~223.255.255，共有 2^{21} = 2 097 152 个网络地址，其中 192.0.0 和 223.255.255 是保留网络地址，故可用的网络地址有 2 097 150 个；主机地址范围为 0~255，共有 2^8 = 256 个主机地址，全 0 和全 1（即 0 和 255）的主机地址被保留，所以可用的主机地址有 254 个。因此，C 类 IP 地址的一个网络地址可分配 254 个主机地址，如图 4.3.9 所示。

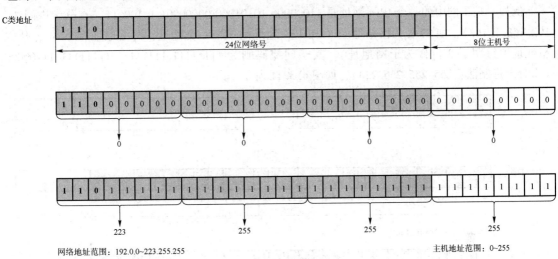

图 4.3.9　C 类 IPv4 地址

（4）特殊的 IPv4 地址。

采用点分十进制法的 IPv4 地址，可以通过第一个字节的十进制值识别属于 A 类、B 类还是 C 类，0~127 之间为 A 类地址，128~191 之间为 B 类地址，192~223 之间为 C 类地址。例如，IPv4 地址是 192.168.1.100，第一个字节的值是 192，在 192~223 之间，则该 IPv4 地址属于 C 类 IPv4 地址。

在 A、B 和 C 三类 IPv4 地址中，有一部分没有被分配，被保留了下来，这些 IPv4 地址不能直接访问互联网，只能在局域网中使用，如表 4.3.1 所示。

表 4.3.1　保留的特殊 IPv4 地址

网络类别	地址段	网络数
A 类	10.0.0.0~10.255.255.255	1
B 类	172.16.0.0~172.31.255.255	16
C 类	192.168.0.0~192.168.255.255	256

3）IPv4 地址划分子网

（1）子网划分。

在实际组建网络的设计中，往往需要将基于 A、B、C 三类 IPv4 地址的网络进一步分成更小的子网络，避免造成地址空间的浪费，同时提高网络的通信效率。为了解决这个问题，人们提出了将一个大的网络划分成若干小的子网络，即子网，并从主机地址中借用若干位作为子网地址，即将 IP 地址由原来的两级编址变成三级编址，其 IP 地址结构如图 4.3.10 所示。

（2）子网掩码。

网络中的子网掩码的作用是从 IP 地址中分离出子网地址，从而判断出主机属于哪一个子网。子网掩码也是用 32 位二进制数表示，它对应 IP 网络地址部分的位全部为"1"，对应 IP 主机地址部分的位则全为"0"。

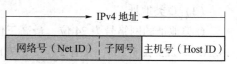

图 4.3.10　IPv4 三级编址结构

例如，某子网中的一个 IPv4 地址是 11000000 10101000 00000001 10100011（点分十进制法：192.168.1.163），前 27 位为网络地址（该 IPv4 地址是一个 C 类地址，网络地址有 24 位，从主机地址中借用了 3 位作为子网地址），其子网掩码则为 11111111 11111111 11111111 11100000（点分十进制法：255.255.255.224），如图 4.3.11 所示。

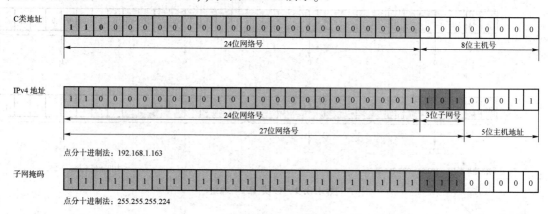

图 4.3.11　子网掩码

要判断 192.168.1.163 属于哪一个子网，需要将其与子网掩码 255.255.255.224 进行"与"运算，就可以知道该 IPv4 地址的子网地址。

IPv4 地址：11000000 10101000 00000001 10100011　（192.168.1.163）

子网掩码：11111111 11111111 11111111 11100000　（255.255.255.224）

子网地址：11000000 10101000 00000001 10100000　（192.168.1.160）

若没有划分子网，在默认情况下，则 A、B、C 三类 IP 地址的子网掩码如表 4.3.2 所示。

表 4.3.2　默认子网掩码

网络类别	默认子网掩码
A 类	255.0.0.0
B 类	255.255.0.0
C 类	255.255.255.0

2. IPv6 地址

IPv6 地址使用 128 位二进制数表示，是 IPv4 地址长度的 4 倍。为了表示方便，将 IPv6 地址的每 16 位分为一段，共分为 8 段，每段用 4 个十六进制数表示，段与段之间用冒号"："隔开，这种表示方法称为冒分十六进制法。例如：5f05：2000：80ad：5800：0058：0800：2023：1d71。

IPv6 地址的优势就在于它大大地扩展了地址的可用空间，IPv6 地址有 128 位长，大大扩展了所表示的网络和主机表示范围，如果地球表面（含陆地和水面）都覆盖计算机，那么 IPv6 地址允许每平方米拥有 $7×10^{23}$ 个 IP 地址；如果地址分配的速率是每微秒 100 万个，那么需要 10^{29} 年才能将所有的地址分配完毕。

4.3.4　计算机网络主要连接设备

1. 网络适配器

网络适配器（Network Adapter）是把网络终端连接到传输介质上（双绞线、同轴电缆等）的一种接口部件，以插卡或集成芯片的形式安装在计算机上，通常被称为网卡，主要包括有线网卡、无线网卡和 USB 网卡等，如图 4.3.12 所示。

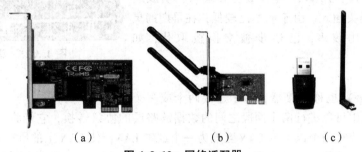

图 4.3.12　网络适配器

（a）有线网卡；（b）无线网卡；（c）USB 网卡

2. 调制解调器

调制解调器（Modem）是一种可以将数字信号转换成模拟信号（称为调制，Modulation），也可以将模拟信号转换成数字信号（称为解调，Demodulation）的网络设备，如图 4.3.13 所示。计算机识别和处理数字信号，当利用公用电话网上网时，电话线上传输的是模拟信号，这时就需要在计算机和电话线路之间接入调制解调器，把计算机发送出的数字信号，通过调制解调器转换为模拟信号在电话线上传输，同时，电话线上传送来的模拟信号也需要经调制解调器转换成数字信号，才能被本地计算机接收。

图 4.3.13　调制解调器

（a）普通的调制解调器；（b）光调制解调器

3. 中继器

中继器（Repeater）也称重发器或转发器，是一种在物理层上互连网段的设备，具有对信号进行放大、补偿、整形和转发的功能。电子信号通过传输介质时会发生信号衰减，有效传输距离受到限制，中继器可以把从一段电缆接收到的信号经过放大、补偿和整形后，转发到另一段电缆上，延长信号的有效传输距离，扩展网络的覆盖范围，如图 4.3.14 所示。

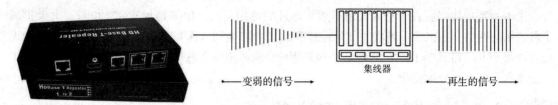

变弱的信号 ← 集线器 → 再生的信号

图 4.3.14 中继器

4. 集线器

集线器（Hub）是中继器的一种，其区别在于集线器能够提供更多的端口，所以又称多口中继器。常见的集线器可以有 8 口、16 口、24 口或更多端口，供双绞线上的 RJ-45 插头插入。由于成本比较低，在早期的星形网络中用得比较多，已逐步被交换机取代，如图 4.3.15 所示。

图 4.3.15 集线器

5. 网桥

网桥（Bridge）也称桥接器，用于连接两个或多个局域网。在网桥中可以进行两个网段之间的数据链路层的协议转换，它能将一个大的 LAN 分割为多个网段，或将两个以上的 LAN 互连为一个逻辑 LAN，使 LAN 上的所有用户都可访问服务器。网桥有筛选功能，可以适当地隔离不需要传输的数据，从而改善网络性能，提高整个网络的响应速度。现在的局域网，网桥的使用越来越少，一般把路由器进行专门的配置作为网桥来使用。

6. 网关

网关（Gateway）又称协议转换器，是一种在应用层（包括传输层）进行网络互连的设备。其用于连接不同网络体系结构的网络，主要功能是对不同体系网络的协议、数据格式和传输速率进行转换。

7. 交换机

交换机（Switch）是由输入、输出端口以及具有交换数据包等数据单元能力的转发逻辑组成的网络设备。交换机在同一时刻可进行多个端口之间的数据传输，主要优点是使各个站点独占全部带宽，实现高速网络通信，不同于集线器的各个端口共享带宽，如图 4.3.16 所示。

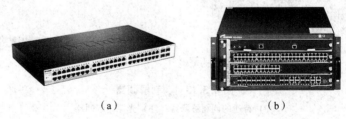

（a） （b）

图 4.3.16 交换机

（a）48 口交换机；（b）三层交换机

8. 路由器

路由器（Router）是网络层的互连设备，它可以根据网络层的信息，采用某种路由算法，为在网络上传送的数据包从多条可能的路径中选择一条合适的路径。

使用路由器可以实现具有相同或不同类型的网络的互连，网关也可以完成这一功能，但网关是在 OSI 参考模型的高层（从传输层到应用层），实现不同高层协议之间的互相转换，而路由器则是在 OSI 参考模型的网络层实现这一功能。路由器与网桥相比具有明显的优点，具有更强的异构网络互连能力、更强的拥塞控制能力和更好的网络隔离能力，如图 4.3.17 所示。

无线路由器

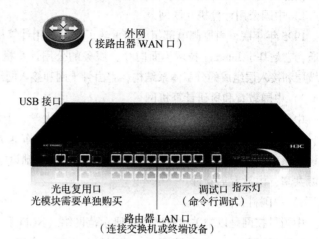

外网
（接路由器 WAN 口）

USB 接口

光电复用口
光模块需要单独购买

路由器 LAN 口
（连接交换机或终端设备）

调试口
（命令行调试）

指示灯

图 4.3.17　路由器

4.4　Internet 基础

4.4.1　Internet 的产生和发展

Internet 是世界上规模最大、覆盖面最广且最具影响力的计算机互连网络，它将世界各地的计算机连接在一起，进行数据传输、信息交换和资源共享。通过 Internet 可以看电影、听音乐、看新闻，也可以与远在大洋彼岸的朋友进行语音通信和视频聊天，访问名校图书馆，听名师授课，还可以在家购物。

1. Internet 的产生和发展

Internet 是一个全球性的信息通信网络，是利用通信设备和线路将全世界不同地理位置的功能相对独立的数以千万计的计算机系统互连起来，以功能完善的网络通信协议、网络操作系统等实现网络资源共享和信息交换的数据通信网的集合。

Internet 起源于 1969 年美国国防部高级研究计划局协助开发的 ARPANET。1972 年，由于美国国防部对 ARPANET 的重点开发和相关技术的快速发展，该网络中的计算机相互之间可以发送电子邮件、文本文件等。1983 年 ARPANET 正式启用 TCP/IP，把互联网推向了民用，诞生了真正意义上的网际互联网 Internet。1986 年，美国国家科学基金会（National Science Foundation，NSF）围绕六大计算机中心，建成了由主干网、地区网和校园网（企业网）构成的三级计算机网络 NSFNET（国家科学基金网），成为互联网的主要组成部分。1989 年，欧洲核子研究组织成功开发万维网 WWW（World Wide Web），并将其投入互联网使用，推动了互联网的高速发展。1991—1993 年期间，互联网进入商业化，出现了互联网服务提供商 ISP（Internet Service Provider），推动了互联网的飞速发展。现今，互联网已经成为世界上规模最大和覆盖全球的计算机网络。

2. Internet 在我国的发展

我国于 1994 年开通了与 Internet 的专线连接。目前我国已与 Internet 连接的网络有中国公用计算机互联网（Chinanet）、中国教育和科研计算机网（CERnet）、中国科技网（CSTnet）和中国金桥信息网（ChinaGBN）等。

1）中国公用计算机互联网

1995 年年底，由原邮电部组织和承建了中国公用计算机互联网，并于 1996 年 6 月在全国正式开通，它是基于 Internet 技术，面向社会服务的公用计算机互连网络。ChinaNet 是一个由核心层、区域层和接入层组成的分层体系结构，它由骨干网和接入网组成，由中国电信经营。

2）中国教育和科研计算机网

中国教育和科研计算机网由清华大学、北京大学、上海交通大学、西安交通大学、东南大学、华南理工大学、华中理工大学、北京邮电大学、东北大学和电子科技大学这 10 所高校承担建设。该项目的目标是建设一个全国性的教育科研基础设施，把全国大部分高校连接起来，实现资源共享，由教育部管理。

3）中国科技网

中国科技网是以中关村教育与科研示范网络（NCFC）为基础建立起来的，它代表了中国 Internet 的发展历史，由中科院管理。该网是我国第一个连通 Internet 的网络（1994 年 4 月），现已拥有多条国际出口。

4）中国金桥信息网

中国金桥信息网是由原吉通通讯公司和各省市信息中心等有关部门合作经营、管理的互联网络。它是我国国民经济信息化基础设施，是"三金"（金关、金卡、金税）工程的重要组成部分。中国金桥信息网于 1994 年由原电子工业部负责建设和管理，其网控中心建在国家信息中心，主要向政府部门和企业提供服务，由原电子工业部负责管理。

4.4.2　Internet 提供的服务

Internet 通过对所有连接在其中的用户提供各种服务来实现网络资源共享。在 Internet 所提供的服务中，常见的有万维网（WWW）服务，文件传输（FTP）服务，电子邮件（E-Mail）服务，远程登录（Telnet）服务，域名系统（DNS）服务，动态主机配制协议（DHCP）服务等，全球 Internet 用户可以通过这些服务，获取使用 Internet 上提供的各种信息和资源。

1. WWW 服务

WWW 服务也称 Web 服务，中文名称为万维网服务，是目前互联网的主要服务形式。WWW 采用的是客户机/服务器资源共享模式，服务器上存放着以 Web 页形式进行组织的信息资源，客户机上通过 Web 浏览器请求服务器上的信息资源，如图 4.4.1 所示。

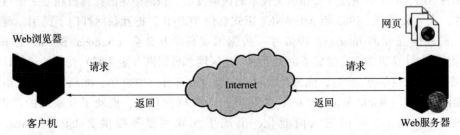

图 4.4.1　WWW 服务

1）HTML 与 HTTP

超文本标记语言（Hyper Text Markup Language，HTML）是一种文档结构的标记语言，它使用一些约定的标记对 Web 服务器上的文字、声音、图形、图像、视频、格式及超链接进行描述后，形成 Web 页文件，又称 html 文件，当用户浏览 Web 服务器上的 Web 页文件时，浏览器会自动解释这些标记的含义，并将其显示为用户在屏幕上所看到的内容。

HTTP 是专门为 Web 服务器和浏览器之间传输 HTML 文本的网络协议。

2）URL

Internet 中存在众多 Web 服务器，每台 Web 服务器上又包含多个 HTML 信息文件，为了使客户端程序能够准确找到 Internet 中的某个 HTML 信息文件资源，WWW 系统采用统一资源定位器（Uniform Resource Locator，URL）来帮助人们准确地定位信息资源。

URL 的格式：协议类型：//主机名：端口号/资源文件路径，如图 4.4.2 所示。

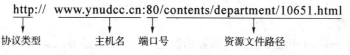

http:// www.ynudcc.cn:80/contents/department/10651.html

协议类型　　　　　主机名　端口号　　　　资源文件路径

图 4.4.2　URL 格式

2. FTP 服务

FTP 服务是使用 FTP，在两台计算机之间传输文件的服务。FTP 服务同样采用客户机/服务器资源共享模式，提供 FTP 服务的计算机称为 FTP 服务器，用户的本地计算机称为客户机。FTP 服务器提供文件上传和下载服务，从 FTP 服务器复制文件到客户机称为下载（Download），将本地计算机上的文件复制到 FTP 服务器上称为上传（Upload），如图 4.4.3 所示。

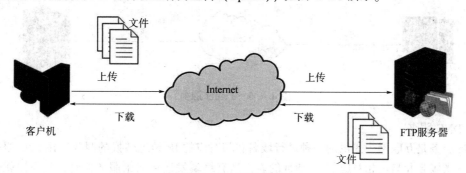

图 4.4.3　FTP 服务

客户机要使用上传和下载服务，必须先登录 FTP 服务器。登录方式有匿名登录和使用账号密码登录两种方式。匿名登录使用"Anonymous"作为用户名，使用 E-mail 地址或 Guest 作为密码。若 FTP 服务器不提供匿名服务，则要求用户在登录时输入用户名与密码。

3. E-Mail 服务

E-Mail 服务相当于 Internet 的邮政服务，是一种现代化的通信手段，人们可以通过电子邮件发送文字、图片、动画、音频和视频等信息。电子邮件系统仍然采用客户机/服务器资源共享模式，负责电子邮件收发管理的计算机称为邮件服务器，发送邮件服务器负责接收用户所写的邮件，相当于现实生活中邮局的邮筒，使用 SMTP（Simple Mail Transfer Protocol，简单邮件传输协议）；接收邮件服务器负责把邮件分发到对应的电子邮箱中，使用 POP3（Post Office Protocol-Version 3，邮局协议版本 3），如图 4.4.4 所示。

电子邮箱是用户在邮件服务器中申请的一个存储邮件信息的空间，每个电子邮箱都有唯一的一个邮件地址。

邮件地址格式：用户名@主机域名，如：TestUser@hotmail.com。

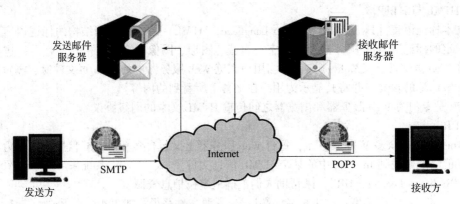

图 4.4.4　E-Mail 服务

4. Telnet 服务

　　Telnet 服务是 Internet 中最早提供的服务功能之一。Telnet 是 Internet 远程登录服务的一个协议，该协议定义了远程登录用户与服务器交互的方式。Telnet 允许用户在一台连接网络的计算机上登录到一个远程分时系统中，然后像使用自己的计算机一样使用该远程计算机系统。

　　Telnet 服务采用客户机/服务器模式结构，在使用远程登录服务时，必须在本地计算机上启动一个客户端应用程序，并通过 Internet 与远程服务器建立连接，连接成功后，本地计算机就像通常的终端一样，直接访问远程计算机系统的资源，如图 4.4.5 所示。用户使用 Telnet 登录远程服务器时，需要提供登录远程服务器的账号和密码，否则远程服务器将拒绝用户登录

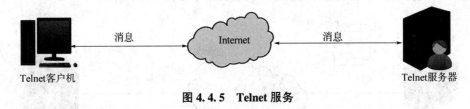

图 4.4.5　Telnet 服务

5. DNS 服务

　　DNS 服务是互联网中提供的一种进行域名和相对应的 IP 地址转换的服务。在 DNS 服务器中保存了一张域名和与之相对应的 IP 地址的表，当有终端发送域名给服务器时，服务器就会在该表中查找出对应域名的 IP 地址返回给终端，这时终端就可以通过 IP 地址准确地找到所要访问的 Web 服务器，如图 4.4.6 所示。

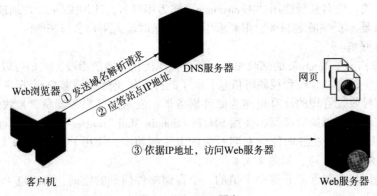

图 4.4.6　DNS 服务

1）域名

域名由一串用小数点分隔的字符组成，在该字符中通常包含组织名称、使用的协议、提供的服务，而且还包括 2~3 个字母的后缀，以指明组织的类型或该域所在的国家或地区。例如，云南大学的域名为 www. ynu. edu. cn。

域名从右到左依次是顶级域名、二级域名、三级域名、四级域名……，域的范围逐渐减小，如 www. ynu. edu. cn 中，cn 表示中国，edu 表示教育机构，ynu 表示组织名称，www 表示提供的服务。所有域名的集合构成域名空间，整个域名空间就如一颗倒置的树，树的最大深度不得超过 127 层，树中每个节点最长可以存储 63 个字符。一台主机的完整域名就是从叶子节点向上到根节点路径上的各个节点标签的序列，节点标签之间用 "." 分隔，如图 4.4.7 所示。

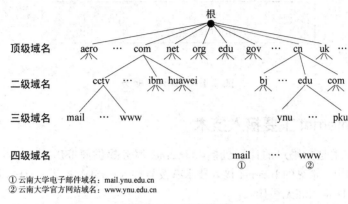

① 云南大学电子邮件域名：mail.ynu.edu.cn
② 云南大学官方网站域名：www.ynu.edu.cn

图 4.4.7　域名空间

2）顶级域名

顶级域名包括国际顶级域名和国家顶级域名两类。国际顶级域名有 14 个，如表 4.4.1 所示。国家顶级域名是用两个字母表示世界各个国家和地区。例如，cn 表示中国，jp 表示日本，us 表示美国，ed 表示德国等。

表 4.4.1　国际顶级域名

域名	含义	域名	含义	域名	含义
com	商业类	edu	教育类	gov	政府部门
int	国际机构	mil	军事类	net	网络机构
org	非营利组织	arts	文化娱乐类	arc	消遣娱乐类
firm	公司企业	info	信息服务	nom	个人
store	销售单位	web	与 www 有关单位		

6. DHCP 服务

DHCP（Dynamic Host Configuration Protocol，动态主机配置协议）服务是动态主机配置服务，主要作用是集中地管理、分配 IP 地址，使网络环境中的主机动态地获得 IP 地址、Gateway 地址、DNS 服务器地址等信息，采用客户机/服务器资源共享模式，如图 4.4.8 所示。在使用时，需要先在 DHCP 服务器上设置可分配的 IP 地址、相应的子网掩码、路由控制信息及 DNS 服务器的地址等信息，当安装了 DHCP 服务客户端程序的计算机加入新网络时，DHCP 服务器就会为该计算机进行动态分配 IP 地址和其他相关信息，而不需要人工干预。

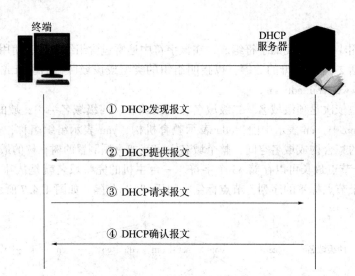

图 4.4.8　DHCP 服务

4.4.3　Internet 主要接入技术

Internet 接入技术是指用户的计算机接入 Internet 服务提供商 ISP（Internet Service Provider）所采用的技术和结构。常见的 Internet 接入技术有拨号接入、ISDN 接入、xDSL 接入、光纤接入、移动网接入、局域网接入和无线接入。

1. 拨号接入

拨号接入是一种使用电话线接入 Internet 的方式，通过拨号方式上网。由于计算机处理的是数字信号，而电话线上传输的是模拟信号，所以在计算机和电话线之间要连接调制解调器。调制解调器负责把计算机发出的数字信号转换成模拟信号通过电话线传输，或者把电话线上传输来的模拟信号转换成数字信号提供给计算机处理。该接入方式在早期个人用户上网时用得比较多，现今已基本上被淘汰。其优点是简单方便，只要有一台计算机、一台调制解调器、一根电话线和相应的通信软件即可；缺点是网络传输速度比较慢，属于窄带接入方式，完全占用电话线，上网时不能接打电话。

2. ISDN 接入

综合服务数字网（Integrated Services Digital Network，ISDN），俗称一线通。ISDN 接入也是一种使用电话线接入 Internet 的方式，但相对于拨号接入，ISDN 接入的传输速度有了明显的提高，上网的同时可以接打电话或收发传真。一般在单位用户中使用这种接入方式，可以同时接入计算机、电话机和传真机。

3. xDSL 接入

数字用户线路（Digital Subscriber Line，DSL）是以铜质电话线为传输介质的传输技术组合，包括 ADSL、HDSL、SDSL、VDSL 和 RADSL 等，统称为 xDSL。各种 DSL 的主要区别体现在传输速率、传输距离和上下行速率是否对称 3 个方面，现今，最为常用的是非对称数字用户线路（Asymmetric Digital Subscriber Line，ADSL）技术，ADSL 是一种非对称的 DSL 技术，所谓非对称是指用户线的上行速率与下行速率不同，上行速率低，下行速率高，特别适合传输多媒体信息业务，如视频点播、多媒体信息检索和其他交互式业务。ADSL 在一对铜线上支持上行速率 512 KB/s~1 MB/s，下行速率 1~8 MB/s，有效传输距离为 5 km 以内，是继拨号接入、ISDN 接入之后的一种更快捷、更高效的接入方式，单位、企业、家庭用户和网吧采用这种方式比较多。

4. 光纤接入

光纤接入是一种以光缆为传输介质的 Internet 接入方式，有光纤到路边（Fiber To The Curb，

FTTC)、光纤到小区（Fiber To The Zone，FTTZ）、光纤到楼宇（Fiber To The Building，FTTB）、光纤到楼层（Fiber To The Floor，FTTF）、光纤到办公室（Fiber To The Office，FTTO）、光纤到家庭（Fiber To The Home，FTTH）等多种方案。光纤接入是一种理想的接入方式，速度快、障碍率低、抗干扰性强，不足之处是成本比较高。目前，光纤接入方式主要用于骨干网和到路边、到小区、到楼宇的连接。现今，许多城市中的小区宽带用的也是这种接入方式。

5. 移动网接入

移动网接入是指使用移动电话接入 Internet 的方式，主要使用的接入技术为 GSM（Global System for Mobile Communications，全球移动通信系统）、GPRS（General Packet Radio Service，通用分组无线服务）和 CDMA（Code Division Multiple Access，码分多址），其特点是速度低、费用高。随着 5G 时代的到来，移动网接入方式能够更好地满足人们的需要。该接入方式比较适合手机和移动终端接入 Internet。

6. 局域网接入

局域网接入 Internet 有两种方式，一种是通过局域网的服务器、高速调制解调器和电话线路，在 TCP/IP 软件支持下，把局域网接入 Internet，局域网中所有计算机共享一个 IP 地址；另一种是通过路由器或交换机在 TCP/IP 软件支持下，把局域网接入 Internet，局域网中所有计算机都可以有自己的 IP 地址，也可以共享 IP 地址，使用共享 IP 地址时需要进行地址转换。这种 Internet 接入方式成本比较高，适合大型的单位、企业。

7. 无线接入

无线接入是目前广泛使用的一种无线网络传输技术，实际上就是把有线网络信号转换成无线信号，供有 Wi-Fi 功能的台式机、笔记本电脑、平板电脑、手机等设备上网使用。如果开通了有线上网，只要接一个无线路由器，就可以把有线信号转换成 Wi-Fi 信号，供一定范围内的多台设备无线上网。该接入方式适合在机场、宾馆、会议中心等公共场合使用。

‖ 思考题

1. 什么是计算机网络？计算机网络的功能有哪些？
2. 常用的计算机网络资源共享模式有哪些？
3. 计算机网络的发展经过了哪几个阶段？每个阶段的特点是什么？
4. 计算机网络由哪两部分组成？
5. 计算机网络常见的分类方式有哪些？
6. 计算机网络的拓扑结构有哪些？各有什么特点？
7. 网络数据通信系统由哪几部分构成？
8. 计算机网络的传输介质有哪些？
9. 网络数据通信方式有哪些？
10. 常用的信号调制技术有哪些？
11. 简述 PCM 编码的步骤。
12. 什么是网络协议？它的组成要素是什么？
13. 计算机网络体系结构是指什么？
14. IPv4 和 IPv6 的区别是什么？它们的格式分别是什么？
15. 计算机网络的主要连接设备有哪些？各有什么作用？
16. Internet 的接入技术有哪些？
17. Internet 提供的服务有哪些？

第二篇

办公软件介绍篇

TWO

第 5 章

文字处理软件 Word 2016

Word 2016 是 Microsoft 公司推出的一款功能强大的文字处理软件。它具有丰富的文字处理功能、友好的图形界面，可以对文字、图片、表格等多种对象进行编辑排版，使用方便直观，是常用的办公软件之一。

5.1　Word 2016 的操作界面及基本操作

5.1.1　Word 2016 的操作界面

Word 2016 的操作是以选项卡的方式对各功能进行分组和显示。启动 Word 2016 文字处理软件后，即可进入如图 5.1.1 所示的操作界面，界面由快速访问工具栏、标题栏、"窗口操作"按钮、"文件"按钮、选项卡、"操作说明搜索"框、"共享"按钮、功能区、编辑区、标尺、垂直滚动条、状态栏、"视图"按钮组、显示比例等组成。

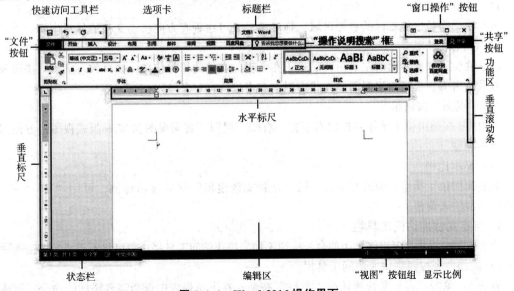

图 5.1.1　Word 2016 操作界面

1）快速访问工具栏

快速访问工具栏位于操作界面的左上角，默认状态下包含"保存""撤销""恢复"按钮，用户也可以根据需要从"自定义快速访问工具栏"下拉列表中添加其他命令。

2）标题栏

标题栏位于操作界面的顶端，显示当前正在编辑的文档名称。

3）"窗口操作"按钮

"窗口操作"按钮位于操作界面的右上角，可以对窗口执行"最小化""最大化"或"关闭"等操作。

4）"文件"按钮

"文件"按钮位于快速访问工具栏的下方，单击该按钮，在出现的选项组中可以对文档进行"新建""打开""保存""另存为""打印""共享""选项"等操作。

5）选项卡

选项卡位于"文件"按钮右侧，包括"开始""插入""设计""布局""引用""邮件""审阅""视图"等，各选项卡中提供了相应的命令按钮，用户可以根据操作需要添加或删除选项卡。

6）"操作说明搜索"框

"操作说明搜索"框位于各功能选项卡的最右侧，在搜索框中可输入需要快速执行的某个命令或某个帮助。

7）"共享"按钮

"共享"按钮位于"窗口操作"按钮的下方，可以实现与他人共同审阅或编辑文档。

8）功能区

功能区位于选项卡下方，对应相应的选项卡，根据操作功能将命令按钮分为不同的功能组，用户也可以根据操作使用频率添加或删除命令按钮。

9）编辑区

编辑区位于操作界面的中间，是对文档进行编辑操作的区域。

10）标尺

标尺位于编辑区的上方区域（水平标尺）和左侧区域（垂直标尺），可以调整文档内容在页面中的位置，还可以在标尺上快速打开"段落"对话框、"页面设置"对话框、"制表位"对话框等。

11）垂直滚动条

垂直滚动条位于编辑区的右侧区域，拖动滚动条可在垂直方向移动文档的显示内容。

12）状态栏

状态栏位于操作界面的左下角，显示正在编辑的文档的相关信息，如页数、字数、拼写和语法检查及语言等，也可以根据需要在状态栏上右击进行自定义设置。

13）"视图"按钮组

"视图"按钮组位于操作界面的右下方，有阅读视图、页面视图和 Web 版式视图，方便用户切换视图类型。

14）显示比例

显示比例位于操作界面的右下角，用来设置文档编辑区域的显示比例，可用"+""－"按钮或拖动滑块来调整。

1. 自定义快速访问工具栏

为方便用户操作，可以将常用的命令按钮添加到快速访问工具栏，也可将不需要的按钮删除。

1）添加命令按钮到快速访问工具栏

方法 1：单击"自定义快速访问工具栏"按钮，在下拉列表中选择需要添加的命令。若需要的命令不在列表中，则可单击"其他命令"按钮，如图 5.1.2 所示。

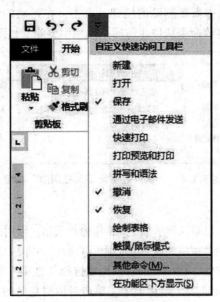

图 5.1.2　快速访问工具栏

在弹出的"Word 选项"对话框中，单击对话框左侧的"快速访问工具栏"按钮，在"从下列位置选择命令"下拉列表中选择需要的命令，再单击"添加"按钮，最后单击"确定"按钮，完成添加按钮工作，如图 5.1.3 所示。

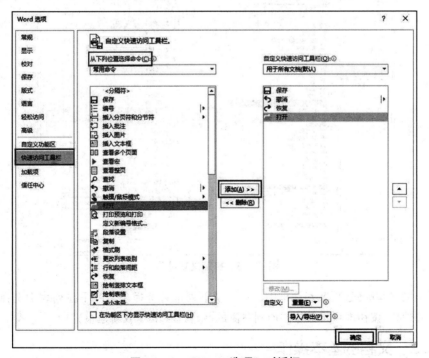

图 5.1.3　"Word 选项"对话框

方法 2：在功能区中选中需要添加的按钮，右击，在弹出的快捷菜单中选择"添加到快速访问工具栏"命令。

2）删除快速访问工具栏中的命令按钮

在快速访问工具栏中，选中需要删除的按钮，右击，在弹出的快捷菜单中选择"从快速访问工具栏删除"命令，即可将该命令从快速访问工具栏中删除，如图 5.1.4 所示。

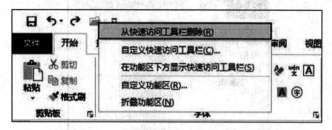

图 5.1.4 "从快速访问工具栏删除"命令

2. 自定义功能区

在 Word 2016 的选项卡中，已默认显示了一些常用命令按钮，但用户也可以根据操作需求添加新的选项卡和组，将自己常用的命令按钮放在一个选项卡（或组）中集中管理，具体操作步骤如下。

第 1 步：单击"文件"按钮，在出现的选项组中选择"选项"命令。

第 2 步：在弹出的"Word 选项"对话框中，单击对话框左侧的"自定义功能区"按钮，在右侧的"主选项卡"下拉列表中单击"新建选项卡"（或"新建组"）按钮即可创建一个新的选项卡（或一个新的组），并可单击"重命名"按钮对其重新命名，如图 5.1.5 所示。

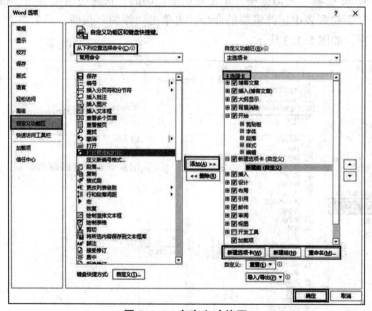

图 5.1.5 自定义功能区

第 3 步：在"Word 选项"对话框中，在"从下列位置选择命令"下拉列表中选择需要的命令，单击"添加"按钮即可将命令添加到右侧的新建选项卡（或新建组）中。

5.1.2 文档的基本操作

1. 创建文档

1）创建空白的新文档

在 Word 2016 中，可以通过启动程序、快捷菜单、"新建"按钮、快速访问工具栏、快捷键

〈Ctrl+N〉等多种途径创建空白文档。

（1）通过启动程序创建。

单击 Windows 任务栏中的"开始"按钮，选择"所有程序"命令，在展开的程序列表中，选择"Word 2016"程序即可。

（2）通过快捷菜单创建。

在计算机桌面或任意文件夹下，右击，在弹出的快捷菜单中选择"新建"→"Microsoft Word 文档"命令，则可在相应位置创建一个新文档。

（3）通过"新建"按钮创建。

编辑文档过程中，如果还需要创建一个新的空白文档，则可单击"文件"按钮，在选项组中选择"新建"命令，从"新建"选项区中选择"空白文档"，如图 5.1.6 所示。

（4）通过"快速访问工具栏"创建。

首先将"新建"命令添加到快速访问工具栏中，然后单击"新建空白文档"按钮即可。

（5）通过快捷键创建。

按快捷键〈Ctrl+N〉，即可快速创建一个空白文档。

2）利用模板创建新文档

使用模板可快速创建出外观精美、格式专业的文档。Word 2016 提供了多种模板以满足不同用户的需求，操作方式与通过"新建"按钮创建空白文档一致。

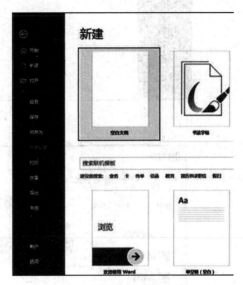

图 5.1.6　创建空白文档

单击"文件"按钮，在出现的选项组中选择"新建"命令，在"新建"选项区中选择需要的模板；也可通过联机搜索在互联网上的模板，下载使用即可。

2. 打开文档

在编辑文档之前，必须先打开文档。Word 2016 提供了多种打开文档的方式，常用的有以下 3 种方法。

方法 1：找到文档在计算机中的存储位置，直接双击文档打开即可。

方法 2：启动 Word 2016，单击"文件"按钮，在选项组中选择"打开"命令，单击"最近"按钮，右侧将会显示最近打开的文档，单击需要打开的文档，如图 5.1.7 所示。

方法 3：选择"文件"→"打开"命令，在出现的选项组中还可以选择"这台电脑"→"文档"命令，或者单击"浏览"按钮，弹出"打开"对话框，找到文档所在位置，选中文件，单击"打开"按钮即可，如图 5.1.8 所示。

3. 保存文档

创建好文档后，应及时保存，防止由于意外断电、误操作或系统错误，造成文件、数据的丢失。Word 2016 默认的文件扩展名为"∗.docx"，常用的保存方法有以下 3 种。

1）保存新建的文档

操作方法：单击快速访问工具栏中的"保存"按钮，或者选择"文件"→"保存"命令，会自动切换到"文件"→"另存为"命令中，选择"此电脑"的文件夹或"浏览"选项，打开"另存为"对话框，如图 5.1.9 所示。设置文档要保存的位置、文件名及保存类型，最后单击"保存"按钮。

图 5.1.7 打开最近使用过的文档

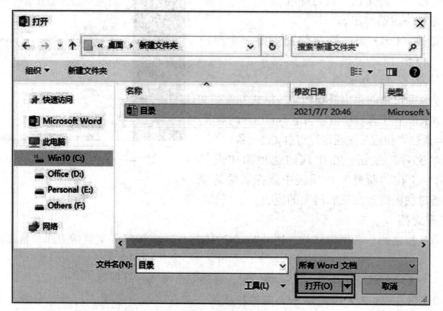

图 5.1.8 "打开"对话框

2) 保存已有的文档

操作方法：单击快速访问工具栏中的"保存"按钮，直接覆盖原文档进行保存，或者选择"文件"→"另存为"命令，重新设置保存位置、文件名及保存类型，则保存为一个全新的文档。

3) 自动保存文档

当编辑 Word 文档时，如果还未保存，却意外关闭，再次打开文档，则系统会恢复到某一时刻自动保存的文档，这就是 Word 2016 的"自动保存"功能。

操作方法：选择"文件"→"选项"命令，打开"Word 选项"对话框，在"保存"选项卡中可以设置"保存自动恢复信息时间间隔"的时间值，Word 2016 会依据这个设定的时间间隔自动保存打开的文档，还可以设置"自动恢复文件位置"，将自动修复文件保存的位置进行更改，最后单击"确定"按钮完成设置，如图 5.1.10 所示。

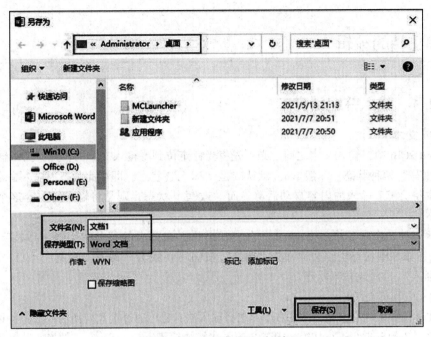

图 5.1.9　"另存为"对话框

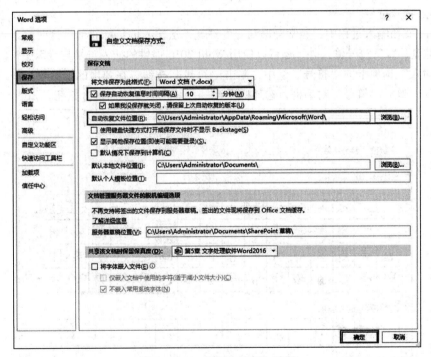

图 5.1.10　"自动保存"设置

4. 关闭文档

Word 2016 允许同时打开多个 Word 文档进行编辑，因此关闭文档并不是退出 Word 2016，只是关闭当前文档。单击操作界面右上角的"关闭"按钮，或者选择"文件"→"关闭"命令即可。

5.2　文档的编辑

5.2.1　输入并编辑文本

1. 输入文本

在 Word 2016 中，输入文本之前，必须先将光标定位到要输入文本的位置，文本输入有"插入"和"改写"两种状态。一般 Word 默认的是"插入"状态，即在此状态下输入文本，插入点后面的文本将会随着输入的内容自动后移。而"改写"状态，则是将输入的内容逐个替代其后的原有文本。

两种状态的转换有 2 种方法：（1）右击状态栏，在弹出的菜单中选择"改写"命令，将"插入"按钮添加到状态栏，这时单击"插入"按钮可切换为"改写"状态；（2）按〈Insert〉键切换"插入"与"改写"状态。

1）输入中、英文

输入文本前一般先在桌面任务栏右下角选择输入法，也可通过键盘切换输入法：各种输入法之间按快捷键〈Ctrl+Shift〉进行切换；中英文输入法按快捷键〈Ctrl+Space〉切换。若输入错误，则可按〈Backspace〉键（删除光标前一个字符）或〈Delete〉键（删除光标后一个字符）。

2）输入特殊符号

在 Word 文档输入过程中，经常会遇到一些键盘无法输入的特殊符号。这时除了可以使用输入法的软键盘、特殊符号输入外，还可以使用 Word 2016 提供的插入符号与特殊字符的功能。

在"插入"选项卡的"符号"组中，单击"符号"按钮，在弹出的下拉列表中选择"其他符号"命令，弹出"符号"对话框，选择所需符号，最后单击"插入"按钮，如图 5.2.1 所示。

图 5.2.1　"符号"对话框

3）输入日期和时间

在文档中输入日期和时间，除了可以直接输入外，还可以使用以下 3 种方法。

方法 1：如果"记忆式键入"功能为启用状态，则输入日期的前几个字符，按照提示条，按〈Enter〉键即可输入提示条中的全部内容，如图 5.2.2 所示。

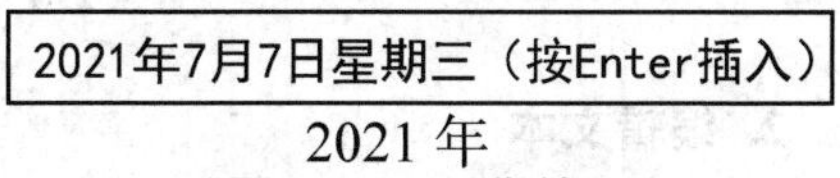

方法 2：在"插入"选项卡的"文本"组中，单击"日期和时间"按钮，弹出"日期和时间"对话框，在"可用格式"下拉列表中选择要使用的日期格式。如果需要将插入的日期和时间随着系统的日期和

2021年7月7日星期三（按Enter插入）

2021 年

图 5.2.2　日期输入

时间的改变而自动更新，则可勾选"自动更新"复选按钮，最后单击"确定"按钮，如图 5.2.3 所示。

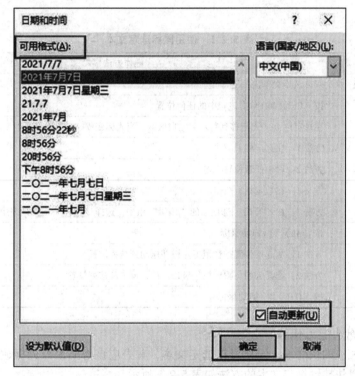

图 5.2.3　"日期和时间"对话框

方法 3：按快捷键〈Alt+Shift+D〉即可插入系统当前日期；按快捷键〈Alt+Shift+T〉即可插入系统当前时间。

4）输入公式

在文档中如果需要输入公式时，可直接使用 Word 进行编辑。在 Word 2016 中内置了多种公式，可选择插入或输入新公式，具体操作步骤如下。

第 1 步：在"插入"选项卡的"符号"组中，单击"公式"按钮，在下拉列表中选择所需的公式类型，可在公式框内对数值进行替换修改。

第 2 步：如果"公式"下拉列表中没有所需公式，则可在"公式"下拉列表中选择"插入新公式"命令，在弹出的"公式工具—设计"选项卡中，可设置出所需要的各种公式，如图 5.2.4所示。

图 5.2.4 "公式工具—设计"选项卡

2. 编辑文本

1) 选定文本

对文本内容进行编辑前，必须先选定文本。

（1）使用鼠标选定文本。

使用鼠标可以轻松改变插入点的位置，因此使用鼠标选定文本十分方便，具体操作如表 5.2.1 所示。

表 5.2.1　使用鼠标选定文本

选定对象	操作方法
英文单词/汉字词组	双击该英文单词/汉字词组
语句	按〈Ctrl〉键+单击该句中的任何位置
单行文本	在选定栏上（光标移到行左侧空白区域，当光标变成空心右上箭头时）单击
整段文本	方法 1：在选定栏上双击
	方法 2：段中任意位置三击
整篇文本	方法 1：在选定栏上三击
	方法 2：在"开始"选项卡的"编辑"组中，选择"选择"下拉列表中的"全选"命令
垂直文本	按〈Alt〉键+拖动鼠标
连续文本	方法 1：从起始位置按住鼠标左键并拖动到结束位置
	方法 2：选择起始位置，按〈Shift〉键，再单击结束位置
不连续文本	按〈Ctrl〉键+拖动鼠标

（2）使用键盘选定文本。

使用键盘上相应的快捷键，同样可以选定文本，首先应该将插入点光标放置到文档中需要的位置。利用键盘快捷键选定文本的方法如表 5.2.2 所示。

表 5.2.2　使用键盘快捷键选定文本

快捷键	功能
〈Shift+→〉	选择光标右侧的一个字符
〈Shift+←〉	选择光标左侧的一个字符
〈Shift+↑〉	选择光标所在处至上一行对应位置之间的文本
〈Shift+↓〉	选择光标所在处至下一行对应位置之间的文本
〈Shift+Home〉	选择光标位置至行首的文本
〈Shift+End〉	选择光标位置至行尾的文本
〈Ctrl+Shift+→〉	选择光标所在处右侧的一个字符或词语

快捷键	功能
〈Ctrl+Shift+←〉	选择光标所在处左侧的一个字符或词语
〈Ctrl+Shift+↑〉	选择光标位置至本段段首的文本
〈Ctrl+Shift+↓〉	选择光标位置至本段段尾的文本
〈Ctrl+Shift+Home〉	选择光标位置至文档开头的文本
〈Ctrl+Shift+End〉	选择光标位置至文档末尾的文本
〈Ctrl+A〉	选择整篇文档
〈F8〉	按〈F8〉键打开选择模式，再按一次〈F8〉键选择单词、按两次选择句子、按三次选择段落、按四次选择文档。按〈ESC〉键可关闭选择模式

2）复制和剪切文本

通过复制与剪切文本操作，可以提高对文本的编辑速度。若要在文档中输入与原文本相同的内容，则可以使用复制文本操作；若要将文本从一个位置移动到另一个位置，则可以使用剪切文本操作。最后还需要配合粘贴文本操作。

（1）复制文本。

方法 1：使用快捷菜单复制文本。选定文本后，右击，在弹出的快捷菜单中选择"复制"命令，完成复制操作。

方法 2：使用选项卡中的按钮复制文本。选定文本后，在"开始"选项卡的"剪贴板"组中，单击"复制"按钮，完成复制操作。

方法 3：使用鼠标拖动复制文本。选定文本后，按〈Ctrl〉键，按住鼠标左键拖动文本到目标位置，完成文本的复制与粘贴操作。

方法 4：使用快捷键复制文本。选定文本后，按快捷键〈Ctrl+C〉，完成复制操作。

（2）剪切文本。

方法 1：使用快捷菜单剪切文本。选定文本后，右击，在弹出的快捷菜单中选择"剪切"命令，完成剪切操作。

方法 2：使用选项卡中的按钮剪切文本。选定文本后，在"开始"选项卡的"剪贴板"组中，单击"剪切"按钮，完成剪切操作。

方法 3：使用鼠标拖动剪切文本。选定文本后，按住鼠标左键拖动文本到其目标位置，完成剪切操作。

方法 4：使用快捷键剪切文本。选定文本后，按快捷键〈Ctrl+X〉，完成剪切操作。

3）粘贴文本

粘贴文本包括全部粘贴、选择性粘贴两种形式，用户可根据需要选择。

（1）全部粘贴。

方法 1：使用快捷菜单粘贴。复制或剪切文本后，在目标位置右击，在弹出的快捷菜单中选择"粘贴"命令，完成粘贴操作。

方法 2：使用选项卡中的按钮粘贴。复制或剪切文本操作后，在"开始"选项卡的"剪贴板"组中，单击"粘贴"按钮，完成粘贴操作。

方法 3：使用快捷键粘贴。复制或剪切文本操作后，按快捷键〈Ctrl+V〉，完成粘贴操作。

（2）选择性粘贴。

方法1：使用选项卡。选中文本后，在"开始"选项卡的"剪贴板"组中，单击"粘贴"按钮下面的展开按钮，在弹出的下拉列表中选择"选择性粘贴"命令，弹出"选择性粘贴"对话框，在"形式"列表框内选择一种粘贴形式，如图5.2.5所示。

方法2：使用快捷键。执行复制操作后，按快捷键〈Ctrl+Alt+V〉，可以打开"选择性粘贴"对话框。

4）剪贴板

剪贴板用于存放要粘贴的项目，在执行"复制"或"剪切"命令后，其内容就以图标的形式显示在剪贴板任务窗格中。使用剪贴板时，用户可以随意对之前复制或剪切的内容进行粘贴，不必重复操作。在"开始"选项卡的"剪贴板"组中，单击右下角的"对话框启动器"按钮打开"剪贴板"任务窗格，如图5.2.6所示。单击剪贴板中要粘贴项目的图标即可将其内容粘贴到文档中。

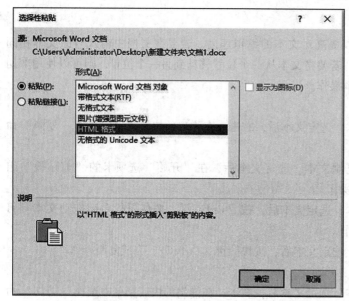

图5.2.5　"选择性粘贴"对话框

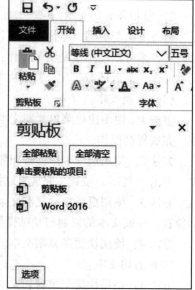

图5.2.6　"剪贴板"任务窗格

5）格式刷

"剪贴板"组中的"格式刷"按钮可以进行格式的复制，将指定段落或文本的格式沿用到目标文本中。选择要复制格式的文本，单击"格式刷"按钮（若要进行多次格式粘贴，则双击"格式刷"按钮），当光标变为一把刷子形状后，选中目标文本即可完成格式复制。

6）撤销与恢复

在进行文档操作时，若操作失误，则可单击快速访问工具栏中的"撤销"按钮（↶）撤销上一次的操作，或者按快捷键〈Ctrl+Z〉撤销；若要恢复最近一次的撤销操作，则可单击"恢复"按钮（↻），或者按快捷键〈Ctrl+Y〉恢复。

5.2.2　查找与替换文本

查找与替换可以提高文本的编辑效率。根据输入的要查找或替换的内容，系统可以自动地在规定范围或全文范围内查找或替换。

1. 查找操作

在"开始"选项卡的"编辑"组中，单击"查找"按钮，将在文档编辑区左侧打开"导航"任务窗格，在搜索框中输入要查找的内容，若找到相关内容则会在文档中以黄色高亮显示，如图 5.2.7 所示。

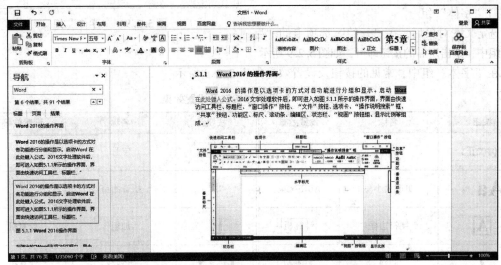

图 5.2.7　在"导航"任务窗格中搜索查找文本

2. 替换操作

在"开始"选项卡的"编辑"组中，单击"替换"按钮，弹出"查找和替换"对话框，如图 5.2.8 所示。在"查找内容"文本框中输入要查找的文本，在"替换为"文本框中输入要替换的新文本，单击"替换"按钮逐个替换，或者单击"全部替换"按钮完成替换。另外，在对话框中单击"更多"按钮可进行"格式"或"特殊字符"的替换工作。

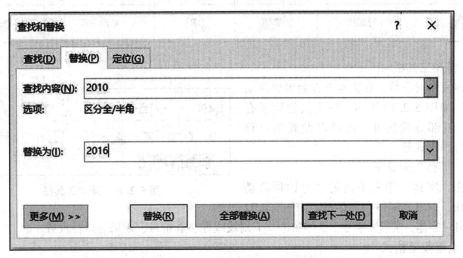

图 5.2.8　"查找和替换"对话框

5.2.3　文档的格式化

文档的格式化是对文档格式的设置，可以使文档更加整洁、美观和规范，包括对字体格式和段落格式的设置。

1. 设置字体格式

字体格式的设置是对文本对象进行格式化，包括设置字体、字号、字形、文字的修饰、字间距、字符宽度和中文版式等。

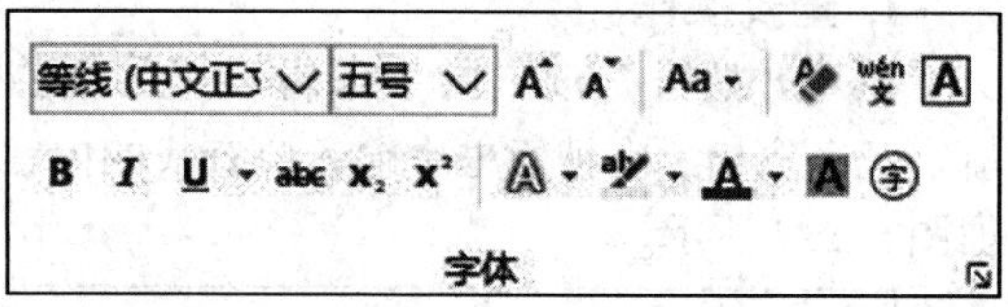

1）"字体"组

选定文本对象后，在"开始"选项卡的"字体"组中，单击所需的按钮即可，如图 5.2.9 所示。

在"字体"组中，常见的按钮及设置效果如表 5.2.3 所示。

图 5.2.9　"字体"组

表 5.2.3　常见字体按钮及设置效果

按钮	名称	设置效果	按钮	名称	设置效果
等线(中文正)	字体	隶书	五号	字号	五号
Aa	更改大小写	ABC→abc	wén文	拼音指南	jisuanji 计算机
A	字符边框	计算机	B	加粗	**计算机**
I	倾斜	计算机	U	下划线	计算机
abc	删除线	计算机	X₂	下标	计算机
X²	上标	计算机	A	文本效果和版式	计算机
ab	文本突出显示颜色	计算机	A	字体颜色	计算机
A	字符底纹	计算机	字	带圈字符	计算机

2）浮动工具栏

选定文本对象后，在文本上方会出现浮动工具栏，如图 5.2.10 所示。该工具栏除了有"字体"组部分按钮外，还可以设置项目符号、编号、样式等。

3）"字体"对话框

单击"字体"组右下角的"对话框启动器"按钮，弹出"字体"对话框，如图 5.2.11

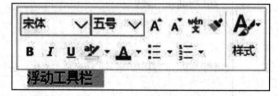

图 5.2.10　浮动工具栏

所示，可对字体、字形、字号、字体颜色、下划线线性、着重号、效果等进行设置。

2. 设置段落格式

编辑文本时，每当按〈Enter〉键就形成了一个新的段落。段落排版是指对整个段落的外观进行设置，包括对齐方式、缩进、段落间距等。

1）"段落"组

选定需要设置格式的段落，在"开始"选项卡的"段落"组中，选择所需的按钮即可，如图 5.2.12 所示。

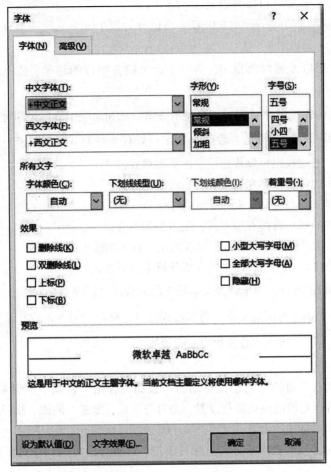

图 5.2.11　"字体"对话框

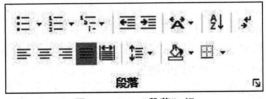

图 5.2.12　"段落"组

（1）项目符号和编号：在段落排版中，可通过添加项目符号或编号，使内容更加突出、有层次。当添加或删除段落时，系统会自动修改相应的编号。

（2）多级列表：用以组织项目或创建大纲。在长文档排版中，多级列表编号与文档的大纲级别、内置标题样式相结合时，将会快速生成分级别的章节编号。

（3）减少缩进量和增加缩进量：通过减少缩进量和增加缩进量可以调整文本与页面边界的距离。

（4）中文版式：利用"中文版式"按钮，可以对段落进行纵横混排、合并字符、双行合一、调整宽度、字符缩放的设置。

①纵横混排：使横向排版的文本在原有基础上向左旋转 90°。

②合并字符：使所选的字符排列成上、下两行。

③双行合一：使所选的同一行文本内容平均地分为两个部分，前一部分排列在后一部分的上方。

（5）排序 ⏶⏷ ：用以设置段落排序，为每个段落按首字母的笔画、数字、日期或拼音进行升/降排序。

（6）显示/隐藏编辑标记 ⸮ ：用于切换显示编辑标记和隐藏编辑标记两种状态。

（7）对齐方式 ≡ ≡ ≡ ▦ ▤ ：段落的对齐一般有 5 种方式：左对齐、居中、右对齐、两端对齐和分散对齐。通过按钮可以快速设置段落的对齐方式。

①左对齐：文本的每一行都左边对齐，右边参差不齐。

②居中：文本对齐中心位置，常用于标题。

③右对齐：文本的每一行都右边对齐，左边参差不齐。

④两端对齐：默认对齐方式，将文字段落的左、右两端的边缘都对齐。

⑤分散对齐：通过调整空格，使所选段落各行等宽对齐。

（8）行和段落间距 ⬍≡ ▾ ：用于设置文本行之间或段落之间显示的间距。

（9）底纹 ⬙ ▾ ：用于对所选文本、段落或表格单元格的背景颜色进行设置。

（10）边框 ⊞ ▾ ：对所选内容添加或删除边框。

2）"段落"对话框

单击"段落"组右下角的"对话框启动器"按钮，弹出"段落"对话框，如图 5.2.13 所示。在该对话框中可以对段落格式进行设置，如对齐方式、缩进、间距、换行和分页等，下面具体介绍缩进和间距段落格式的设置。

（1）缩进：指文本段落在水平方向上相对于左、右页边距之间的缩进距离。一般缩进方式如下。

①首行缩进：段落中第一行第一个字符的缩进空格位。中文段落一般采用首行缩进两个字符的格式。

②悬挂缩进：段落中除首行起始位置不变外，其他行缩进。

③左缩进：整个段落相对于左页边距的缩进。

④右缩进：整个段落相对于右页边距的缩进。

段落的缩进有以下 3 种方法。

方法 1：在"段落"对话框中选择缩进方式。

方法 2：在"视图"选项卡的"显示"组中，勾选"标尺"复选按钮，即可显示标尺。如图 5.2.14 所示，直接在标尺上拖动相应的图标即可调整缩进。

方法 3：在"布局"选项卡的"段落"组中，输入左、右缩进字符。

（2）间距：包括段落间距和行距。

①段落间距是指段落与段落之间的距离。在"段落"对话框中可以设置"段前"和"段后"的间距。

②行距是指行与行之间的距离。在 Word 中有"最小值""固定值""X 倍行距"（X 为单、1.5、2、多倍）等选项。

最小值：当文本高度超出设定值时，Word 会自动调整高度来容纳较大的字号。

固定值：当文本高度超出设定值时，文本就不能完全显示出来。

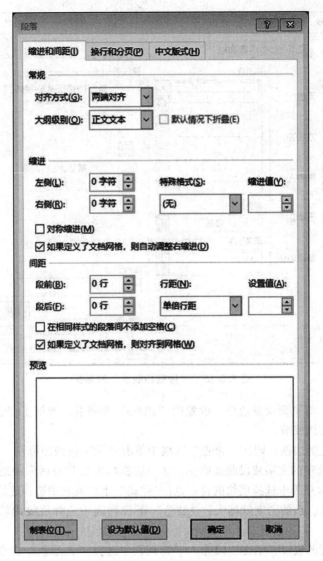

图 5.2.13　"段落"对话框

图 5.2.14　标尺

3）边框和底纹

添加边框和底纹可以使文档内容更加醒目。

操作方法：在"开始"选项卡的"段落"组中，单击"边框"下拉按钮，选择"边框和底纹"命令，弹出"边框和底纹"对话框，如图 5.2.15 所示；或在"设计"选项卡的"页面背景"组中，单击"页面边框"按钮，也可打开"边框和底纹"对话框。

（1）边框：对选定的文字或段落加边框，选择"样式""颜色""宽度""阴影""三维"效果等，并在"应用于"下拉列表中选择边框应用于"文字"还是"段落"。

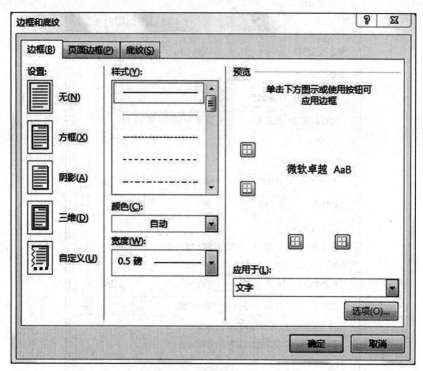

图 5.2.15 "边框和底纹"对话框

（2）页面边框：对页面设置边框，设置同"边框"选项卡，增加了"艺术型"下拉列表，应用范围针对整篇文档或节。

如果要取消设置的边框，则在"设置"区域中单击"无"按钮即可。

（3）底纹：对选定的文字或段落加底纹，在"边框和底纹"对话框中切换至"底纹"选项卡，在"填充"下拉列表中选择底纹的背景色；"样式"下拉列表中选择底纹的图案或填充点的密度等，百分比越高，点的密度就越大；"颜色"下拉列表中选择底纹内填充点的颜色，即前景色。

如果要取消设置的底纹，则在"填充"下拉列表中选择"无颜色"命令，"样式"下拉列表中选择"清除"命令即可。

边框、底纹和页面边框效果如图 5.2.16 所示。

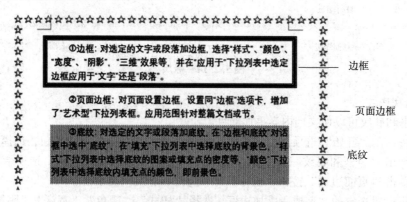

图 5.2.16 边框、底纹和页面边框效果

3. 利用样式格式化文档

样式是一组已经命名的字符和段落格式的集合，它规定了文档中标题、正文等各个文本元素的格式，包括字体、字号、字体颜色、行距、缩进等。

在文档中使用样式，可快速、轻松地统一文档的格式；辅助构建文档大纲，使内容更加有条理；简化格式的编辑和修改等操作；对文档自动生成目录。

1）使用已定义样式

在 Word 2016 中，提供了部分已经定义好的样式，用户直接选择使用即可。

选定要应用样式的文本或段落，或将光标定位于某一段落中，在"开始"选项卡的"样式"组中，单击"其他"按钮，打开如图 5.2.17 所示的快速样式库，将光标置于所选样式上，可预览该样式使用后的效果，单击选定样式，即可完成操作。

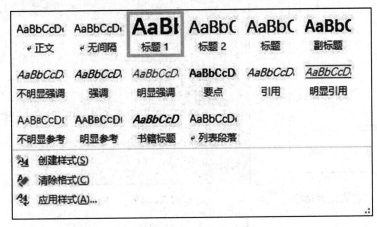

图 5.2.17 快速样式库

2）"样式"任务窗格

选定要应用样式的文本或段落，或将光标定位于某一段落中，在"开始"选项卡的"样式"组中，单击右下角的"对话框启动器"按钮，弹出如图 5.2.18 所示的"样式"对话框，在列表框中选择所需样式即可。

3）创建新样式

用户可以根据排版需要自己新建样式。单击"样式"对话框下方"新建样式"按钮 ，打开"根据格式化创建新样式"对话框，在对话框中输入样式名称，选择样式类型、样式基准，设置样式格式等，最后单击"确定"按钮，完成操作。

4）修改样式

对样式的修改将会反映在所有应用该样式的段落中，具体操作方法如下。

方法 1：在快速样式库中，选中要修改的样式，右击，在弹出的快捷菜单中选择"修改"命令，弹出"修改样式"对话框，如图 5.2.19 所示。在该对话框中，可重新定义样式选项及格式设置，修改完成后单击"确定"按钮。

方法 2：在"样式"对话框中选择需要修改的样式，单击其右侧的向下三角箭头按钮，在弹出的下拉列表中选择"修改"命令，也可打开"修改样式"对话框，在该对话框中进行相应选项的设置即可。

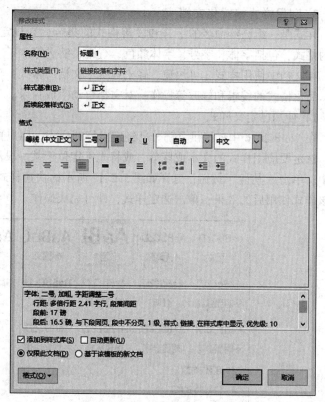

图 5.2.18　"样式"对话框　　　　**图 5.2.19　"修改样式"对话框**

5）清除样式

方法 1：在快速样式库下方单击"清除格式"按钮，即可对所选文本清除样式，文本自动应用"正文"样式。

方法 2：在"字体"组中单击"清除所有格式"按钮，也可将所选文本样式清除。

6）复制样式

在编辑文档的过程中，可以复制其他模板或文档的样式到当前文档中，而不必重复创建相同的样式，具体操作步骤如下。

第 1 步：打开"样式"任务窗格，单击窗口底部的"管理样式"按钮 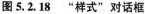，打开"管理样式"对话框，如图 5.2.20 所示。

第 2 步：单击对话框左下角"导入/导出"按钮，打开"管理器"对话框，如图 5.2.21 所示。在"样式"选项卡的左侧区域显示的是当前文档中所包含的样式列表，右侧区域显示的是"Normal.dotm"（共用模板）中所包含的样式列表。

第 3 步：若要更改源文档，则可以单击"管理器"对话框右侧的"关闭文件"按钮，再单击"打开文件"按钮，重新打开源文档（注意：如果要打开的是 Word 文档，则在"打开"对话框中需要选择"所有 Word 文档"）。

第 4 步：选中"管理器"对话框右侧样式列表中需要复制的样式，单击"复制"按钮，即可将选中的样式复制到左侧的当前目标文档中。

7）删除样式

对于新建的样式，用户可以删除。在"管理样式"对话框的"编辑"选项卡中选择需要删除的样式，单击"删除"按钮即可。

图 5. 2. 20 "管理样式"对话框

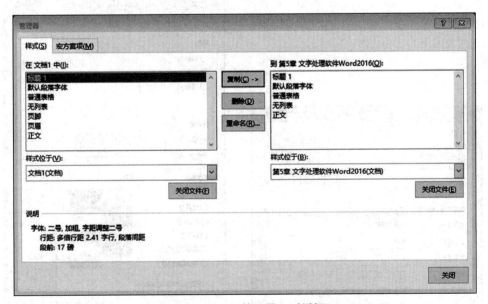

图 5. 2. 21 "管理器"对话框

注意事项：在快速样式库中选中样式，右击，选择"从快速样式库中删除"选项，只能将样式从快速样式库中移除，并未真正删除样式。

5.2.4　设计页面布局

1. 主题

Word 2016 提供了许多文档主题效果，用户可以快速而轻松地设置整个文档的格式。文档主题是一组具有统一设计元素的格式选项，包括主题颜色、主题字体和主题效果等。用户可以使用Word 2016 自带的主题，也可以自定义主题。

在"设计"选项卡的"文档格式"组中，单击"主题"按钮，选择主题选项即可；也可单击"颜色"和"字体"按钮，在展开库中选择主题颜色效果和主题字体效果。

2. 页面背景

Word 2016 提供了丰富的页面背景设置功能，可以便捷地为文档应用水印、页面颜色和页面边框。

1）水印

水印效果应用在文档内容的底层，可以是文字或图片。Word 2016 中预设了机密、紧急、免责声明 3 种类型的文字水印。在"设计"选项卡的"页面背景"组中，单击"水印"按钮，在下拉列表中选择水印类型即可。

用户也可自定义水印。在下拉列表中选择"自定义水印"命令，弹出如图 5.2.22 所示的"水印"对话框，在对话框中可以设置图片水印或文字水印。若要删除水印，则在下拉列表中选择"删除水印"命令。

2）页面颜色

通过页面颜色设置，可以为文档背景应用纯色、渐变、纹理、图案、图片等填充效果。

在"设计"选项卡的"页面背景"组中，单击"页面颜色"按钮，在下拉列表中可以在"主题颜色"或"标准色"区域选择色块。如果需要添加特殊效果，可在下拉列表中选择"填充效果"命令，弹出如图 5.2.23 所示的"填充效果"对话框，在该对话框中有"渐变""纹理""图案""图片" 4 个选项卡，用于设置页面的特殊填充效果。

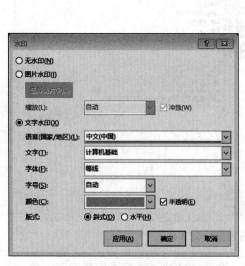

图 5.2.22　"水印"对话框

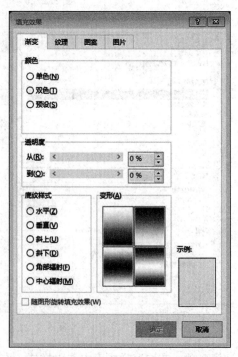

图 5.2.23　"填充效果"对话框

3）页面边框

页面边框的设置在前面边框和底纹中已作介绍，这里不再赘述。

3. 页面设置

页面设置是对整个页面的布局进行设置，包括文字方向、页边距、纸张方向、纸张大小、分栏、分隔符等。在"布局"选项卡的"页面设置"组中单击相应按钮进行设置。

1）文字方向

文字方向是指文档中文字的方向，可设置"水平""垂直""旋转"效果。

2）页边距

页边距是指文档正文距离纸张边缘的距离。Word 2016 中预设了"普通""窄""适中""宽""镜像" 5 种页边距样式。

如果有需要则可自定义设置页边距。在"页边距"下拉列表中选择"自定义边距"命令，弹出"页面设置"对话框，如图 5.2.24 所示。在该对话框的"页边距"选项卡中，可以设置页面的上、下、左、右页边距及装订线的位置。

3）纸张方向

纸张方向是指文档布局的方向，Word 2016 提供了纵向（垂直）和横向（水平）两种布局以供选择。

4）纸张大小

纸张大小可以设置纸张的宽度和高度。在"纸张大小"下拉列表中选择合适的纸张大小，或选择"其他纸张大小"命令，打开"页面设置"对话框，自定义纸张大小。

5）分栏

分栏可以将文本拆分为一栏或多栏。在"分栏"下拉列表中选择需要的栏数即可；也可以根据需要自定义分栏，在"分栏"下拉列表中选择"更多分栏"命令，打开"分栏"对话框，如图 5.2.25 所示，在该对话框中可设置栏数、每栏的宽度、间距、分割线、应用对象等。

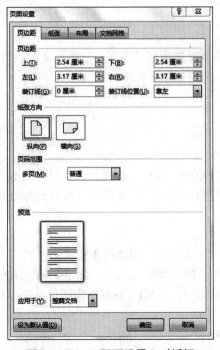

图 5.2.24　"页面设置"对话框

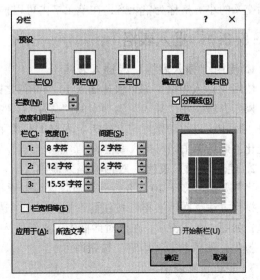

图 5.2.25　"分栏"对话框

若要取消分栏，则选择已分栏的段落，重新单击"一栏"按钮即可。

6）分隔符

分隔符包括分页符、分栏符、自动换行和分节符。将光标定位在需要插入分隔符的位置，单击"分隔符"按钮，在下拉列表中选择相应选项即可。

（1）分页符：当文本或图形等内容填满一页时，Word 文档会自动插入一个分页符并开始新的一页。如果要在文档特定位置强制分页，则可插入分页符。

（2）分栏符：对文档进行分栏时，会自动生成分栏符。如果希望某一内容出现下一栏顶部，则可插入分栏符。

（3）自动换行符：在 Word 中，文本到达文档页面右边距时，Word 将自动换行；或者按〈Enter〉键换行，换行符显示为灰色"↵"形。

（4）分节符：节是文档中最大的单位。插入分节符之前，Word 将整篇文档视为一节。在需要改变行号、分栏数或页眉、页脚、页边距等特性时，需要创建新的节。分节符包括以下 4 种类型。

①下一页：在光标位置插入一个分节符，新节从下一页开始。也就是分节的同时又分页。

②连续：在光标位置插入一个分节符，新节从同一页开始。也就是只分节，不分页，两节在同一页中。

③偶数页：将光标当前位置后的内容移至下一个偶数页上，Word 自动在偶数页之间空出一页。也就是分节的同时分页，且下一页从偶数页码开始。

④奇数页：将光标当前位置后的内容移至下一个奇数页上，Word 自动在奇数页之间空出一页。也就是分节的同时分页，且下一页从奇数页码开始。

如果在页面视图中看不到分隔符标志，则可切换到大纲视图中查看。若要删除分隔符，则可在大纲视图中选定分隔符或将光标置于分隔符前面，按〈Delete〉键删除。

5.3　文档中表格的使用

在文档中，经常会运用表格显示和处理数据，使其更加简明、直观。它由若干行、列组成，行列交叉的小方格称为单元格，在单元格内可以输入文本、数字和图片等。

5.3.1　插入表格

1. 使用"插入表格"库插入表格

使用"插入表格"库可快速插入 10 列 8 行之内的表格。

操作方法：在"插入"选项卡的"表格"组中，单击"表格"按钮，在下拉列表的"插入表格"库中，以滑动鼠标的方式指定表格的行数和列数。同时，在文档中可实时预览表格的大小变化，最后单击即可插入表格。

2. 使用"插入表格"对话框插入表格

当需要插入多于 10 列 8 行的表格时，可以通过"插入表格"对话框来完成。

操作方法：在"表格"按钮的下拉列表中，选择"插入表格"命令，弹出"插入表格"对话框，如图 5.3.1 所示。在该对话框中，直接输入表格的行、列数，如果有需要可设置"自动调整"操作，然后单击"确定"按钮即可。

3. 手动绘制表格

手动绘制表格可用鼠标在页面上任意画出横线、竖线和斜线，绘制出不规则的复杂表格。

操作方法：在"表格"按钮的下拉列表中，选择"绘制表格"命令，光标随即变成铅笔形

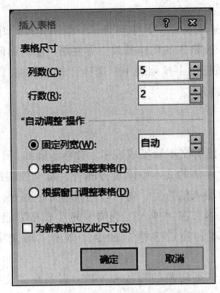

图 5.3.1　"插入表格" 对话框

状，拖动鼠标在文档中即可自由绘制表格。可先绘制出表格的外边框，再在表格内绘制所需的行线和列线。

绘制完成后，再次单击"绘制表格"按钮或按〈Esc〉键可退出表格绘制模式。

4. Excel 电子表格

在 Word 文档中可以插入 Excel 电子表格，其功能更加丰富，与 Excel 创建的电子表格功能类似。

操作方法：在"表格"按钮的下拉列表中，选择"Excel 电子表格"命令，即可插入 Excel 电子表格。这时，表格外边框为虚线边框，选项卡和工具栏也随之发生变化，如同在 Excel 软件中操作一样，如图 5.3.2 所示。单击表格外空白位置，选项卡和工具栏又跳转回 Word 2016 界面。

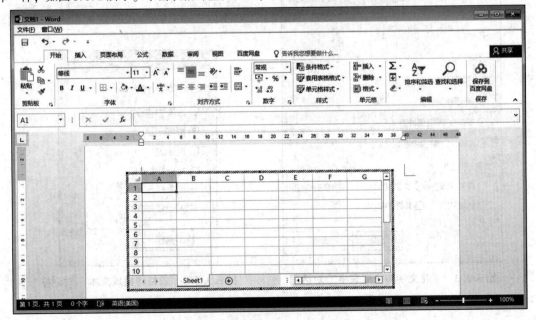

图 5.3.2　插入 Excel 电子表格

5. 插入快速表格

Word 2016 提供了一个快速表格库，其中包含了一组预先设计好格式的表格以供选择，方便迅速创建表格。快速表格属于表格库的构建基块，方便用户随时访问和重用。

操作方法：在"表格"按钮的下拉列表中，选择"快速表格"命令，在弹出的列表中选择需要的表格格式，即可插入表格。

6. 文本与表格相互转换

1）文本转换成表格

在 Word 2016 中，可以将已有文本转换成表格，操作步骤如下。

第 1 步：首先在要转换成表格的文本中设置分隔符。每一列用统一的分隔符隔开，如空格、逗号、制表符等其他一些可以输入的符号。每一行用段落标记隔开，对应一行表格内容。

第 2 步：选择要转换的文本，在"插入"选项卡的"表格"组中，单击"表格"按钮，在弹出的下拉列表中选择"文本转换成表格"命令，弹出"将文字转换成表格"对话框，如图 5.3.3 所示。

第 3 步：在对话框中，确认要转换的行数和列数，以及在"文字分隔位置"区域中选择文本中使用的分隔符，或者在"其他字符"右侧的文本框中输入所用的分隔符。

第 4 步：单击"确定"按钮，即可将文本转换成表格。

2）表格转换成文本

表格和文本之间可以相互转换。将表格内容转换成文本的操作步骤如下。

第 1 步：首先选择要转换成文本的表格。

第 2 步：在"表格工具—布局"选项卡的"数据"组中，单击"转换为文本"按钮，弹出"表格转换成文本"对话框，如图 5.3.4 所示。

第 3 步：在对话框中选择文字分隔符。

第 4 步：单击"确定"按钮，即可将表格转换成文本。

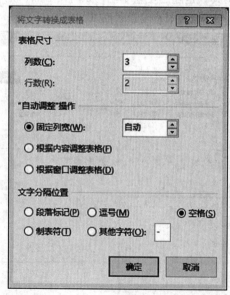

图 5.3.3 "将文字转换成表格"对话框

图 5.3.4 "表格转换成文本"对话框

5.3.2　表格的编辑

1. 选定表格对象

对表格进行编辑，首先要选定表格对象。创建表格后，当光标位于表格中时，选项卡上将自动出现"表格工具—设计"和"表格工具—布局"两个选项卡。在"表格工具—布局"选项卡的"表"组中，单击"选择"按钮，可对表格对象进行选择。另外，还可通过光标选定对象，操作方法如表 5.3.1 所示。

表 5.3.1　选定表格对象

选定对象	操作方法
单个单元格	将光标移至单元格的左侧边框，当其变成黑色右上箭头时，单击
连续多个单元格	先选定起始单元格，按〈Shift〉键，再选定结束单元格
不连续多个单元格	先选定起始单元格，按〈Ctrl〉键，再选定其余单元格
整行	将光标移至某行左侧（选定栏），当其变成空心右上箭头时，单击
整列	将光标移至某列的顶部边框，当其变成黑色向下实心箭头时，单击
整个表格	单击表格左上角的"移动控点"或单击表格右下角的"缩放控点"

2. 添加或删除表格对象

创建好表格后，可以对表格对象进行添加或删除操作，方法如表 5.3.2 所示。

表 5.3.2　添加或删除表格对象

对象	添加/删除	操作方法
单元格	添加	在"插入"选项卡的"表格"组中，单击"表格"按钮，在下拉列表中选择"绘制表格"命令，直接绘制单元格
单元格	删除	在"表格工具—布局"选项卡的"行和列"组中，单击"删除"按钮，在下拉列表中选择"删除单元格"命令
行	添加	方法 1：在"表格工具—布局"选项卡的"行和列"组中，单击"在上方插入"或"在下方插入"按钮
行	添加	方法 2：将光标移至最后一行的最后一个单元格内，按〈Alt〉键，可在表格最后一行下方添加新行
行	添加	方法 3：将光标移至表格内任何一行的最后一个单元格边框外，按〈Enter〉键，即可在其下方添加新行
行	删除	在"表格工具—布局"选项卡的"行和列"组中，单击"删除"按钮，在下拉列表中选择"删除行"命令
列	添加	在"表格工具—布局"选项卡的"行和列"组中，单击"在左侧插入"或"在右侧插入"按钮
列	删除	在"表格工具—布局"选项卡的"行和列"组中，单击"删除"按钮，在下拉列表中选择"删除列"命令
整个表格	删除	方法 1：选中整个表格，按〈Backspace〉键
整个表格	删除	方法 2：在"表格工具—布局"选项卡的"行和列"组中，单击"删除"按钮，在下拉列表中选择"删除表格"命令

3. 清除表格内容

对表格内容进行删除，只需要选中表格对象，按〈Delete〉键即可清除表格对象的内容，且表格格式不变。

4. 移动表格内容

方法 1：选中需要移动的表格内容，按住鼠标左键，拖动到其他位置释放即可。

方法 2：使用组合键〈Shift+Alt+方向键〉，将表格整行内容移动到其他行上。当移动到表格首行或末行时，继续使用该组合键，则将表格水平拆分或合并。

5. 合并或拆分单元格

1）合并单元格

合并单元格是指将表格中连续的两个或多个单元格合并成一个单元格。

操作方法：选中要合并的单元格，在"表格工具—布局"选项卡的"合并"组中，单击"合并单元格"按钮，即可完成单元格的合并。

2）拆分单元格

拆分单元格是指将表格中的一个单元格拆分为两个或多个单元格。

操作方法：选中要拆分的单元格，在"表格工具—布局"选项卡的"合并"组中，单击"拆分单元格"按钮，弹出"拆分单元格"对话框，输入需要的行数和列数，单击"确定"按钮即可完成单元格的拆分。

6. 拆分表格

拆分表格是指将一个表格拆分为两个或多个表格，操作方法如表 5.3.3 所示。

表 5.3.3　拆分表格

拆分对象	操作方法
水平拆分	方法 1：将光标移至要水平拆分为第二个表格的行首处，在"表格工具—布局"选项卡的"合并"组中，单击"拆分表格"按钮
	方法 2：将光标移至要水平拆分为第二个表格的第一行最后单元格的边框外，按组合键〈Ctrl+Shift+Enter〉
	方法 3：选择要水平拆分为第二个表格的所有单元格，按组合键〈Ctrl+Enter〉，将表格拆分到不同页面上
垂直拆分	选定要垂直拆分为第二个表格的所有单元格，按住鼠标左键，将其拖动到要拆分的位置后释放

5.3.3　表格的格式化

为了使表格更加美观，一般会对表格进行格式化处理，如调整单元格的大小、表格内容的对齐方式，设置表格边框和底纹等。

1. 调整单元格大小

插入表格后，表格中的行、列都是均匀分布的。在单元格中输入文本或图形后，表格会自动调整行高和列宽，用户也可通过以下 3 种方法调整单元格大小。

1）手动调整

将光标移至单元格的边框线上，待光标变成双向箭头时，按住鼠标左键并拖动，即可调整单元格大小，若同时按〈Alt〉键，则可进行微调。

2）精确调整

方法 1：选定表格对象后，在"表格工具—布局"选项卡的"单元格大小"组中，通过"高度""宽度"对应的文本框，对单元格的大小进行精确调整。

方法 2：通过"表格属性"对话框修改，在"表格工具—布局"选项卡的"表"组中，单击"属性"按钮，弹出"表格属性"对话框，如图 5.3.5 所示，在该对话框的"行""列"选项卡中进行设置。

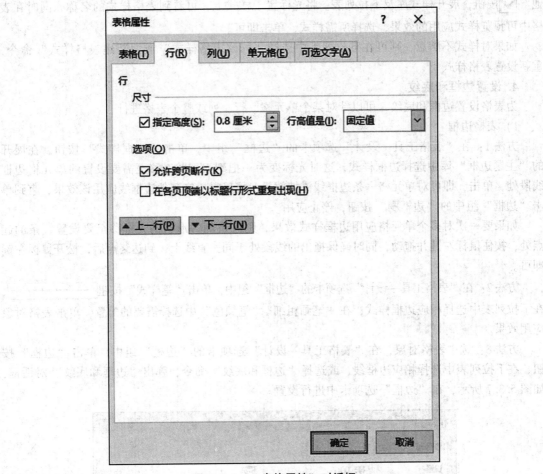

图 5.3.5　"表格属性"对话框

3）自动调整

使用"自动调整"功能，该功能可以根据文字内容或页面版式自动调整行和列的尺寸。在"表格工具—布局"选项卡的"单元格大小"组中，单击"自动调整"按钮，在下拉列表中选择相应命令，根据内容或窗口自动调整单元格大小。

2. 调整表格大小

利用鼠标可快速调整整个表格的大小，将光标移至表格右下角，待表格的右下角出现"缩放控点"□时，如图 5.3.6 所示，按住鼠标左键并拖动，即可调整整个表格的大小，若同时按〈Shift〉键，则可保持表格的长宽比例不变。

图 5.3.6　表格右下角的"缩放控点"

3. 为表格应用样式

Word 2016 提供了表格样式库，可直接选用表格样式，快速完成表格的美化。

操作方法：选中整个表格，在"表格工具—设计"选项卡的"表格样式"组中，单击"其他" 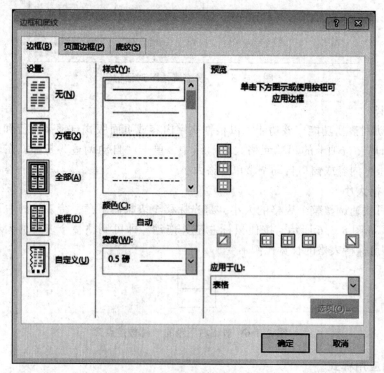按钮，展开样式库及下拉列表。将光标置于样式上，可看到表格样式的名称，同时在表格中可预览样式应用的效果，选择所需样式，单击即可。

如果对样式不满意，则可在下拉列表中选择"修改表格样式"或"新建表格样式"命令，重新设置表格样式。

4. 设置边框和底纹

为表格设置边框和底纹，可以针对某个单元格、行、列或整个表格进行。

1）表格边框

方法1：在"表格工具—设计"选项卡的"边框"组中，单击"边框样式"按钮，在展开的"主题边框"库中选择边框样式，这时光标变为一把刻刀形状，移至需要设置的单元格边框线段处，单击，即可对单元格一条边框线添加效果，可反复单击其他边框线应用该效果，直到单击"边框"组中的"边框刷"按钮，停止应用。

如果要一次对多个单元格应用边框样式效果，则可将刻刀形状的光标移至要设置线条的起点处，按住鼠标左键并拖动，同时确保拖出的线段处于同一直线上，到达终点后，松开鼠标左键即可。

方法2：在"表格工具—设计"选项卡的"边框"组中，单击"笔样式"按钮，在下拉列表中选择相应边框样式，在"笔画粗细""笔颜色"中选择需要的配置，单击表格对象应用效果。

方法3：选中表格对象，在"表格工具—设计"选项卡的"边框"组中，单击"边框"按钮，在下拉列表中选择相应边框线，或选择"边框和底纹"命令，弹出"边框和底纹"对话框，如图5.3.7所示，在"边框"选项卡中进行设置。

图5.3.7　"边框和底纹"对话框

2）表格底纹

方法 1：在"表格工具—设计"选项卡的"表格样式"组中，单击"底纹"按钮，在下拉列表中选择相应底纹颜色，即可对所选的表格对象添加背景颜色。

方法 2：在"边框和底纹"对话框的"底纹"选项卡中进行设置。

5. 绘制斜线表头

将光标置于要绘制斜线表头处。对于只有一条斜线的表头，可直接在"表格工具—设计"选项卡的"边框"组中，单击"边框"按钮，在下拉列表中选择斜框线样式即可。

而对于多条斜线的表头，Word 2016 必须通过插入线条形状、文本框组合完成，具体操作步骤如下。

第 1 步：在"插入"选项卡的"插图"组中，单击"形状"按钮，在下拉列表中选择"线条"组中的"直线"图标。这时光标变成了十字形状，在绘制斜线表头位置处移动光标绘制斜线。当插入形状后，将会出现"绘图工具—格式"选项卡，可在该选项卡的"形状样式"组中更改线条颜色、粗细。

第 2 步：在"绘图工具—格式"选项卡的"插入形状"组中，单击"文本框"按钮，这时光标变成了十字形状，在斜线表头位置处移动光标绘制文本框，并输入文字。

第 3 步：在"绘图工具—格式"选项卡的"形状样式"组中，单击"形状填充"按钮，在下拉列表中选择"无颜色填充"命令，单击"形状轮廓"按钮，在下拉列表中选择"无轮廓"命令。并调整文字大小和位置。

第 4 步：可将斜线表头内所有对象组合成一个整体。按〈Ctrl〉键，依次选中要组合的对象，右击，在弹出的快捷菜单中将光标移到"组合"选项，再在下拉列表中选择"组合"命令即可。

6. 设置内容对齐方式

在 Word 2016 中，单元格内容的对齐方式有 9 种，包括靠上左对齐、靠上居中对齐、靠上右对齐、居中左对齐、水平居中、居中右对齐、靠下左对齐、靠下居中对齐、靠下右对齐。其中，"靠上左对齐"为默认对齐方式。

方法 1：选中要设置对齐方式的单元格，在"表格工具—布局"选项卡的"对齐方式"组中，选择需要的对齐方式，如图 5.3.8 所示。

图 5.3.8　单元格内容的对齐方式

方法 2：通过"表格属性"对话框修改。在"表格工具—布局"选项卡的"表"组中，单击"属性"按钮，弹出"表格属性"对话框，在"表格"选项卡中选择对齐方式。

7. 跨页处理

1）重复标题行

对于跨越了多页的表格，希望表格的标题行可以自动地出现在每个页面的表格上方，可以设置重复标题行。

操作方法：选择表格中需要重复出现的标题行，在"表格工具—布局"选项卡的"数据"组中，单击"重复标题行"按钮即可。

2）断行处理

默认情况下，Word 2016 允许表格行中的文字跨页拆分。这样，当表格最后一行的文字在本页中不能完全显示时，多余的文字将自动显示在下一页，同行文字被拆分在两个页面上。若用户希望这行文字显示在同一页面，可通过断行处理设置。

操作方法：在"表格工具—布局"选项卡的"表"组中，单击"属性"按钮，弹出"表格属性"对话框，在"行"选项卡中取消勾选"允许跨页断行"复选按钮，单击"确定"按钮即可。

5.3.4　表格的排序与计算

在 Word 2016 表格中，可以对表格数据进行数据处理，如排序、计算等。

1. 表格的排序

对表格中的数据进行排序时，操作步骤如下。

第 1 步：将光标放置在表格任意单元格中，在"表格工具—布局"选项卡的"数据"组中，单击"排序"按钮，弹出"排序"对话框，如图 5.3.9 所示。

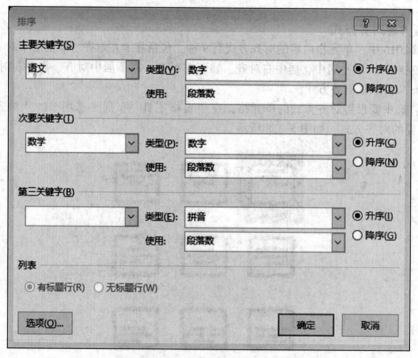

图 5.3.9　"排序"对话框

第 2 步：在"排序"对话框中选择排序关键字，可以根据需要将表格中的信息按类型（有笔画、数字、日期、拼音 4 种）进行排序，再选择"升序"或"降序"。

在 Word 2016 中，数据的排序最多可进行三重排序：当"主要关键字"的值相同时按"次要关键字"排序；当"主要关键字"和"次要关键字"的值都相同时再按"第三关键字"排序。

第 3 步：设置完成后单击"确定"按钮。

2. 表格的计算

当需要对表格中的数据进行计算时，可直接在表格中进行。在 Word 2016 的表格中，可以利用函数或者公式对表格中的数据进行简单计算。

同 Excel 一样，Word 表格中的单元格都有自己的名称，称为单元格地址，列以字母命名（大小写通用），行以数字命名，单元格地址为"列号+行号"，如图 5.3.10 所示。例如，第一行左起第一个单元格地址为 A1。

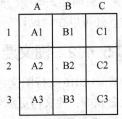

	A	B	C
1	A1	B1	C1
2	A2	B2	C2
3	A3	B3	C3

图 5.3.10　单元格命名规则

操作方法：将光标定位在要存放计算结果的单元格中，在"表格工具—布局"选项卡的"数据"组中，单击"公式"按钮，弹出"公式"对话框，如图 5.3.11 所示。在该对话框中输入公式或选择粘贴函数，常用函数有 SUM（求和）函数，AVERAGE（平均值）函数，MAX（最大值）函数，MIN（最小值）函数等。

注意事项如下。

①在使用公式时，必须以"="开头。

②在求和公式中，默认会出现"LEFT""ABOVE"参数，它们分别表示对公式域所在单元格的左侧连续单元格和上面连续单元格内的数据进行计算。

③使用函数时，参数可用单元格地址表示，参数之间用西文逗号","作为分隔符。

例如：=SUM（A1，B1），表示计算 A1 单元格的数与 B1 单元格的数之和。

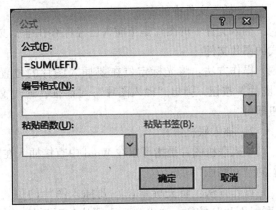

图 5.3.11　"公式"对话框

④如果参数为连续区域，则可用冒号作为分隔符，表示形式为"起始单元格地址：结束单元格地址"。

例如：=SUM（A1：C3），表示计算 A1 到 C3 之间所有单元格中的数据之和。

⑤在 Word 表格中，函数的计算功能是有限的，与 Excel 电子表格比较，自动能力差。如果不同单元格要进行同种功能的计算，必须重复编辑公式，效率低下。当单元格内容发生变化时，计算结果也不会自动更新，只能通过手动方式更新计算结果。可选中要更新的单元格，按〈F9〉键更新，或右击，在弹出的快捷菜单中选择"更新域"命令。

鉴于上述情况，如果要对表格进行复杂的统计计算，最好插入一个 Excel 电子表格进行计算。

5.4　文档的美化

在 Word 2016 文档中可以插入各类图片、绘制各种形状等，形成图文混排的效果，从而美化文档。

5.4.1　插入封面

在 Word 中制作文档的封面，可通过插入封面功能实现。Word 2016 的内置封面库中提供了多种类型的封面样式，用户可直接在封面上的对应文本框中输入文档标题、作者、日期等信息。

操作方法：在"插入"选项卡的"页面"组中，单击"封面"按钮，弹出下拉列表，在"内置"封面样式库中，根据文档风格选择适合的封面类型，单击后该封面就会自动插入文档首页中。还可以在"设计"选项卡中调整封面的主题颜色及字体等，设计属于自己的个性封面。

5.4.2　图文混排

Word 2016 支持图文混排，可在 Word 文档中插入图片、形状、SmartArt 图形、图表、艺术字、公式等，使文档更加生动。

1. 插入图片

在 Word 2016 中插入图片时，主要通过 3 种方法完成：插入文件中的图片、插入联机图片及截取屏幕图片。

1）插入文件中的图片

插入文件中的图片是指插入已经保存在电脑文件中的图片。在 Word 文档中可以插入各类格式的图片文件。

操作方法：将光标定位在要插入图片的位置，在"插入"选项卡的"插图"组中，单击"图片"按钮，弹出"插入图片"对话框，通过文件路径查找所需图片，最后单击"插入"按钮即可。

2）插入联机图片

插入联机图片是指可以在 Word 中直接插入在网络中搜索而来的图片，此功能取代了之前版本的"剪贴画"功能。

操作方法：将光标定位在要插入图片的位置，在"插入"选项卡的"插图"组中，单击"联机图片"按钮，弹出"插入图片"对话框，在该对话框的"必应图像搜索"文本框中输入要查找的图片名称，如图 5.4.1 所示，按〈Enter〉键后，在对话框下方显示出所有找到符合条件的图像，如图 5.4.2 所示，选中所需图片，单击"插入"按钮即可。

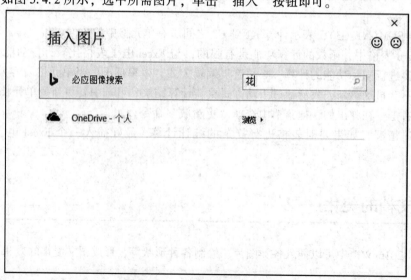

图 5.4.1　"插入图片"对话框

图 5.4.2　"联机图片"搜索结果

3）截取屏幕图片

截取屏幕图片是 Word 2016 提供的屏幕截图功能，可用于捕获已在计算机上打开的程序或窗口的快照。

操作方法：将光标定位在要插入图片的位置，在"插入"选项卡的"插图"组中，单击"屏幕截图"按钮，在弹出的下拉列表中有"可用的视窗"和"屏幕剪辑"两种方法，如图 5.4.3 所示。

①可用视窗：将当前打开的程序窗口以缩略图的形式显示在"可用的视窗"库中，单击窗口缩略图，可插入整个窗口界面。

②屏幕剪辑：可对当前打开的程序窗口进行部分截取。

图 5.4.3　"屏幕截图"下拉列表

选择"屏幕剪辑"时，会打开"可用的视窗"库中显示的第一个程序窗口，也可通过迅速单击状态栏中要截取图像的程序改变截取窗口对象，这时整个屏幕中的画面呈半透明的白色效果，光标为十字形状，按住鼠标左键并拖动以选择要截取的屏幕部分，最后释放鼠标左键即可。

2. 调整图片

在文档中插入图片并选中图片后，选项卡上将会自动出现"图片工具—格式"选项卡，通过该选项卡，可以对图片的大小、位置、显示效果等进行调整。

1）调整图片效果与删除图片背景

Word 2016 为用户提供了调整图片的亮度、对比度、颜色等艺术效果的功能，从而达到美化图片的目的。

（1）调整图片效果：在"图片工具—格式"选项卡的"调整"组中，单击"更正"按钮可调整图片的锐化/柔化、亮度/对比度等；单击"颜色"按钮可调整图片的颜色饱和度、色调等；单击"艺术效果"按钮可直接选择所需的艺术效果。

如果对调整后的图片效果不满意，则可单击"重设图片"按钮将图片恢复成原始图片效果。

（2）删除图片背景：可快速删除图片的背景部分。在"图片工具—格式"选项卡的"调整"组中，单击"删除背景"按钮，这时图片中会出现白色的圆圈控制柄，背景以紫色填充凸显，拖动控制柄可调整删除的图片背景范围，如图 5.4.4 所示。这时，工具栏上方会自动显示"背景消除"选项卡，如图 5.4.5 所示，单击"关闭"组中的"保留更改"按钮或按〈Enter〉键，即可完成删除图片背景操作。

图 5.4.4　删除图片背景

图 5.4.5　"背景消除"选项卡

在"背景消除"该选项卡中，也可通过"标记要保留的区域"或"标记要删除的区域"按钮来微调图片。微调时，光标变为铅笔形状，通过绘制线条方式来进行标记。标记符"＋"表示"标记要保留的区域"，标记符"－"表示"标记要删除的区域"。若对删除图片背景效果不满意，则可单击"关闭"组中的"放弃所有更改"按钮，关闭背景消除并放弃所有更改。

2）调整图片的样式

（1）应用预定义图片样式：应用系统内置的预定义图片样式，可快速对图片进行处理。

操作方法：在"图片工具—格式"选项卡的"图片样式"组中，单击"其他"按钮，展开"图片样式库"，当光标置于样式上时，可看到样式的名称，同时预览到图片效果，单击后，样式被使用。

（2）自定义图片样式：如果认为"图片样式库"中的样式不能满足需求，则可以在"图片样式"组中，单击"图片边框""图片效果""图片版式""设置图片格式"等按钮对图片进行其他效果设置。

①图片边框：对图片加边框，可选择边框颜色、宽度和线型等。

②图片效果：对图片应用某种视觉效果，如阴影、映像、发光和三维旋转等。

③图片版式：将图片转换为 SmartArt 图形，可轻松地给图片添加文本。关于 SmartArt 图形将在下一小节进行具体介绍。

④设置图片格式：单击"图片样式"组右下角的"对话框启动器"按钮 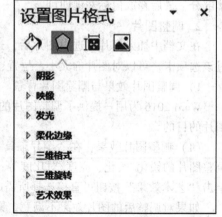，在窗口右侧会自动打开"设置图片格式"窗格，如图 5.4.6 所示。在该窗格中可对图片进行多种格式设置。

3）调整图片位置

图文混排时，一般需要调整图片的位置，并选择文字环绕的方式。选中图片后，在"图片工具—格式"选项卡的"排列"组中，单击"位置"或"环绕文字"

图 5.4.6　"设置图片格式"窗格

按钮，在展开的下拉列表中选择布局方式。

（1）位置：指图片在文档页面上显示的位置，默认方式为"嵌入文本行中"。

（2）环绕文字：指图片与文字的环绕方式，环绕类型有嵌入型、四周型环绕、紧密型环绕、穿越型环绕、上下型环绕、衬于文字下方、浮于文字上方等。

4）调整图片大小与裁剪图片

（1）调整图片大小：选中要调整的图片，图片边框上会出现 8 个白色的圆圈控制柄，用鼠标拖动控制柄可快速调整图片大小。如果要对图片进行精确缩放，则可在"图片工具—格式"选项卡的"大小"组中设置图片的高度和宽度。

（2）裁剪图片：当图片中的某部分多余时，可以对图片进行裁剪。

操作方法：在"图片工具—格式"选项卡的"大小"组中，单击"裁剪"按钮，这时图片周围会出现 8 个黑色的裁剪标记，用鼠标拖动裁剪标记，调整大小，如图 5.4.7 所示。最后单击图片外任意位置或者按〈Esc〉键、〈Enter〉键均可退出裁剪操作。

通过"裁剪"按钮裁剪出来的图片为四边形，若需要将图片裁剪为其他形状，则可在"裁剪"按钮的下拉列表中选择"裁剪为形状"命令，选择合适的形状进行裁剪。

注意事项：图片裁剪完成后，裁剪掉的多余部分并没有被删除，其依然保留在文档中，只不过看不到而已。如果希望彻底删除图片中被裁剪的多余部分，则可以在"图片工具—格式"选项卡的"调整"组中，单击"压缩图片"按钮，弹出"压缩图片"对话框，如图 5.4.8 所示。在该对话框中，勾选"压缩选项"区域中的"删除图片的裁剪区域"复选按钮，单击"确定"按钮即可。

图 5.4.7　裁剪图片

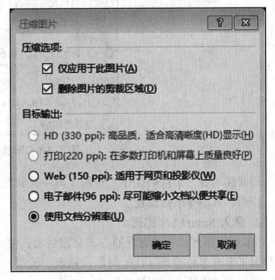

图 5.4.8　"压缩图片"对话框

5.4.3　插入其他对象

1. 插入形状

Word 2016 包含了一组现成的形状，包括线条、矩形、基本形状、箭头汇总、公式形状、流程图、星与旗帜、标注 8 种类型，用户可在文档中选用这些形状直接绘制图形。

操作方法：在"插入"选项卡的"插图"组中，单击"形状"按钮，在打开的下拉列表中选择需要绘制的形状，如图 5.4.9 所示。这时光标变为黑色十字形状，在文档中按住鼠标左键并拖动即可插入形状。在插入对称形状（如正方形、圆形、等边三角形）时，则需按住鼠标左键和〈Shift〉键，再拖动鼠标绘制。

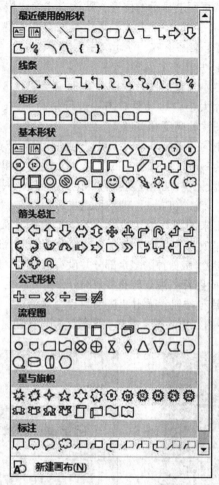

图 5.4.9　形状样式列表

形状插入后，会自动打开"绘图工具—格式"选项卡，在该选项卡中可对形状的样式、文本、排列、大小等进行设置。

2. 插入 SmartArt 图形

SmartArt 图形以一种直观的方式交流信息，使文字之间的关联表达更加清晰。在 Word 2016 中预设了 8 种布局的 SmartArt 图形：列表、流程、循环、层次结构、关系、矩阵、棱锥图和图片，可以通过选择不同布局来创建。

1）插入 SmartArt 图形

操作方法：在"插入"选项卡的"插图"组中，单击"SmartArt"按钮，弹出"选择 SmartArt 图形"对话框，如图 5.4.10 所示。先在该对话框左侧列表中选择需要使用的 SmartArt 图形类型，然后在样式列表中选择图形的布局。

SmartArt 图形插入后，系统自动激活"SmartArt 工具—设计"和"SmartArt 工具—格式"选项卡，在对应选项卡中可对图形进行设置。

2）将图片转换为 SmartArt 图形

操作方法：选择要编辑的图片，在"图片工具—格式"选项卡的"图片样式"组中，单击"图片版式"按钮，在弹出的下拉列表中选择图片版式，在图片中的"文本"字样处输入

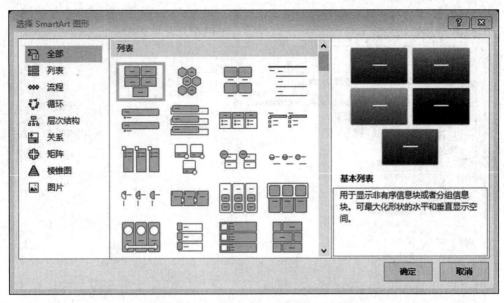

图 5.4.10　"选择 SmartArt 图形"对话框

文字，也可在图形右侧的文本窗格中输入文字。如图 5.4.11 所示选择的是"蛇形图片半透明文本"版式。

图 5.4.11　SmartArt 图形中添加文字

3. 插入超链接

在文档中添加超链接，可以实现快速的跳转阅读，不仅可以链接到文档内部的内容，也可以链接到网络地址或者电脑中的其他文件。

操作方法：选择需要设置"超链接"的文本或图片后，在"插入"选项卡的"链接"组中，单击"超链接"按钮，弹出"插入超链接"对话框，选择链接位置，如图 5.4.12 所示。或者右击，在弹出的快捷菜单中，选择"超链接"命令，也可打开"插入超链接"对话框。

创建完超链接后，含有超链接的文本呈蓝色，并用下划线表示出来。当光标指向该处时出现超链接的目标地址，按〈Ctrl〉键并单击，则转入被链接的位置。

4. 插入文本框

文本框是一种特殊的文本对象，可作为存放文本或图形的容器，能随意调整其大小，并置于页面中的任何位置。

图 5.4.12 "插入超链接"对话框

1) 使用内置文本框

Word 2016 提供了多种内置文本框样式，用户可直接选用。

操作方法：在"插入"选项卡的"文本"组中，单击"文本框"按钮，在打开的下拉列表中选择合适的文本框样式即可，如图 5.4.13 所示。

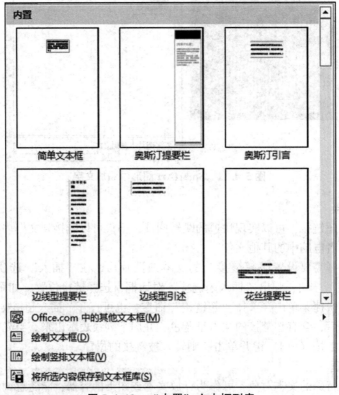

图 5.4.13 "内置"文本框列表

2）手动绘制文本框

在文档中可绘制的文本框有两种：横排文本框和竖排文本框，用户可根据文字的显示方向来决定使用的文本框。

操作方法：在"插入"选项卡的"文本"组中，单击"文本框"按钮，在打开的下拉列表中选择"绘制文本框"或"绘制竖排文本框"命令。绘制方法同插入形状。

5. 插入艺术字

利用 Word 2016 的艺术字功能，可以轻松制作出带轮廓、阴影、发光等效果的文本，且插入的艺术字会被作为图形对象处理，可以对艺术字的样式、位置、大小等进行设置，具体操作步骤如下。

第 1 步：在文档中选定需要添加艺术效果的文本，或者将光标定位于需要插入艺术字的位置。

第 2 步：在"插入"选项卡的"文本"组中，单击"艺术字"按钮，打开艺术字样式列表，如图 5.4.14 所示。

第 3 步：在列表中选择所需艺术字的样式，这时在光标处会弹出"请在此处输入您的文字"文本框，在文本框中输入要设置的艺术字文字。

第 4 步：插入艺术字后，系统会激活"绘图工具—格式"选项卡，在"艺术字样式"组中单击"文本填充""文本轮廓""文本效果"按钮可对艺术字进行编辑。

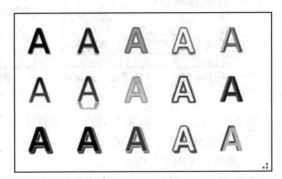

图 5.4.14　艺术字样式列表

6. 首字下沉

首字下沉是指对段落的第一行第一字设置下沉效果，以突出显示。

操作方法：将光标置于需要首字下沉的段落中，在"插入"选项卡的"文本"组中，单击"首字下沉"按钮，在下拉列表中选择下沉样式。或者在下拉列表中选择"首字下沉选项"命令，打开"首字下沉"对话框，如图 5.4.15 所示，可以进行详细设置。

5.4.4　构建并使用文档部件

文档部件是对某一段指定文档内容（文本、图片、表格、段落等文档对象）的保存和重复使用，这对重复使用已有的格式设计或文本内容提供了高效的手段。文档部件包括自动图文集、文档属性（如标题和作者）及域等。这些可重复使用的内容也称为构建基块。

1. 自动图文集

自动图文集是存储文本和图形的一种常见类型的构建基块。如果在文档中有反复使用的某些固定内容（如联系方式、家庭住址等），则可将其定义为自动图文集词条，在使用时直接引用即可，具体操作方法如下。

1）定义自动图文集词条

第 1 步：选定需要定义为自动图文集词条的内容。

第 2 步：在"插入"选项卡的"文本"组中，单击"文档部件"按钮，在下拉列表中选择"自动图文集"→"将所选内容保存到自动图文集库"命令，打开"新建构建基块"对话框，如图 5.4.16 所示。

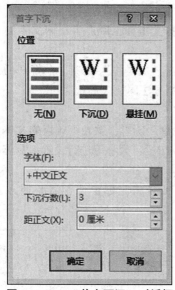

图 5. 4. 15　"首字下沉"对话框　　　图 5. 4. 16　"新建构建基块"对话框

第 3 步：在该对话框的"名称"文本框中输入词条名称，"库"下拉列表中选择"自动图文集"选项，单击"确定"按钮。

2）调用自动图文集词条

操作方法：将光标定位于需要插入自动图文集词条的位置。在"插入"选项卡的"文本"组中，单击"文档部件"按钮，在下拉列表中选择"自动图文集"命令，在展开的列表中选择词条名称，即可快速插入相关词条的内容。

2. 文档属性

文档属性包含正在编辑文档的标题、单位、关键词、摘要、主题、作者等文档信息。可以在"文件"后台视图中进行编辑和修改。

1）编辑文档属性

操作方法：打开需要设置文档属性的 Word 文档。单击"文件"按钮，在右侧属性区域中设置各项文档属性，如图 5. 4. 17 所示。

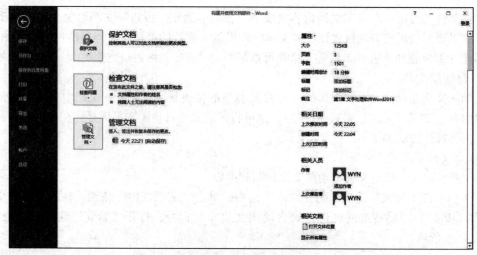

图 5. 4. 17　编辑文档属性

2）调用文档属性

操作方法：将光标定位于需要插入文档属性的位置。在"插入"选项卡的"文本"组中，单击"文档部件"按钮，在下拉列表中选择"文档属性"命令，在展开的列表中选择属性名称即可将其插入文档中。

在文档中插入的"文档属性"框中可以修改属性内容，且修改后可同步到"文件"后台视图的属性信息。

3. 域

域是引导 Word 在文档中自动插入时间、标题、页码、目录、链接与引用等内容的一组代码，其在文档中体现为数据占位符。域可以提供自动更新的信息。在文档中插入域的具体操作步骤如下。

第 1 步：在文档中，将光标定位于需要插入域的位置。

第 2 步：在"插入"选项卡的"文本"组中，单击"文档部件"按钮，在下拉列表中选择"域"命令，弹出"域"对话框，在该对话框中，可以选择要插入的域的"类别""域名"，设置"域属性"等。如图 5.4.18 所示，通过插入"Page"域，实现插入文档当前页码。

第 3 步：单击"确定"按钮完成插入。

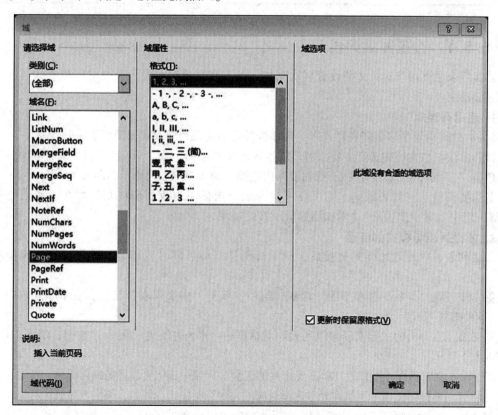

图 5.4.18　插入"Page"域

在 Word 文档中插入域后，可在域上右击，在弹出的快捷菜单中可进行切换域代码、更新域、编辑域等操作；也可以通过快捷键实现，选中域后，按〈F9〉键可以更新域；按组合键〈Alt+F9〉可以切换域代码等。

4. 构建基块管理器

构建基块是可重新使用的内容片段或其他文档部件，它们存储在库中以供随时访问和重新使用。

在"文档部件"下拉列表中选择"构建基块管理器"命令，弹出"构建基块管理器"对话框，在该对话框中可以选择使用需要的构建基块，并可以预览、编辑、删除或插入构建基块。

5. 将所选内容保存到文档部件库

要将文档中已经编辑好的某一部分内容保存为文档部件并可以反复使用，可自定义文档部件，方法与自定义自动图文集词条相类似，具体操作步骤如下。

第1步：在文档中编辑需要保存为文档部件的内容并进行格式化，然后选定该部分内容。

第2步：在"插入"选项卡的"文本"组中，单击"文档部件"按钮，在下拉列表中选择"将所选内容保存到文档部件库"命令，弹出"新建构建基块"对话框，如图5.4.16所示。

第3步：在该对话框的"名称"文本框中输入文档部件名称，"库"下拉列表中选择"文档部件"选项，单击"确定"按钮。

第4步：今后在 Word 文档中，单击"文档部件"按钮，就可以从库中选择相应的内容重复使用。

5.5　长文档的排版

5.5.1　设置多级列表

多级列表主要用于对长文档设置层次结构，并且当文档结构发生改变时，相应的层次结构会随之自动更新。

1. 使用列表库

Word 2016 内置了多级列表样式库，直接选择合适的列表样式应用即可。

操作方法：在文档中选定需要添加多级列表的文本段落。在"开始"选项卡的"段落"组中，单击"多级列表"按钮，在下拉列表库中选择一类多级列表应用于当前文本。

若需要调整某一列表级别，则可在下拉列表中选择"更改列表级别"命令，或通过单击"段落"组中"减少缩进量""增加缩进量"按钮实现。

2. 多级列表与样式的链接

多级列表与内置标题样式链接后，应用标题样式即可同时应用多级列表，具体操作步骤如下。

第1步：在"开始"选项卡的"段落"组中，单击"多级列表"按钮，在下拉列表中选择"定义新的多级列表"命令。

第2步：在弹出的"定义新多级列表"对话框中，单击左下角"更多"按钮，展开对话框，如图5.5.1所示。

第3步：在对话框左上方的"单击要修改的级别"区域中选定要设置的标题级别，在对话框右侧的"将级别链接到样式"下拉列表中选择对应的内置标题样式。例如，级别1对应"标题1"。

第4步：在对话框下方的"编号格式"区域中可以设置编号的格式、样式和指定起始编号等；在"位置"区域中可以设置编号的对齐方式、对齐位置等，设置完成后单击"确定"按钮。

5.5.2　设置页眉、页脚与页码

1. 插入页眉或页脚

页眉和页脚是指在正文之外，每页顶部和底部的区域。在页面和页脚中可以插入文本、图形、图片和文档部件。

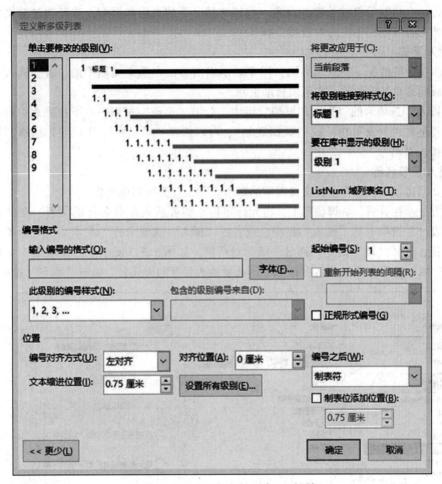

图 5.5.1　"定义新多级列表"对话框

在"插入"选项卡的"页眉和页脚"组中，单击"页眉"按钮，在下拉列表中选择页眉样式，同时将打开"页眉和页脚工具—设计"选项卡进行设置，如图 5.5.2 所示，这时原文本呈灰色。

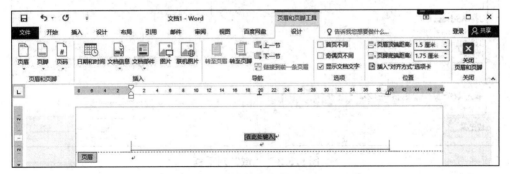

图 5.5.2　"页眉和页脚工具—设计"选项卡

单击"转至页脚"按钮可切换到页脚。在页眉或页脚区域中，可直接输入文本或在"插入"组中单击"日期和时间""文档信息""文档部件""图片""联机图片"按钮进行插入。设置完成后单击"关闭页眉和页脚"按钮，即可退出页眉和页脚编辑状态。

在页眉和页脚设置过程中，还可以在"页眉和页脚工具—设计"选项卡中，勾选"首页不同""奇偶页不同"等复选按钮，设置一些特殊情况下的页眉和页脚；或者通过对文档进行分节，为文档的各节创建不同的页眉和页脚。

2. 插入页码

在页脚中一般情况下会插入页码，用来显示当前页面在整个文档中的位置。插入的页码实际是一个域而非单纯的数码，它可以自动更新。

在"插入"选项卡的"页眉和页脚"组中，单击"页码"按钮，在下拉列表中可选择插入页码的位置是在"页面顶端"或"页面底端"，可以选择"页边距"样式或先选择"设置页码格式"再插入页码。

3. 插入章节名称

在长文档排版中，常常会将文档对应的章节名称设置为页眉或页脚。

操作方法：在页眉、页脚状态下，将光标定位于需要插入章节名称的位置，在"页眉和页脚工具—设计"选项卡的"插入"组中，或者在"插入"选项卡的"文本"组中，单击"文档部件"按钮，选择"域"命令，弹出"域"对话框，如图 5.5.3 所示。在"域名"区域中选择"StyleRef"域，然后在"样式名"区域中选择要插入章节的样式名，单击"确定"按钮即可。

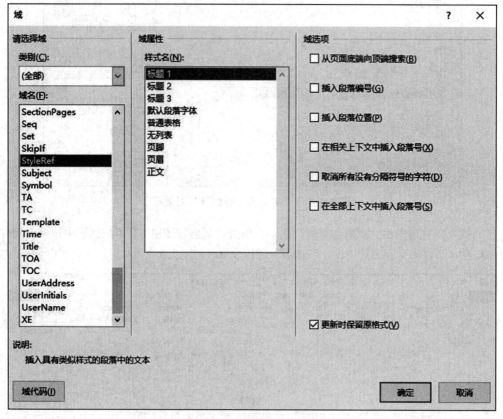

图 5.5.3　"域"对话框

插入奇偶页不同的页眉、页脚

5.5.3　在文档中添加引用内容

1. 插入脚注和尾注

当需要对文档内容进行注释或对引用来源说明时，可以使用脚注或尾注。两者作用相同，只是插入后的位置不同，脚注位于页面的底端，而尾注位于整篇文档的结尾处或章节的结尾处。插入后，脚注和尾注均通过一条短横线与正文分隔开，具体操作步骤如下。

第 1 步：选定需要添加脚注或尾注的文本，或将光标定位于文本右侧。

第 2 步：在"引用"选项卡的"脚注"组中，单击"插入脚注"按钮，即可在该页面的底端插入脚注区域；单击"插入尾注"按钮，即可在文档的结尾处加入尾注区域。

第 3 步：在脚注或尾注区域中输入注释文本。

第 4 步：单击"脚注"组右下角的"对话框启动器"按钮，打开"脚注和尾注"对话框，如图 5.5.4 所示，可对脚注或尾注的位置、格式及应用范围等进行设置。

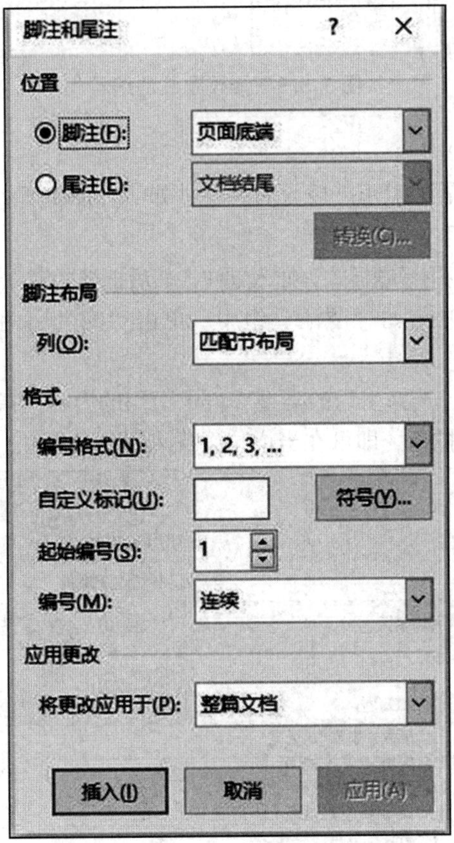

图 5.5.4　"脚注和尾注"对话框

2. 插入题注

题注可以为文档中的图表、表格、公式等对象添加编号标签。使用题注编号后，当对题注执行了添加、删除或移动操作时，题注编号会自动更新，提高编辑效率，具体操作步骤如下。

第 1 步：将光标定位于需要添加题注的位置，如一张图片下方的说明文字之前。

第 2 步：在"引用"选项卡的"题注"组中，单击"插入题注"按钮，打开"题注"对话框。

第 3 步：在"题注"对话框中选择合适的标签，或根据需要新建标签。

第 4 步：若需要修改题注的编号格式，可单击"编号"按钮，打开"题注编号"对话框，

off off

off

off

 off

off off

off off off

off

offoff

off

off

off

offoffoff

off

off

off

off

off

off

off

off

off

off

off

off

off

off

off

off

off

off

off

off

off

off

off

off

off

off

off

off

off

off

off

off

off

off

off

off

off

off

off

off

off

off

off

off

off

off

off

off

off

off

off

off

off

off

off

off

off

off

off

off

off

off

off

off

off

off

off

off

off

off

off

off

off

off

off

off

off

off

off

off

off

off

off

off

off

off

off

off

off

off

off

off

off

off

off

off

off

off

off

off

off

off

off

off

off

off

off

off

off

off

off

off

off

off

off

off

off

off

off

off

off

off

off

off

off

off

off

off

off

off

off

off

off

off

off

off

off

off

off

off

off

off

off

5.5.4　创建文档目录

一般长文档排版完成后会设置目录，通过目录列出文档中的各级标题及所在的页码，方便读者快速查阅文档内容。

1. 创建目录

创建目录前，必须对文档的各级标题利用样式统一进行格式化。目录一般分为 3 级，可以使用内置标题样式"标题 1""标题 2""标题 3"样式格式化，也可对原有的样式进行修改或自己创建新的样式，具体操作步骤如下。

第 1 步：将光标定位于需要创建目录的位置。

第 2 步：在"引用"选项卡的"目录"组中，单击"目录"按钮。

第 3 步：在下拉列表中选择要插入目录的样式；或者选择"自定义目录"命令，弹出"目录"对话框，如图 5.5.7 所示。在该对话框中可以设置页码格式、目录格式及目录中的标题显示级别，默认显示 3 级标题。

第 4 步：若需要自定义标题样式对应的目录级别，则可以在"目录"选项卡中，单击"选项"按钮，弹出"目录选项"对话框，如图 5.5.8 所示。在"有效样式"区域中列出了文档中使用的样式，包括内置样式和自定义样式。在样式名称右边的文本框中可以指定对应的目录级别。

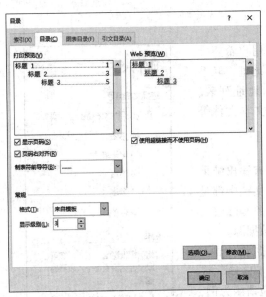

图 5.5.7　"目录"对话框

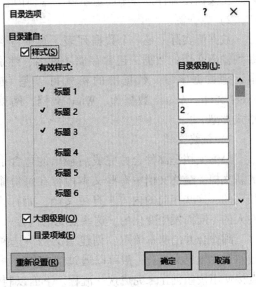

图 5.5.8　"目录选项"对话框

制作文档目录

2. 修改目录

目录也是以域的方式插入文档中的。创建目录后，如果对文档的标题或内容修改，导致文档的结构或页码发生变化，此时，无须重新插入目录，可以执行"更新目录"操作。

操作方法：在"引用"选项卡的"目录"组中，单击"更新目录"按钮，或在目录区域中右击，在弹出的"更新目录"对话框中选择更新标准即可。

5.6　文档的高级应用

5.6.1　邮件合并

邮件合并是 Word 2016 提供的一种可以批量处理文档的功能。在实际工作中，经常需要处理一些主要内容基本相同，只是具体的数据有所变化的文件，如信封、信函、请柬、工作标签、各类证书、准考证、学生成绩单等，如果一份一份地去编辑，不仅工作量大而且容易出错，使用 Word 邮件合并功能可以方便快捷地解决问题，提高办公效率。

一般要完成一个邮件合并任务，需要一个主文档文件和一个数据源文件，在合并过程中把两个文件结合起来，最终生成一系列输出文档。因此，在邮件合并之前，需要明确以下 3 个基本概念。

1）主文档

主文档是邮件合并中固定不变的主体内容。

2）数据源

数据源实际上是一个数据列表，其中包含了用户希望合并到输出文档的数据，通常存储了姓名、性别、地址、联系电话等数据字段。数据源的格式可以是 Office 地址列表、Excel 文件、Access 数据库、Word 文档、网页、文本文件等格式类型。

3）最终文档

最终文档是邮件合并完成后输出的包含了所有输出结果的新文档。最终文档中有些文本内容在每份输出文档中都是相同的，这些相同的内容来自主文档；而有些对象是随着收件人的不同而发生变化的，这些变化的内容来自数据源。

邮件合并的基本流程：创建主文档→选择数据源→插入域→合并生成文档。一般可以通过"邮件合并分步向导"或直接使用按钮创建来完成这一流程。下面以制作邀请函为例，介绍使用邮件合并分步向导进行邮件合并的具体操作步骤。

1. 确定 Word 主文档和数据源

打开"邀请函"主文档。

2. 使用邮件合并分步向导

在"邮件"选项卡的"开始邮件合并"组中，单击"开始邮件合并"按钮，在下拉列表中选择"邮件合并分步向导"命令，打开"邮件合并"任务窗格，如图 5.6.1 所示。邮件合并向导共包含 6 步。

第 1 步：选择文档类型。在"选择文档类型"区域中选择一种希望创建的输出文档的类型，此例选择"信函"，单

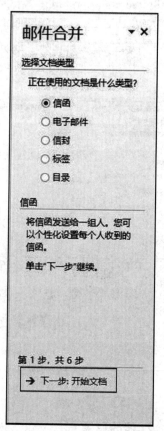

图 5.6.1　"邮件合并"任务窗格

击"下一步：开始文档"按钮。

　　第 2 步：选择开始文档。在"选择开始文档"区域中确定邮件合并的主文档。此例主文档已打开，选择"使用当前文档"，也可以选择一个已有的文档或根据模板新建一个文档，然后单击"下一步：选择收件人"按钮。

　　第 3 步：选择收件人。在"选择收件人"区域中确定邮件合并的数据源，可以使用事先准备好的列表，也可以新建一个数据源列表。

　　操作方法：此例已创建好数据源，所以选择"使用现有列表"，单击"浏览"按钮，通过文件存储路径打开数据源，确认"通信录"所在工作表，如图 5.6.2 所示，单击"确定"按钮，弹出"邮件合并收件人"对话框，如图 5.6.3 所示，可以对收件人信息进行编辑。编辑完成后，单击"确定"按钮，然后单击"下一步：撰写信函"按钮。

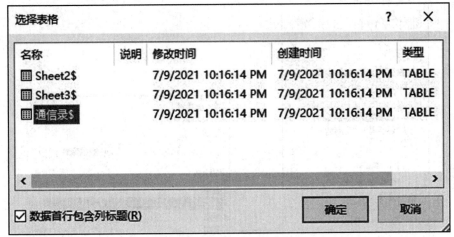

图 5.6.2　选择数据源

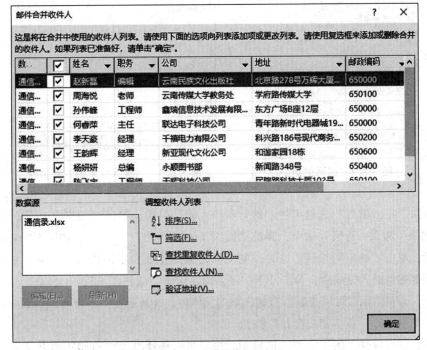

图 5.6.3　编辑收件人信息

第4步：撰写信函。对主文档进行编辑修改，并通过插入合并域的方式向主文档中适当的位置插入数据源中的信息。将光标定位于主文档中需要插入域的位置，可以选择"地址块""问候语""电子邮政""其他项目"，如图5.6.4所示。

操作方法：此例要插入"姓名"域，将光标定位于"尊敬的"之后，单击"其他项目"按钮，弹出"插入合并域"对话框，如图5.6.5所示，在"域"区域中，选择"姓名"选项，然后单击"插入"按钮。这时，主文档中的光标位置处出现"《姓名》"字样，表示插入成功。

在邮件合并过程中，也可以对插入的域设置规则。此例需要对"性别"域进行判断，显示出"（先生）"或"（女士）"字样。

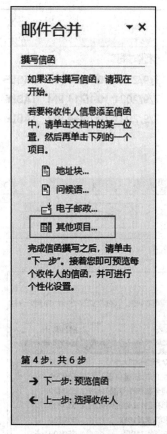

图5.6.4　撰写信函

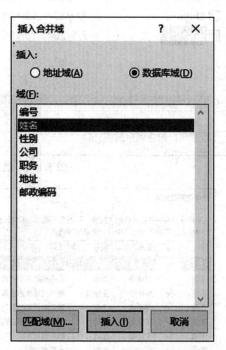

图5.6.5　"插入合并域"对话框

操作方法：在"邮件"选项卡的"编写和插入域"组中，单击"规则"按钮，在下拉列表中选择"如果…那么…否则"命令，弹出"插入Word域：IF"对话框，如图5.6.6所示，输入判断规则后，单击"确定"按钮。这时，主文档光标位置处显示出插入的内容，如图5.6.7所示。当把需要的域插入完成后，单击"下一步：预览信函"按钮。

第5步：预览信函。可以查看所有插入域的具体值，并通过左、右方向键预览所有信函，确认无误后，单击"下一步：完成合并"按钮。

第6步：完成合并。在"合并"区域中，用户可以选择直接"打印"合并文档，也可以选择"编辑单个信函"合并到新文档。

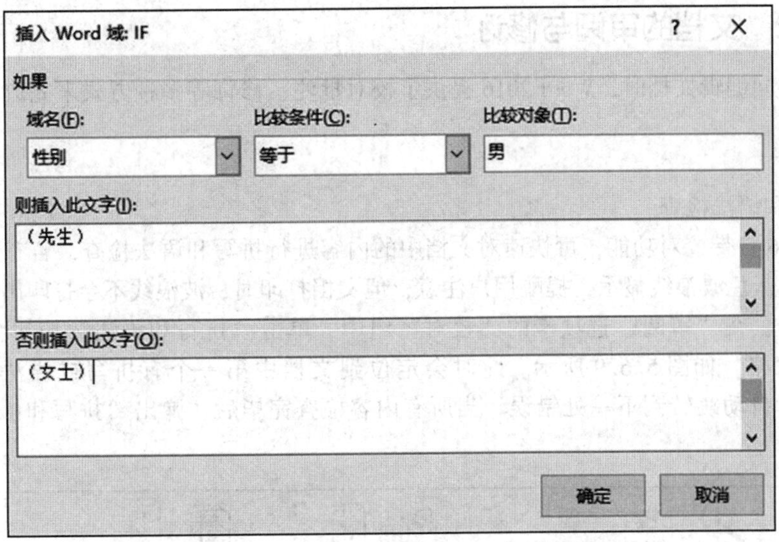

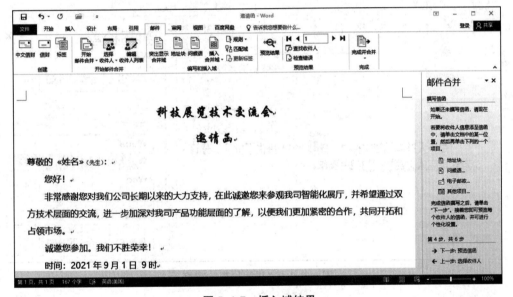

图 5.6.6　"插入 Word 域：IF"对话框

图 5.6.7　插入域结果

操作方法：单击"编辑单个信函"按钮后，弹出"合并到新文档"对话框，如图 5.6.8 所示，在"合并记录"选项区域中选中"全部"单选按钮，单击"确定"按钮。

此时，系统会自动新建一个 Word 文档，为数据源文件中的每个人生成一份主文档中的邀请函，完成邮件合并。

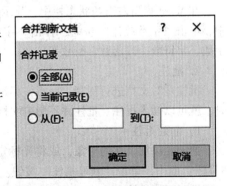

图 5.6.8　"合并到新文档"对话框

邮件合并的使用

5.6.2　文档的审阅与修订

当多人共同编辑文档时，Word 2016 提供了校对批注、修订等多种方式来完成文档审阅的相关操作。

1. 校对

1）拼写和语法检查

Word 2016 自带校对功能，可快速对文档中的内容进行拼写和语法检查，若有错误，则字词下方以红色或蓝色波浪线显示，提醒用户注意，但文档打印时，波浪线不会打印出来。

操作方法：在"审阅"选项卡的"校对"组中，单击"拼写和语法"按钮，打开"拼写检查"任务窗格，如图 5.6.9 所示。此时会定位到文档中第一个有拼写或语法错误的地方，进行更正后，自动跳转到下一处错误。当所有内容检查完毕后，弹出"拼写和语法检查完成"提示框。

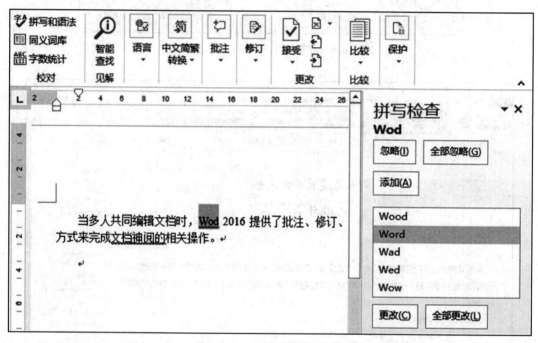

图 5.6.9　"拼写检查"窗格

2）字数统计

在 Word 窗口左下角状态栏中，显示文档的当前字数。也可在"审阅"选项卡的"校对"组中，单击"字数统计"按钮，弹出"字数统计"对话框，通过字数统计信息查看文档的页数、字数、字符数、段落数、行数等。

2. 批注

批注是对文档进行注释，由批注标记、连线和批注框构成。当需要对文档内容进行附加说明时，就可以插入批注。批注并不影响文档的格式，且不会随文档一同打印。

1）新建批注

选定要添加批注的对象，或将光标定位于需要添加批注内容的后面。在"审阅"选项卡的"批注"组中，单击"新建批注"按钮。这时，在文档右侧会出现批注框，在批注框中输入批注内容即可新建批注。

2）查找批注

在阅读有批注的文档时，如果需要逐条查找批注，则可单击"批注"组中的"上一条"或"下一条"按钮进行查找。

3）删除批注

当需要删除某条批注时，可选中该批注，在"审阅"选项卡的"批注"组中，单击"删除"按钮。也可右击要删除的批注，在弹出的快捷菜单中选择"删除批注"命令即可。

3. 修订

启动修订功能后，Word 会跟踪文档中所有内容的变化情况，同时会对文档的修改、删除、插入等编辑进行标记，方便原作者查看修订的具体内容。

1）启动修订

在"审阅"选项卡的"修订"组中，单击"修订"按钮进入修订状态，这时对文档内容进行更改后（如插入、删除等），在文档中会留下修订的标记。

2）设置修订

（1）设置修订状态：在"审阅"选项卡的"修订"组中，单击"修订状态"按钮，在下拉列表中可以选择一种查看文档修订的方式。若需查看文档的所有修订信息，则可以选择"所有标记"，如图 5.6.10 所示。

（2）设置显示标记：在"审阅"选项卡的"修订"组中，单击"显示标记"按钮，在下拉列表中可以设置显示的修订标记及修订标记显示的方式。

（3）设置修订选项：在"审阅"选项卡的"修订"组中，单击右下角的"对话框启动器"按钮，弹出"修订选项"对话框，如图 5.6.11 所示。在该对话框中可以设置显示标记；单击"高级选项"按钮，可以设置修订内容的显示情况；单击"更改用户名"按钮，可以更改修订者名称。

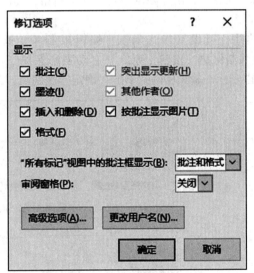

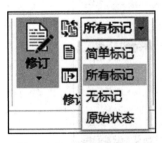

图 5.6.10　设置修订状态　　　　图 5.6.11　"修订选项"对话框

3）退出修订

启动修订后，在"审阅"选项卡的"修订"组中，再次单击"修订"按钮，则退出文档的修订状态。

4）审阅修订

文档内容修订完成后，一般原作者还要对文档的修订内容进行最后的审阅，并形成最终文档。

操作方法：在"审阅"选项卡的"更改"组中，单击"上一条"或"下一条"按钮即可顺序查找文档中的修订内容；或单击"修订"组中的"审阅窗格"按钮，在列表中显示出文档中的所有修订。选中修订内容后，单击"更改"组中的"接受"或"拒绝"按钮，选择接受或拒绝对文档的更改，直到文档中所有的修订内容审阅完毕。

5.6.3 保护文档

1. 标记文档为最终状态

当文档完成编辑，确定是最终版本时，可以将其标记为最终状态，并将文档设置为只读，禁用相关编辑命令。

操作方法：单击"文件"按钮，在出现的选项组中选择"信息"选项，单击"保护文档"按钮，在打开的选项列表中选择"标记为最终状态"，完成设置，此时文档不再允许修改。

2. 限制文档编辑

对于一些重要的文档，为了防止他人对文档进行修改，可限制文档的编辑。

操作方法：在"审阅"选项卡的"保护"组中，单击"限制编辑"按钮，弹出"限制编辑"任务窗格，如图 5.6.12 所示。

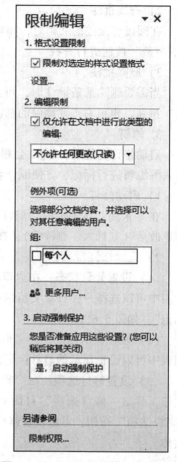

图 5.6.12 "限制编辑"任务窗格

在窗格中，可设置格式限制、编辑限制等，最后单击"是，启动强制保护"按钮，弹出"启动强制保护"对话框，如图 5.6.13 所示，输入密码并单击"确定"按钮后，开启限制。

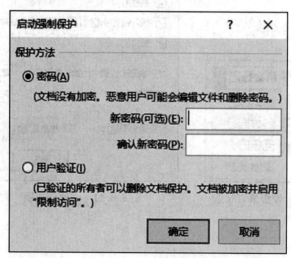

图 5.6.13 "启动强制保护"对话框

当用户需要对文档进行编辑时，可取消文档的保护。在"限制编辑"任务窗格中单击"停止保护"按钮，在弹出的"取消保护文档"对话框中输入密码即可。

3. 文档加密

当文档属于机密文件时，为防止被他人打开，可对文档进行加密保护。

操作方法：单击"文件"按钮，在出现的选项组中选择"信息"选项，单击"保护文档"按钮，在打开的选项列表中选择"用密码进行加密"选项，弹出"加密文档"对话框，如图 5.6.14 所示。

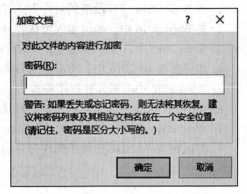

在"密码"文本框中输入密码，单击"确定"按钮后，会弹出"确认密码"对话框，在"重新输入密码"文本框中再次输入设置的密码，单击"确定"按钮。注意：密码设置成功后，如果遗忘密码，则文档将无法打开。

若要删除密码，再次打开"加密文档"对话框，删除"密码"文本框中的内容，单击"确定"按钮即可。

图 5.6.14 "加密文档"对话框

5.6.4 打印文档

在打印 Word 文档前，需要先对打印的文档内容进行设置。可以使用打印预览功能，及时发现文档中的排版错误。

操作方法：单击"文件"按钮，在出现的选项组中选择"打印"选项，在左侧窗格中可以对打印机和页面设置进行选择，在右侧窗格中可以查看打印预览效果，如图 5.6.15 所示。

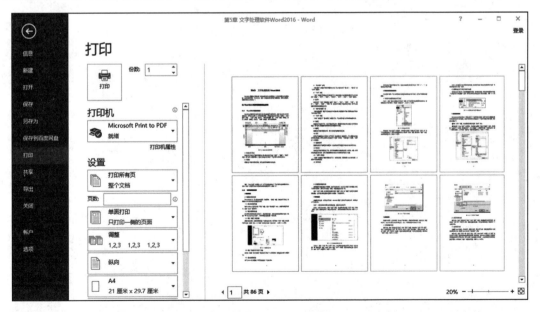

图 5.6.15 打印预览效果

思考题

1. 在 Word 2016 中，段落的对齐方式有哪些？
2. 在 Word 2016 中，如何输入特殊符号？
3. Word 2016 中，分节符和分页符有什么区别？
4. 如何在 Word 2016 中，将所选的对象保存到文档部件库？
5. Word 2016 中有哪几种视图模式？
6. 在 Word 2016 中，如何制作文档目录？
7. Word 2016 中脚注和尾注的区别是什么？
8. 简述在 Word 2016 中使用邮件合并的操作步骤。

第6章

电子表格软件 Excel 2016

Excel 2016 是 Microsoft 于 2015 年 3 月发布的一款为 Windows 和 Apple Macintosh 操作系统编写的电子表格数据处理软件。该软件有强大的数据输入、统计分析、决策辅助、数据结果透视等功能。本章将对 Excel 2016 的表格创建、格式编辑、数据输入、公式和函数使用、数据分析和处理等操作做出详细介绍。

6.1 Excel 2016 的基本操作

6.1.1 Excel 2016 基本术语

Excel 2016 和 Word 2016 在窗口组成、格式设定、编辑操作等方面有很多相似之处。但由于各软件的使用在使用领域上有较大区别，因此在操作界面上 Excel 2016 与其他软件相比也有自己较为独特的术语。

Excel 2016 操作界面由单元格组成工作表，工作表又构成了工作簿，操作界面如图 6.1.1 所示。

图 6.1.1　Excel 2016 操作界面

1. 工作簿

每一个 Excel 文件就是一个工作簿，扩展名为 ".xlsx"。工作簿的名称显示在操作界面最上方，是操作系统对电子表格进行存储并处理的基本单位，工作簿由若干个工作表组成，最多可包含工作表 255 个。

2. 工作表

工作表是处理数据的重要组成部分，由行和列组成并显示在工作簿窗口上，新建工作簿时会默认新建 1 个工作表，工作表的名称显示在工作表标签上，默认用 "Sheet1" "Sheet2" ……表示，可根据实际情况对工作表标签进行新建、复制、删除、移动、重命名、修改颜色、隐藏等操作。

工作表还可以通过选择进行批量格式化，选择方式有单选、挑选（使用〈Ctrl〉键）、连续多选（使用〈Shift〉键）、全选（使用组合键〈Ctrl+A〉）等。

3. 列号

表格中每列上方的大写英文字母为表格每列的列号，表示为 "第 A 列" "第 B 列" ……

4. 行号

表格中每行左侧的阿拉伯数字为表格每行的行号，表示为 "第 1 行" "第 2 行" ……

5. 单元格

工作表的最基本元素为单元格，由横线和竖线交叉组成。工作表中单元格有可以相互区别的标识符，称为 "单元格地址"，每个单元格的标识符是唯一的，由列号和行号组成，如 "C7" 表示的是第 C 列和第 7 行交叉形成的单元格。

当对连续单元格进行选取操作时，会出现以冒号 ":" 为分隔符的单元格表示方法，冒号左边表示的是起始单元格地址，冒号右边表示的是结束单元格地址，如选取的是 A1 到 F12 之间的连续区域单元格时，表示方式为 "A1：F12"。单元格的操作也可选取不连续区域，在选取的同时按〈Ctrl〉键即可。

单元格被选取后，在选取区域外框会出现黑色加粗边框，此时该区域处于可编辑状态，称为 "活动单元格"。

6. 名称框

名称框通常用于显示当前 "活动单元格" 的地址、名称或对单元格进行命名操作。

7. 编辑栏

编辑栏可用于对单元格进行函数、公式等的输入或对单元格内容进行编辑修改。

6.1.2 数据输入和编辑

Excel 2016 中可输入或运算的数据类型繁多，常用类型有 "数值" 型、"货币" 型、"会计专用" 型、"日期" 型、"时间" 型、"分数" 型、"文本" 型等。用户可在输入数据时对不同的数据类型采用不同的输入方式，也可通过 "设置单元格格式" 对话框对数据进行类型编辑。对于数据类型的编辑，用户既可以在输入数据前也可以在输入数据后进行。

1. 数据输入

在 Excel 2016 工作表中单击需要输入数据的单元格，借助键盘或利用 "复制" 及 "粘贴" 操作可完成数据的具体输入。下面介绍 4 种常用类型的数据输入方法。

1）数值型

数值型数据分为正数和负数，当输入数据为正数时选中相应单元格后直接输入数据即可；负数在输入时可以在负数之前输入负号 "－" 或者将该数放置在括号 "（ ）" 中。

如果需对输入的数值数据进行小数位数调整，则可在 "数字" 组中单击 "增加小数位数"

按钮或"减少小数位数"按钮进行调节。

在 Excel 2016 中，数值数据可以显示的有效位数为 11 位，超过 11 位则系统自动显示为科学计数法。在存储数值数据时的最大精确位数为 15 位，对于超过 15 位的数值数据，Excel 2016 会自动将 15 位以后的整数变为"0"并将超过 15 位以后的小数自动截去，因此超过 15 位的数值数据在计算时无法精确处理。

2）日期型

在 Excel 电子表格中，日期型数据分为长日期型和短日期型两种，长日期型数据格式为"××××年××月××日"，短日期型数据格式为"××××年×月×日"，在设置格式时可通过"数字"组中"数字格式"下拉列表进行调整。

若需要快速输入当前系统时间，可通过组合键〈Ctrl+Shift+;〉输入；若需要快速输入当前系统日期，可通过组合键〈Ctrl +;〉输入。

如果在输入数值型和日期型文本时单元格中出现"#"，则表示数据长度超出了列宽的显示范围，此时无须修改数据，只需要适当调整单元格列宽即可。

3）分数型

分数可分为真分数和假分数，对于不同类型的分数在使用键盘进行数据输入时，方法也略有不同。

（1）在输入真分数时按"0+空格+分数"的形式输入，如输入"0 1/4"，则输出结果为 1/4。

（2）在输入假分数时按"整数位+空格+分数"的形式输入，如输入"3 1/4"，则输出结果为 13/4。

4）文本型

在单元格中输入数据，如果数据以"0"开头或数据位数超过 11 位，则数据无法正常显示。为了准确地显示数据，则在输入数据时可在数据的前面输入西文单引号"'"，然后输入具体数据，输入完成后在单元格的左上角会出现一个小三角，标志该单元格中数据为文本型数据。

在计算过程中会遇到文本型数据计算结果不正确的情况，此时需要对数据类型进行转换。单击文本型数据的小三角，在出现的浮动下拉列表中选择"转换为数字"选项，如图 6.1.2 所示，即可完成转换。

图 6.1.2　"转换为数字"选项

用户除了可以利用以上介绍的几种方式来输入数据外，也可利用"开始"选项卡的"数字"组或"设置单元格格式"对话框，如图 6.1.3 所示，进行数据类型设置，设置完成后直接输入数据即可。

2. 数据填充

在电子表格中输入数据时，用户经常需要输入一些规律性数据，如等差序列、等比序列等。此时，使用数据填充功能可以在用户工作量得以减少的同时保证数据的准确性。

1）"填充"命令

对于日期型、数值型规律性数据可在功能栏中使用"填充"命令来进行数据填充，具体步骤如下。

第 1 步：选中需要填充单元格区域的起始单元格。

第 2 步：在"开始"选项卡的"编辑"组中单击"填充"按钮，在下拉列表中选择"序列"命令，弹出"序列"对话框。

第 3 步：在对话框中设置填充方向，如在"序列产生在"区域中选中"列"单选按钮；设

图 6.1.3　"设置单元格格式"对话框

置填充规律类型，如在"类型"区域中选中"等差序列"单选按钮；填写"步长值""终止值"等，如图 6.1.4 所示。

　　第 4 步：设置完成后，单击"确定"按钮。

　　注意事项：文本型数据使用"填充"命令填充无效。

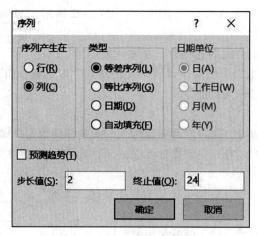

图 6.1.4　"序列"对话框

2）填充柄

将光标定位于所选单元格区域的右下角，光标成为实心黑色"+"时，称其为"填充柄"，具体步骤如下。

第 1 步：在填充区域起始单元格中输入第 1 个数据，在第 2 个单元格中输入第 2 个数据（目的是让系统识别填充规律）。

第 2 步：启用填充柄。

第 3 步：按住鼠标左键，根据填充方向拖动填充柄。

第 4 步：松开鼠标左键，结束填充。

第 5 步：填充区域右下角出现"自动填充选项"按钮，用户可以单击该按钮，在弹出的下拉列表中选择填充方式并完成填充。

3）"快速填充"按钮

选中已填入数据值的单元格，在"数据"选项卡的"数据工具"组中单击"快速填充"按钮，系统会参照活动单元格的左（或右）列的填写情况对活动单元格所在数据列进行自动填充。

4）填充相同数据

选定连续区域，并在此连续区域的起始单元格中输入数据，使用组合键〈Ctrl+Enter〉可以将输入的数据快速填入连续区域中的每一个单元格。

注意事项：先输入数据再选择区域则填充无效。

5）"自定义序列"填充

在填充数据时，会遇到填充规律在系统中没有预设的情况，为了减少输入量，用户可通过"自定义序列"来进行设置，具体步骤如下。

第 1 步：单击"文件"按钮，在出现的选项组中单击"选项"按钮。

第 2 步：在"Excel 选项"对话框中，选择"高级"选项。

第 3 步：在对话框右侧界面选择"常规"选项区域。

第 4 步：单击"编辑自定义列表"按钮，弹出"自定义序列"对话框。

第 5 步：在对话框右侧"输入序列"文本框中输入需要填充序列的每一个项目，项目之间使用〈Enter〉键分隔，如图 6.1.5 所示。

第 6 步：输入完成后，单击"添加"按钮，并在"自定义序列"区域中检查项目是否添加正确。

第 7 步：设置完成后，单击"确定"按钮。

在设置"自定义序列"时，用户也可先在连续单元格中输入需要填充序列的每一个项目并选中单元格，然后使用"自定义序列"对话框中的"导入"按钮，进行填充项目的导入。

3. 数据验证性设置

在工作表默认情况下，可对单元格进行任意数据的输入，有些特殊情况中用户需要控制数据的类型、格式、长度、范围等。为了避免数据输入时有误，可以针对这些需要特殊输入的单元格进行数据有效性设置，下面将介绍两种进行数据有效范围设置的方法。

1）自定义输入数据

用户输入的数据范围比较广时，可通过设置输入数据的上界和下界来控制数据的输入有效性，当输入的数据不在设置范围之内时，系统弹出对话框进行提醒。

【例 6.1】请限定单元格中数据为 60~100 的整数。

解：

第 1 步：选择需要进行数据有效性控制的单元格区域。

第 2 步：在"数据"选项卡的"数据工具"组中，单击"数据验证"按钮，弹出下拉列表，在下拉列表中选择"数据验证"命令，弹出"数据验证"对话框。

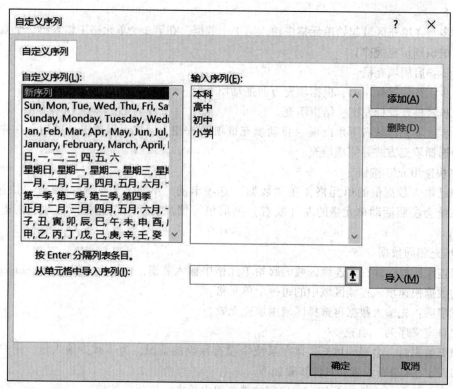

图 6.1.5 "自定义序列" 对话框

第 3 步：在对话框 "验证条件" 区域的 "允许" 下拉列表中选择 "整数" 选项，"数据" 下拉列表中选择 "介于" 选项，填入 "最小值" 为 "60"，"最大值" 为 "100"，如图 6.1.6 所示。

第 4 步：设置完成后，单击 "确定" 按钮。

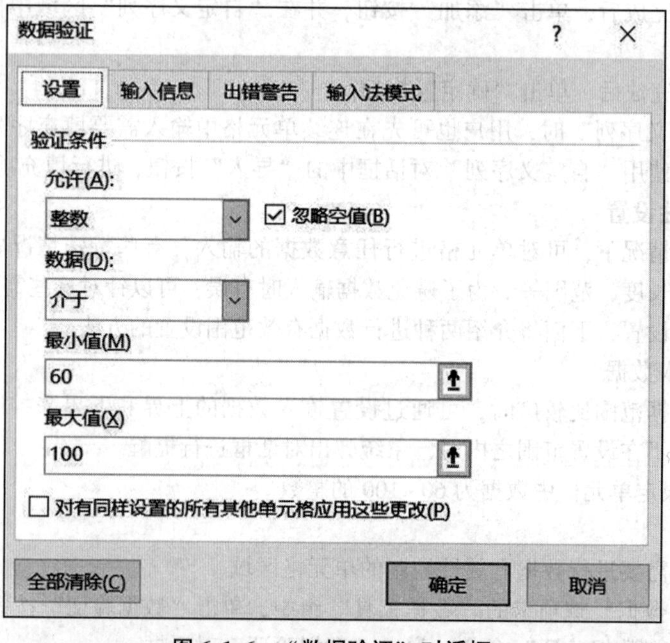

图 6.1.6 "数据验证" 对话框

2）列表数据输入

数据表格需要被多人填写时会出现填写内容与要求不一致的情况，为了减少填写错误可以在单元格中设置下拉列表，用户在输入数据时可在下拉列表中直接对输入内容进行选择。下面以填写学位为例，介绍数据验证设置。

第 1 步：选择需要进行数据有效性控制的单元格区域。

第 2 步：在"数据"选项卡的"数据工具"组中，单击"数据验证"按钮，弹出下拉列表中，在下拉列表中选择"数据验证"命令，弹出"数据验证"对话框。

第 3 步：在对话框"有效性条件"区域的"允许"下拉列表中选择"序列"命令。

第 4 步：在"来源"文本框中输入需要限制输入的项目（如学位的项目为"博士""硕士""学士"）。

注意事项：项目和项目之间要用西文逗号","隔开。在对话框中，用户要确认勾选"提供下拉箭头"复选按钮，否则下拉箭头在单元格中将无法显现。

第 5 步：设置完成后，单击"确定"按钮。

在进行数据验证的单元格中，单击后可以看到下拉箭头，单击下拉箭头，出现项目下拉列表，如图 6.1.7 所示，用户只需选择所需项目即可。

当输入数据出错时，系统可以提供警告提示。在"数据验证"对话框中切换至"出错警告"选项卡，如图 6.1.8 所示，在选项卡中可以选择的警告样式有 3 种：停止、警告、信息。除此之外用户还可以填写"标题""错误信息"文本框，按照实际需求完成提示设置。

图 6.1.7　"学位"下拉列表　　　图 6.1.8　"出错警告"选项卡

对于已经输入的数据验证也可以通过"圈释无效数据"命令来进行数据范围控制。当数据不符合数据验证设定时，系统会将该数据以红色椭圆圈出以提醒用户该数据错误，数据一旦修改到符合设定范围，红色椭圆自动消失，表示数据符合用户要求。

4. 数据修改

对单元格中数据进行修改时可以直接单击单元格进行修改，也可单击单元格后使用编辑栏对数据内容进行修改。

5. 数据清除内容

数据"清除内容"操作与"删除"操作不同，"删除"是指将数据所在单元格直接删除，而"清除内容"指删除单元格中的数据但保留之前对单元格的格式设置，下面介绍两种操作方法。

（1）选定需要清除数据的单元格区域，右击，在弹出的快捷菜单中选择"清除内容"命令，完成对单元格数据的清除。

（2）选定需要清除数据的单元格区域，按〈Del〉键，完成对单元格数据及格式设置的清除。

6.2 Excel 2016 电子表格的格式化

电子表格的格式化是指通过相关操作对单元格、工作表的位置、颜色、格式、内容等排版方面进行一些设置，让电子表格美观、整洁、规范、数据更有可读性。

6.2.1 操作对象的选取

1. 单元格对象选取

在对单元格或工作表等进行格式化之前，用户需要先准确选取操作对象，具体选取方式如表6.2.1所示。

表 6.2.1 单元格或工作表选取方法

选定内容	操作方法
单个单元格	单击单元格
不连续区域单元格	按〈Ctrl〉键单击单元格
连续区域单元格	方法1：选定起始单元格，按〈Shift〉键，选定结束单元格
	方法2：按〈Shift+方向键〉以扩展选定区域
整行（列）	单击行号（列号）
整个工作表	方法1：单击行号和列号相交处的全选按钮
	方法2：在空白区域使用组合键〈Ctrl+A〉
有数据的区域	方法1：按〈Ctrl+方向键〉可将光标移动到当前数据区域的边缘
	方法2：按组合键〈Ctrl+Shift+ * 〉，选择当前连续区域
	方法3：按〈Ctrl+Shift+方向键〉可将选择范围扩大到活动单元格所在列（或行）中的最后一个非空单元格

2. "查找和选择"按钮

在工作表中通常需要插入某些对象，如图片、形状、公式、批注等，可通过"查找和选择"按钮选择这些对象进行操作。

1）批量选择

在工作表中如果插入了大量的相同类型对象，则需要对这些对象进行统一设置，可以针对同类对象进行批量选择。

在"开始"选项卡的"编辑"组中单击"查找和选择"按钮，在弹出的下拉列表中，根据需要批量选择的对象单击相对应的选项即可完成操作。

　　2）"选择"窗格

　　利用"选择"窗格可以完整地查看在工作表中插入的所有对象，并可以在窗格中调整对象的顺序，更改对象的可见性。

　　在"开始"选项卡的"编辑"组中单击"查找和选择"按钮，在下拉列表中选择"选择窗格"命令，在弹出的"选择"窗格中调整对象的顺序和可见性，如图 6.2.1 所示。

图 6.2.1　"选择"窗格界面

6.2.2　单元格格式化

1. 单元格复制、粘贴和剪切

Excel 电子表格中单元格数据的复制、粘贴操作与 Word 文档的操作方式一致，选中需要进行操作的对象后可通过组合键〈Ctrl+C〉进行复制，通过组合键〈Ctrl+V〉进行粘贴，通过组合键〈Ctrl+X〉进行剪切，通过组合键〈Alt+Ctrl+V〉进行选择性粘贴。

2. 边框和底纹

为了让数据表清晰明了，通常在制作表格时需要对表格的边框类型、边框颜色、单元格底色等进行设置，设置方式主要有以下两种。

（1）在"开始"选项卡的"字体"组中单击"下框线"按钮，在弹出的下拉列表中，用户可以选择边框类型，也可根据表格设计绘制边框。

（2）在"开始"选项卡的"字体"组中单击右下角的"对话框启动器"按钮，弹出"设置单元格格式"对话框，如图 6.2.2 所示，切换至"边框"选项卡对单元格边框类型等进行设置，切换至"填充"选项卡对单元格底色等进行设置。

3. 单元格对齐方式

在前文中提到电子表格数据分为多种类型，不同类型的数据在输入时默认的对齐方式是不一样的。例如：文本型数据为左对齐，数值型数据为右对齐。Excel 电子表格中对齐方式分为"水平对齐"和"垂直对齐"，为了使数据格式统一协调，用户可以在"开始"选项卡的"对齐方式"组中设置对齐方式。

在输入数据时会有因数据太长无法在有限列宽的单元格中完全显示的情况，用户可在"对齐方式"组中单击"自动换行"按钮来使数据完全显示，也可使用组合键〈Alt+Enter〉进行强制换行。

4. 合并单元格

在"开始"选项卡的"对齐方式"组中单击"合并后居中"按钮，可以将多个单元格合并为一个较大的单元格并将合并内容居中，以合并前单元格区域的起始单元格地址作为合并后的单元格地址。

5. "清除"按钮

"清除"按钮是在"开始"选项卡的"编辑"组中的一个命令按钮，该按钮可以单独针对单元格的格式、内容或超链接等某一部分进行清除而不影响单元格的其他部分。

6. 单元格样式

Excel 2016 提供了丰富的单元格格式编排功能，其中"单元格样式"命令是将各单元格的格式特征进行预设，快速让单元格显示出有特色的样式。

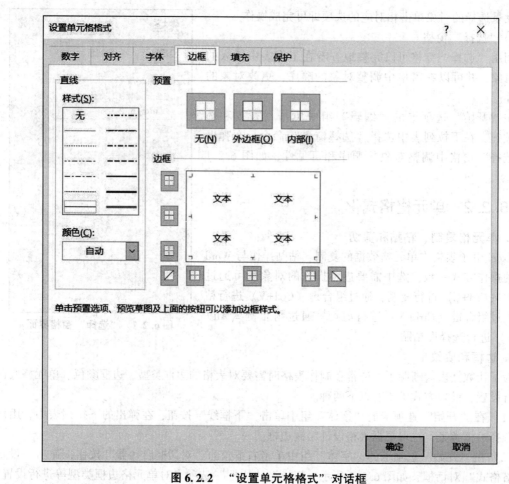

图 6.2.2　"设置单元格格式"对话框

选定需要进行格式设置的单元格，在"开始"选项卡的"样式"组中单击"单元格样式"按钮，在样式库中有"好、差和适中""数据和模型""标题""主题单元格样式""数字格式"等分类供选择，除此之外，用户还可新建样式用于单元格，也可将多个单元格样式进行合并。

6.2.3　工作表格式化

工作表格式化是针对工作表的外观进行的一系列设置，其目的是让工作表整体统一、协调、美观。

1. 行（列）格式设置

1）行（列）的插入和删除

行（列）的插入和删除是单元格格式化最常见的设置之一，通过简单的操作即可完成，有以下两种操作方式。

（1）将光标放在行号（列号）外右击，在弹出的快捷菜单中选择需要进行的操作即可。

（2）在"开始"选项卡的"单元格"组中根据要进行的操作，选择单击"插入"按钮或单击"删除"按钮。

2）调整行高（列宽）

（1）在"开始"选项卡的"单元格"组中，单击"格式"按钮，在弹出的下拉列表中选择相应操作，并在弹出的对话框中填入适当的值，如图 6.2.3 所示。

（2）在"页码布局"选项卡的"调整为合适大小"组中选择相应操作，并在文本框中输入合适值。

（3）将光标移至行号或列号的间隔线处，当光标变为上下箭头或左右箭头时，通过拖动光标来调整行高或列宽。

2. "套用表格格式"命令

套用表格格式是指将预先设置好的表格样式自动套用在工作表的某部分区域。样式分为"自定义""浅色""中等深浅"和"深色"4类，用户可根据实际情况选择或者新建表格样式，样式建好后会自动存入"自定义"分类中，下次使用直接单击调用即可。

（1）选择表格样式方法：选定需要进行格式设置的对象，在"样式"组中单击"套用表格格式"按钮，在样式库中，选择合适的样式，弹出"创建表"对话框，根据表格实际情况勾选"表数据的来源"区域中的"表包含标题"复选按钮，单击"确定"按钮。

（2）新建表格样式方法：选定需要进行格式设置的对象，在"样式"组中单击"套用表格格式"按钮，在样式库中，选择"新建表格样式"选项，并在弹出的"新建表样式"对话框中单击"格式"按钮对格式进行设置，在"名称"文本框中输入新建表格样式名称后，单击"确定"按钮，如图 6.2.4 所示。

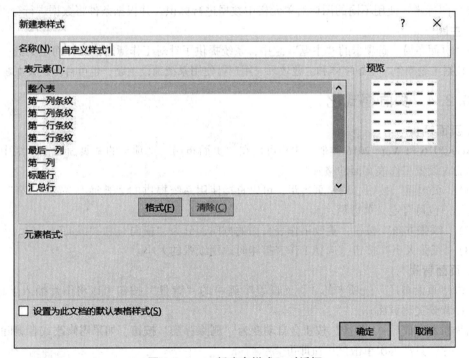

图 6.2.4　"新建表样式"对话框

套用表格格式后，选中的数据区域会成为表格。表格区域是一个独立整体，系统会自动以区域起始单元格地址为名为该区域命名，并在系统选项卡上出现"表格工具—设计"选项卡，在选项卡中可以查看表格的属性并且可以利用各按钮对该表格进行其他设置，如图 6.2.5 所示。

图 6.2.5　"表格工具—设计"选项卡

3. 条件格式

当数据满足某些条件时，"条件格式"按钮可以帮助用户快速对满足设定条件的单元格进行特殊格式设置。

Excel 2016 提供了 5 类条件格式类型：突出显示单元格规则、项目选取规则、数据条、色阶、图标集。

选定需要进行格式设置的单元格，单击"条件格式"按钮，在下拉列表中选择相应命令进行操作。

（1）突出显示单元格规则：基于比较运算结果进行格式设置。所选的单元格中符合条件的以特殊格式进行显示。

（2）项目选取规则：基于数据大小进行设置。所选的单元格中选取某一项或几项数据，并以特殊格式进行显示。

（3）数据条：基于数据大小进行设置。所选的单元格中以数据条的长度显示单元格值的大小，单元格值越大，数据条越长。

（4）色阶：基于数据大小进行设置。所选的单元格中以颜色的深浅显示单元格值的大小，单元格值越大，颜色越深。

（5）图标集：使用不同的图标对单元格中数据进行标识，并根据条件将数据进行分类。

4. 主题

在"页面布局"选项卡的"主题"组中，系统提供了针对工作簿总体设计而定义的一套格式选项，包括主题颜色、主题字体和主题效果。用户可使用系统预设主题，也可自行定义主题。

6.2.4 页面格式化

1. 页面调整

Excel 2016 和 Word 2016 类似，用户可以在"页面布局"选项卡的"页面设置"组中，针对不同的需求设置工作表页面的格式。

（1）"页边距"按钮：调整页边距，可以直接使用系统提供的"普通""宽""窄"等不同类型，用户也可自定义页边距。

（2）"纸张方向"按钮：更改工作表页面的方向，分为"横向"和"纵向"。

（3）"纸张大小"按钮：选择工作表打印时适用纸张的大小。

2. 页面背景

单击"页面布局"选项卡的"页面设置"组中的"背景"按钮可以将图片插入工作表中，作为页面背景美化页面。

图片插入完成后，"背景"按钮会自动变为"删除背景"按钮，如果需修改或者删除已插入的背景图片，只需再次单击该按钮即可。

3. 页眉和页脚

在工作表中如果需在页面的顶端或底端展示页码、当前日期、工作表名等信息，则需要插入页眉和页脚。下面将详细介绍两种页眉和页脚的插入方法。

（1）单击"页面布局"选项卡的"页面设置"组中右下角的"对话框启动器"按钮，弹出"页面设置"对话框，在对话框中切换至"页眉/页脚"选项卡，如图 6.2.6 所示。

根据格式需求，单击"自定义页眉"按钮或"自定义页脚"按钮，"页眉"对话框如图 6.2.7 所示，在对话框中进行相应设置。

（2）单击"插入"选项卡的"文本"组中"页眉和页脚"按钮，系统自动跳转至"页面布局"视图，在"页眉和页脚工具—设计"选项卡中可对页眉和页脚进行设置。

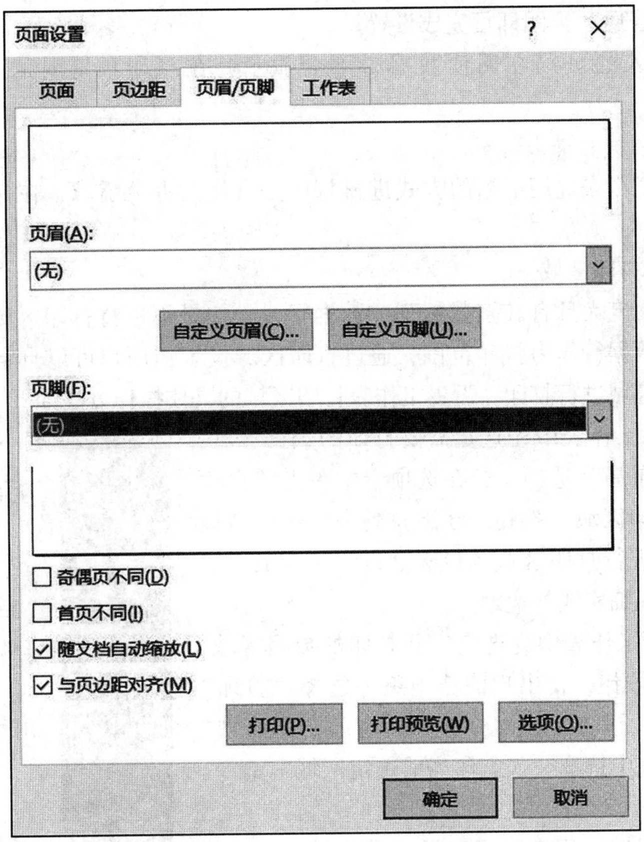

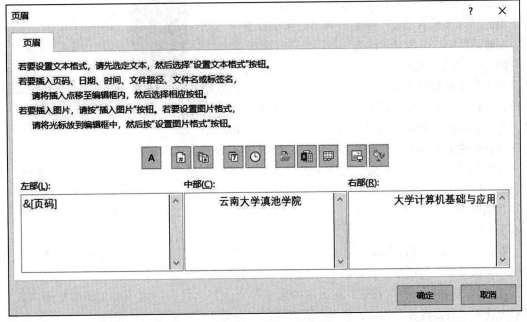

图 6.2.6　"页面设置"对话框

图 6.2.7　"页眉"对话框

设置完成后，先单击工作表中任意单元格，再在"视图"选项卡的"工作簿视图"组中将视图模式切换为"普通"视图即可完成设置。

注意事项：插入的页码在阅读数据时不会显示，在打印预览时的页眉或页脚中才能看到。

4. 打印工作表

将制作完成的工作表选用适当的方式进行打印是常用的办公需求，在打印前通常需要进行以下两种格式设置。

1）设置工作表打印区域

当电子表格较为庞大且有较多数据列或数据行时，如果不进行打印区域设置，则系统会默认将所有数据列和数据行作为打印范围，通过打印区域设置，用户可以自定义需要输出的区域而不用将所有数据区域进行打印。设置工作表打印区域的具体操作方法如下。

方法1：在活动工作表中先选定需要打印的数据区域，然后切换至"页面布局"选项卡，在选项卡中单击"页面设置"组中的"打印区域"按钮。在下拉列表中选择"设置打印区域"命令进行打印区域的设置，设置完成后，选定的数据区域会出现细实线外边框。

方法2：在活动工作表中先选定需要打印的数据区域，然后单击"文件"按钮，在出现的选项组中选择"打印"选项。在界面左侧"设置"区域中选择"打印选定区域"选项，并在下拉列表中选择"仅打印当前选定区域"命令，如图6.2.8所示。

在进行打印设置时，用户也可以根据需要打印活动工作表，或打印整个工作簿。

方法3：单击"页面布局"选项卡"页面设置"组中右下角的"对话框启动器"按钮，弹出"页面设置"对话框，在对话框中切换至"工作表"选项卡进行设置。

2）设置打印标题

当工作表页数有多页并需要打印时，系统不会将数据表的标题打印在每一个页面上，这就影响了数据表的可读性，为了让用户在阅读数据时一目了然，我们需要在打印

图 6.2.8　选定打印区域

之前对多页的工作表进行打印标题的设置。设置打印标题的具体操作方法如下。

方法1：单击"页面布局"选项卡的"页面设置"组中的"打印标题"按钮，在弹出的"页面设置"对话框中，切换至"工作表"选项卡。在"打印标题"区域中，根据打印要求，在"顶端标题行"文本框（或"左端标题列"文本框）中输入需要重复的标题区域，如图6.2.9所示。

方法2：单击"页面布局"选项卡的"页面设置"组中右下角的"对话框启动器"按钮，弹出"页面设置"对话框，在对话中切换至"工作表"选项卡进行设置。

方法3：单击"文件"按钮，在出现的选项组中选择"打印"选项。在界面左侧"设置"区域中选择"页面设置"选项，弹出"页面设置"对话框，在对话框中切换至"工作表"选项卡进行设置。

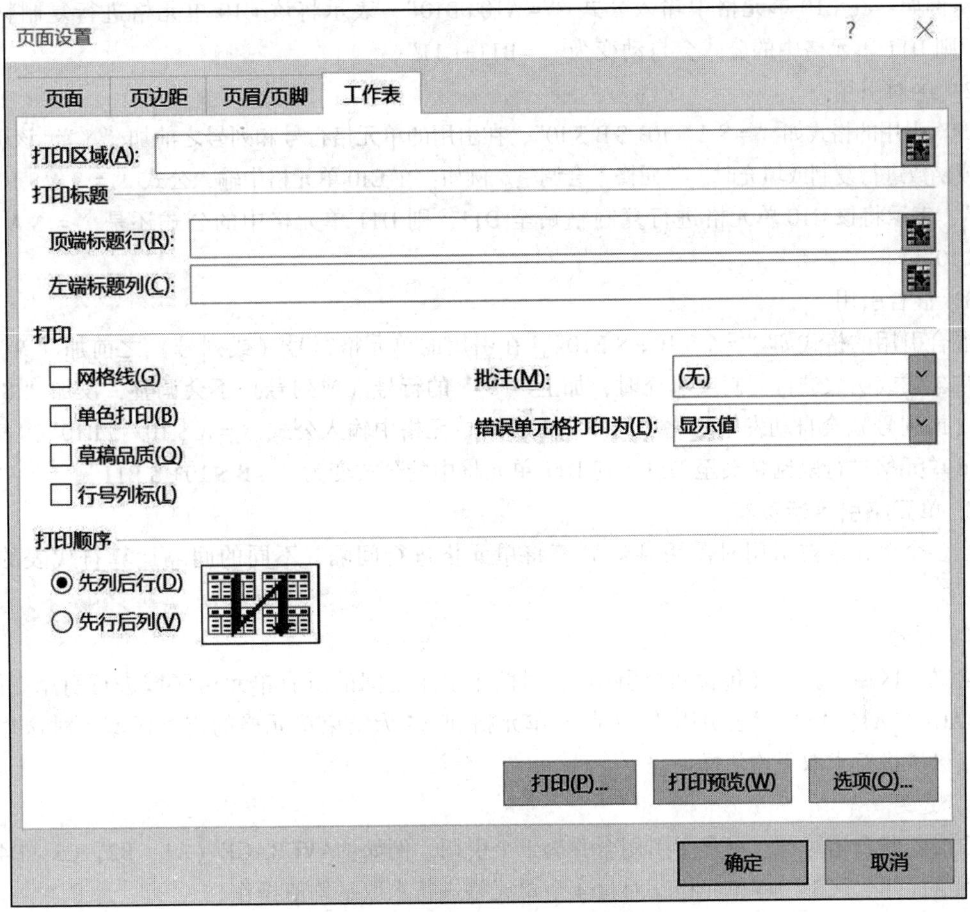

图 6.2.9　选择需要重复的标题区域

6.3　公式与函数

6.3.1　单元格引用

1. 单元格引用概念

Excel 2016 的单元格地址由列号和行号组成（如 A1，D17）。单元格引用是指在表格计算时不直接使用单元格中的具体值而是使用单元格地址来进行替代的方式，如在单元格中可以利用单元格引用填写公式"＝A2+B3"，表示将 A2 单元格中的具体数值与 B3 单元格中的具体数值进行相加计算。

2. 单元格引用分类

使用不同类型的单元格引用方式，在进行单元格填充或复制时会使单元格地址发生不同的变化从而影响计算结果。选中公式或函数中需要转换的单元格地址，按〈F4〉键可转换不同类型的单元格引用方式。

1）相对引用

相对引用的格式如"＝A10+B10"，该引用在公式或函数进行复制或填充时，单元格会自动调整。例如：在 C10 单元格中输入公式 "＝A10+B10"，表示将该 C10 单元格进行复制粘贴至 D11，则 D11 单元格中的公式会自动变为 "＝B11+C11"。

2）绝对引用

绝对引用的格式如 "＝$A$10+$B$10"，在引用的单元格行号和列号之前加 "$"。该引用在公式或函数进行复制或填充时，单元格不会调整。例如：在 C10 单元格中输入公式 "＝$A$10+$B$10"，表示将该 C10 单元格进行复制粘贴至 D11，则 D11 单元格中的公式还是 "＝$A$10+$B$10"。

3）混合引用

混合引用的格式如 "＝A$10+$B10"，在引用的单元格行号（或列号）之前加 "$"。该引用在公式或函数进行复制或填充时，加上 "$" 的行号（或列号）不会调整，没加 "$" 的行号（或列号）会自动发生变化。例如：在 C10 单元格中输入公式 "＝A$10+$B10"，表示将该 C10 单元格进行复制粘贴至 D11，则 D11 单元格中的公式变为 "＝B$10+$B11"。

3. 单元格引用运算符

当多个单元格被引用时需用到运算符将单元格进行间隔，不同的间隔运算符代表的含义不同。

1）冒号

含义：区域运算符（包含两个引用），对两个引用之间的所有单元格区域进行引用。例如：AVERAGE（A1：A5）代表引用 A1 为起始单元格到 A5 为结束单元格的连续区域，对这片连续单元格区域进行求取平均值操作。

2）逗号

含义：联合运算符，将多个引用合并为 1 个引用。例如：AVERAGE（A1，B2，C3，D4）代表引用 A1、B2、C3、D4 单元格，对这 4 个单元格进行求取平均值操作。

3）空格

含义：交叉运算符，对单元格区域之间重叠的部分进行引用。例如：AVERAGE（A1：A4 A3：A6）代表引用 A1：A4 和 A3：A6 这两个连续区域的重叠部分（A3 和 A4 单元格），对重叠部分的值进行求取平均值操作。

4. 单元格引用方法

单元格引用格式：【工作簿名】工作表名！单元格引用。其中，如果引用的工作表在同一个工作簿中，则可以省略工作簿名；如果引用的单元格在同一个工作表中，则工作表名可以省略。

6.3.2　名称定义与引用

在公式和函数计算中常常会涉及大量的单元格地址，为了使公式或函数有较高的可读性，用户可以对单元格或区域进行定义名称，并在计算时引用已定义的名称。

1. 名称的定义

1）使用名称框定义名称

选中需定义名称的单元格或区域，在名称框中输入名称，输入完成后按〈Enter〉键完成命名工作，如图 6.3.1 所示。

2）使用 "新建名称" 对话框定义名称

选中需定义名称的单元格或区域，单击 "公式" 选项卡 "定义的名称" 组中的 "定义名

费用统计表 ▾	$\times$ ✓ f_x	员工编号			
	A	B	C	D	E	F

	A 员工编号	B 报销人	C 地区	D 费用类别编号	E 费用金额	F 费用是否超额
1	员工编号	报销人	地区	费用类别编号	费用金额	费用是否超额
2	2001003	孟华成	成都	BIC-001	1200	否
3	2003120	陈天忠	贵阳	BIC-002	2000	否
4	2002237	李露	昆明	BIC-003	3500	是
5	2001354	王文远	成都	BIC-004	5500	是
6	2002471	方顺晟	昆明	BIC-005	3000	是
7	2001588	张涵璇	成都	BIC-006	2800	否
8	2003705	钱洁宇	贵阳	BIC-007	1000	否
9	2002822	刘文虹	昆明	BIC-005	2500	否
10	2003939	黎洁然	贵阳	BIC-010	1400	否
11	2001056	杨莘玥	成都	BIC-007	2000	否

图 6.3.1　使用名称框定义名称

称"按钮,在下拉列表中选择"定义名称"命令,弹出"新建名称"对话框,如图 6.3.2 所示,输入新建名称,单击"确定"按钮完成命名工作。

3)根据所选内容定义名称

选中需定义名称的单元格或区域,在"公式"选项卡"定义的名称"组中,单击"根据所选内容创建"按钮,在弹出的"根据所选内容创建"对话框中勾选相应的复选按钮,如图 6.3.3 所示,单击"确定"按钮完成命名工作。

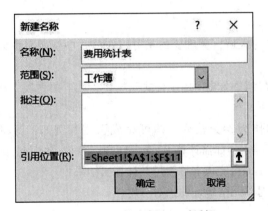

图 6.3.2　"新建名称"对话框

图 6.3.3　"根据所选内容创建"对话框

使用该方法可以同时定义多个名称。例如:勾选"首行"复选按钮,含义是利用所选区域的首行对区域中每一列单独定义名称;勾选"最左列"复选按钮,含义是利用所选区域的最左列对区域中的每一行单独定义名称。

2. 更改、删除或引用名称

1)更改名称

在"公式"选项卡的"定义的名称"组中单击"名称管理器"按钮,弹出"名称管理器"对话框,如图 6.3.4 所示,在对话框中选择需要修改的名称,单击"编辑"按钮(或直接双击名称),弹出"编辑名称"对话框,在对话框中进行编辑即可。

2)删除名称

在"公式"选项卡的"定义的名称"组中单击"名称管理器"按钮,弹出"名称管理器"对话框,在对话框中选择需要删除的名称,单击"删除"按钮即可。

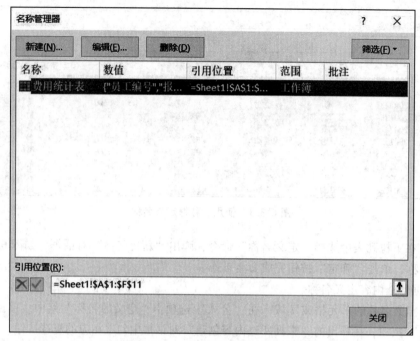

图 6.3.4　"名称管理器"对话框

3）引用名称

已经定义的名称可直接用来快速选定已命名的区域，更重要的是可以在公式中引用名称以实现绝对引用，具体操作方法如下。

方法 1：在"公式"选项卡的"定义的名称"组中单击"用于公式"按钮，从下拉列表中选择名称，即可完成引用。

方法 2：在需要引用名称的函数中将名称作为参数输入，即可完成引用。例如：已将图 6.3.1 中 E2 至 E11 单元格定义名称为"费用金额"，如需计算 E2 至 E11 单元格数值之和，则在单元格中直接输入公式"=SUM（费用金额）"即可完成名称引用并计算出结果。

注意事项：在计算时对名称的引用实际上是对单元格地址的绝对引用。

6.3.3　使用公式

1. 公式概念

公式是由等号、操作数和运算符组成的一个等式。使用公式计算时，必须以等号"＝"作为公式的开头，后面跟操作数和运算符。

2. 操作数介绍

公式中用来计算的具体数据称为操作数。操作数可以是常量、单元格地址、已命名的名称、函数等。例如：在公式"＝AVERAGE（A1：A5）＊10/A6+费用金额"中，"10"为常量，"A1""A5"和"A6"为单元格地址，"费用金额"为已命名的名称，"AVERAGE（A1：A5）"为函数。

3. 运算符分类

Excel 2016 中公式常用的运算符有算术运算符、关系运算符、逻辑运算符、字符运算符等，下面对常用运算符进行详细介绍。

1）算术运算符

算术运算符在公式中主要用于数学计算，优先级依次为百分比和幂、乘除、加减，具体用法如表 6.3.1 所示。

表 6.3.1　算术运算符

运算符	名称	含义	示例
+	加号	相加	A1+A2，12+15
−	减号	减或负数	A1−A2，−5
/	除号	相除	A1/A2，15/3
*	乘号	相乘	A1 * A2，3 * 4
%	百分号	百分比	86%
^	幂符号	幂运算	2^5

2）关系运算符

关系运算符在公式中主要用于数据大小比较，运算结果为"真"或"假"，运算顺序为从左到右计算，具体用法如表 6.3.2 所示。

表 6.3.2　关系运算符

运算符	名称	含义	示例
=	等号	等于	A1 = A2
>	大于号	大于	A1>A2
<	小于号	小于	A1<A2
>=	大于或等于号	大于或等于	A1> = A2
<=	小于或等于号	小于或等于	A1<= A2
<>	不等号	不等于	A1<>A2

3）逻辑运算符

逻辑运算符表示条件与结论之间的关系，结果为"真"或"假"，优先级依次为逻辑非、逻辑与、逻辑或，具体用法如表 6.3.3 所示。

表 6.3.3　逻辑运算符

运算符	名称	含义	示例
NOT、!	逻辑非	逻辑否定，求原来值的相反值	! 1 的结果为 0
AND、∧	逻辑与	必须两个操作数都是真，结果才为真	1∧0 的结果为 0
OR、∨	逻辑或	只要有一个操作数为真，结果即为真	1∨0 的结果为 1

4）字符运算符

字符运算符只有一个字符串连接符"&"，用于将两个或者多个字符串连接起来，用法如表 6.3.4 所示。

表 6.3.4　字符运算符

运算符	名称	含义	示例
&	字符串连接符	将两个字符串连接起来	"Excel" & "2016" & "电子表格" 的结果为 "Excel2016 电子表格"

4. 公式的使用

使用公式进行计算可直接单击要存放计算结果的单元格，然后直接输入公式或在编辑栏中输入公式，公式输入后按〈Enter〉键表示确认输入，按〈Esc〉键表示取消输入。

在计算公式相同的情况下，用户可以使用填充柄对单元格进行填充，填充时需要注意不同单元格的引用方式会影响公式的计算结果。

6.3.4　使用函数

1. 函数的基本概念

函数是 Excel 预先定义好的，用于计算、数据分析和处理的功能模块，因此可以把函数看作特殊的公式。

Excel 函数可以分为内置函数和扩展函数两类，用户可以在 Excel 中直接使用内置函数，扩展函数则需要进行加载宏命令，然后才能像内置函数那样使用。

函数由等号、函数名、参数 3 个部分组成，格式一般为

$$=函数名([参数 1],[参数 2],\cdots)$$

其中，函数中的参数可以是常量、单元格地址、数组、已定义的名称、公式、函数等（参数外如果有中括号，则表示参数为可选参数）。

注意事项：在函数中使用的符号均为西文符号，函数名具有唯一性且不区分大小写。

2. 输入函数

1）直接输入

选中需要存放计算结果的单元格，在单元格中直接输入函数。

2）使用"自动求和"按钮输入

选中需要存放计算结果的单元格，在"开始"选项卡的"编辑"组中单击"自动求和"按钮，在弹出的下拉列表中选择需要的函数名或"其他函数"命令。

如果选择"其他函数"命令，则弹出"插入函数"对话框，如图 6.3.5 所示，根据需求选择相应函数后单击"确定"按钮。

3）使用"插入函数"按钮输入

选中需要存放计算结果的单元格，单击编辑栏上的"插入函数"按钮或在"公式"选项卡的"函数库"组中单击"插入函数"按钮，在弹出的"插入函数"对话框中根据需求选择相应函数后单击"确定"按钮。

4）调用"函数库"输入

选中需要存放计算结果的单元格，在"公式"选项卡的"函数库"组中选择合适的函数类别，在出现的函数列表中选择需要的函数名，弹出"函数参数"对话框，如图 6.3.6 所示，在对话框中输入参数，单击"确定"按钮。

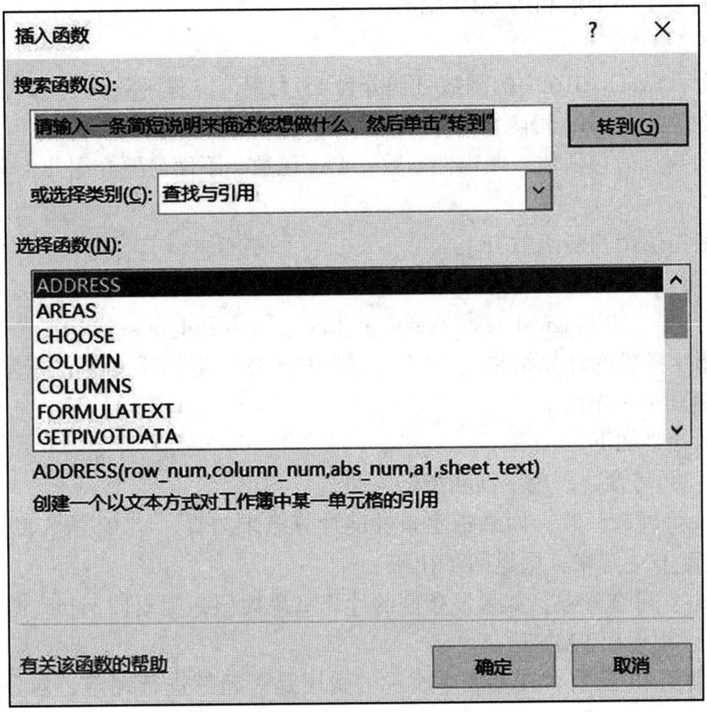

图 6.3.5　"插入函数"对话框

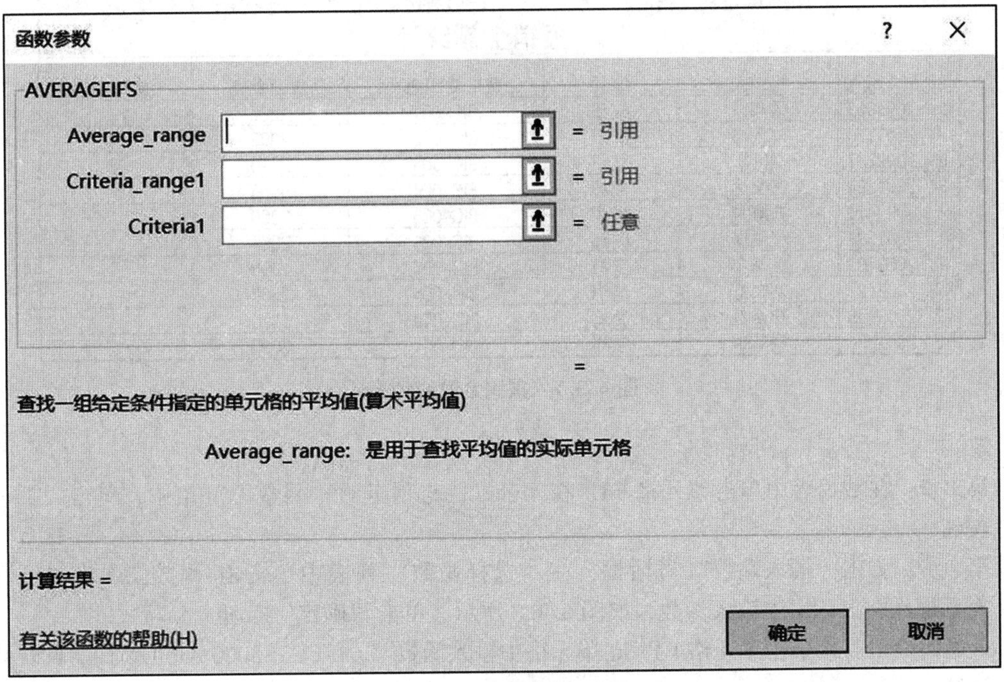

图 6.3.6　"函数参数"对话框

3. 函数嵌套

在使用函数计算时可以将函数作为另一个函数的参数，这样的计算方式称为函数嵌套。例如：在函数"=AVERAGE(SUM(E2:E4),SUM(E9:E11))"中，计算平均值的 AVERAGE 函数中以参数的形式嵌套了两个求和的 SUM 函数。

4. 常见函数

按照功能划分，Excel 2016 中的函数可划分为 13 大类，内置函数共有 12 类：财务函数、逻辑函数、文本函数、日期与时间函数、数学与三角函数、查找与引用函数、统计函数、工程函数、多维数据集函数、信息函数、兼容性函数、Web 函数。下面简要介绍几个常用的内置函数。

1）逻辑函数

逻辑函数一般指逻辑判断函数 IF。

语法格式：

$$IF(logical\_test, [value\_if\_true], [value\_if\_false])$$

功能：如果指定条件的计算结果为 TRUE，则 IF 函数将返回某个值；如果该条件的计算结果为 FALSE，则返回另一个值。

格式中各参数含义如下。

①logical_test：必需参数，用于判断指定条件。

②value_if_true：可选参数，如果指定条件的计算结果为真，则 IF 函数将返回 value_if_true 的值（如果 value_if_true 忽略，则返回 TRUE）。

③value_if_false：可选参数，如果该条件的计算结果为假，则返回 value_if_false 的值（如果 value_if_false 忽略，则返回 FALSE）。

【例 6.2】请使用 IF 函数对图 6.3.7 所示的费用是否超额进行评定，划分条件是费用金额 3 000 以上为"是"，3 000 及 3 000 以下为空。

	A	B	C	D	E	F
1	报销金额统计					
2	员工编号	报销人	地区	费用类别编号	费用金额	费用超额
3	2001003	孟华成	成都	BIC-001	1200	
4	2003120	陈天忠	贵阳	BIC-002	2000	
5	2002237	李露	昆明	BIC-003	3500	是
6	2001354	王文远	成都	BIC-004	5500	是
7	2002471	方顺晟	昆明	BIC-005	3000	
8	2001588	张涵璇	成都	BIC-006	2800	
9	2003705	钱浩宇	贵阳	BIC-007	1000	
10	2002822	刘文虹	昆明	BIC-005	2500	
11	2003939	黎洁然	贵阳	BIC-010	1400	
12	2001056	杨萃玥	成都	BIC-007	2000	

图 6.3.7　报销金额统计表

解：

第 1 步：在数据表中单击单元格 F3，在"公式"选项卡的"函数库"组中，单击"插入函数"按钮。

第 2 步：弹出"插入函数"对话框，在"选择函数"列表中单击 IF 函数，弹出"函数参数"对话框，在对话框中输入参数，如图 6.3.8 所示，单击"确定"按钮。

计算时也可直接单击单元格 F3，在单元格中输入函数 "=IF(E3>3000,"是","")"，同样能够完成计算。

注意事项：任何文本条件或任何含有逻辑或数学符号的条件都必须使用西文双引号（"）将其括起来。如果条件为数字，则无须使用双引号。

函数参数		? ✕

IF

Logical_test	E3>3000 ⬆	= FALSE
Value_if_true	"是" ⬆	= "是"
Value_if_false	"" ⬆	= ""

= ""

判断是否满足某个条件，如果满足返回一个值，如果不满足则返回另一个值。

　　　　Value_if_false　是当 Logical_test 为 FALSE 时的返回值。如果忽略，则返回 FALSE

计算结果 =

有关该函数的帮助(H)　　　　　　　　　　　　　　确定　　取消

图 6.3.8　插入 IF 函数　　　　　　　　　　使用 IF 函数

2）数学与三角函数

（1）求和函数 SUM。

语法格式：

$$SUM(number1,[number2],\cdots)$$

功能：将所有参数相加求和。参数最少有 1 个，最多为 255 个，如果参数是一个数组或引用，则只计算其中的数字，数组或引用中的空白单元格、逻辑值或文本将被忽略。

格式中各参数含义如下。

number：必需参数，用于求和的单元格或单元格区域。

【例 6.3】请使用 SUM 函数计算图 6.3.7 所示的数据表中所有费用金额的总数。

解：

计算函数：=SUM(E3:E12)

返回结果：24 900

（2）条件求和函数 SUMIF。

语法格式：

$$SUMIF(range,criteria,[sum\_range])$$

功能：对指定单元格区域中符合指定条件的值求和。

格式中各参数含义如下。

①range：必需参数，用于条件计算的单元格区域。

②criteria：必需参数，用于确定求和的条件，其形式可以为数字、表达式、单元格引用、文本或函数。

③sum_range：可选参数，要求和的实际单元格。如果 sum_range 参数被省略，则对在 range 参数中指定的单元格求和。

【例 6.4】请使用 SUMIF 函数计算图 6.3.7 所示的数据表中地区为"昆明"的费用总金额。

解：

计算函数：=SUMIF(C3:C12,"昆明",E3:E12)

返回结果：9 000

使用 SUMIF 函数

（3）多条件求和函数 SUMIFS。

语法格式：

$$SUMIFS(sum\_range,criteria\_range1,criteria1,[criteria\_range2,criteria2],\cdots)$$

功能：对指定单元格区域中满足多个条件的单元格求和。

格式中各参数含义如下。

①sum_range：必需参数，对一个或多个单元格求和，包括数字或包含数字的名称、区域或单元格引用，忽略空值和文本值。

②criteria_range1：必需参数，在其中计算关联条件的第一个区域。

③criteria1：必需参数，条件的形式为数字、表达式、单元格引用或文本，可用来定义将对criteria_range1 参数中的哪些单元格求和。

④criteria_range2，criteria2，…：可选参数，附加的区域及其关联条件，最多为 127 个区域或条件。

【例 6.5】请使用 SUMIFS 函数计算图 6.3.7 所示的数据表中地区为"昆明"且费用类别编号为"BIC-005"的费用总金额。

解：

计算函数：=SUMIFS(E3:E12,C3:C12,"昆明",D3:D12,"BIC-005")

计算结果：5 500

（4）向下取整函数 INT。

语法格式：

使用 SUMIFS 函数

$$INT(number)$$

功能：将数字向下舍入到最接近的整数。

格式中各参数含义如下。

number：必需参数，用于向下取整的单元格。

【例 6.6】请使用 INT 函数将 7.6 进行向下取整。

解：

计算函数：=INT(7.6)

计算结果：7

【例 6.7】请使用 INT 函数将-7.6 进行向下取整。

解：

计算函数：=INT(-7.6)

计算结果：-8

（5）四舍五入函数 ROUND。

语法格式：

$$ROUND(number,num\_digits)$$

功能：将指定数值按指定的位数进行四舍五入。

格式中各参数含义如下。

①number：必需参数，要四舍五入的数字。

②num_digits：必需参数，位数，按此位数对 number 参数进行四舍五入。

【例 6.8】请使用 ROUND 函数将 7.6 进行四舍五入，不保留小数位数。

解：

计算函数：=ROUND(7.6,0)

计算结果：8

【例 6.9】请使用 ROUND 函数将-7.6 进行四舍五入，不保留小数位数。

解：

计算函数：=ROUND(-7.6,0)

计算结果：-8

3）统计函数

（1）求平均值函数 AVERAGE。

语法格式：

$$AVERAGE (number1,[number2],\cdots)$$

功能：返回参数的平均值。逻辑值和直接输入参数列表中代表数字的文本都被计算在内。如果区域或单元格引用参数包含文本、逻辑值或空单元格，则这些值将被忽略；但包含零值的单元格将被计算在内。

格式中各参数含义如下。

number：必需参数，用于求平均值的单元格或单元格区域。

【例 6.10】请使用 AVERAGE 函数计算图 6.3.7 所示的数据表中所有费用金额的平均数。

解：

计算函数：=AVERAGE(E3:E12)

返回结果：2 490

（2）条件求平均值函数 AVERAGEIF。

语法格式：

$$AVERAGEIF(range,criteria,[average\_range])$$

功能：对指定单元格区域中符合指定条件的值求平均值。

格式中各参数含义如下。

①range：必需参数，用于条件计算的单元格区域。

②criteria：必需参数，用于确定求平均值的条件，其形式可以为数字、表达式、单元格引用、文本或函数。

③average_range：可选参数，要求平均值的实际单元格。如果 average_range 参数被省略，则对在 range 参数中指定的单元格求平均值。

【例 6.11】请使用 AVERAGEIF 函数计算图 6.3.7 所示的数据表中地区为"昆明"的费用平均值。

解：

计算函数：=AVERAGEIF(C3:C12,"昆明",E3:E12)

返回结果：3 000

（3）多条件求平均值函数 AVERAGEIFS。

语法格式：

$$AVERAGEIFS(average\_range,criteria\_range1,criteria1,[criteria\_range2,criteria2],\cdots)$$

功能：对指定单元格区域中满足多个条件的单元格求平均值。

格式中各参数含义如下。

①average_range：必需参数，对一个或多个单元格求平均值，包括数字或包含数字的名称、区域或单元格引用，忽略空值和文本值。

②criteria_range1：必需参数，在其中计算关联条件的第一个区域。

③criteria1：必需参数，条件的形式为数字、表达式、单元格引用或文本，可用来定义将对 criteria_range1 参数中的哪些单元格求平均值。

④criteria_range2，criteria2，… ：可选参数，附加的区域及其关联条件，最多为 127 个区域或条件。

【例 6.12】请使用 AVERAGEIFS 函数计算图 6.3.7 所示的数据表中地区为"昆明"且费用类别编号为"BIC-005"的费用总金额。

解：

计算函数：=AVERAGEIFS(E3:E12,C3:C12,"昆明",D3:D12,"BIC-005")

计算结果：2 750

(4) 最大值函数 MAX。

语法格式：

$$MAX (number1,[number2],\cdots)$$

功能：返回一组值中最大的值。参数最少有 1 个，最多为 255 个，且参数必须为数值。

格式中各参数含义如下。

number：必需参数，用于求最大值的单元格或单元格区域。

【例 6.13】请使用 MAX 函数计算图 6.3.7 所示的数据表中费用金额的最大值。

解：

计算函数：=MAX(E3:E12)

计算结果：5 500

(5) 最小值函数 MIN。

语法格式：

$$MIN(number1,[number2],\cdots)$$

功能：返回一组值中最小的值。参数最少有 1 个，最多为 255 个，且参数必须为数值。

格式中各参数含义如下。

number：必需参数，用于求最小值的单元格或单元格区域。

【例 6.14】请使用 MIN 函数计算图 6.3.7 所示的数据表中费用金额的最小值。

解：

计算函数：=MIN(E3:E12)

计算结果：1 000

(6) 计数函数 COUNT。

语法格式：

$$COUNT(value1,[value2],\cdots)$$

功能：计算包含数字的单元格以及参数列表中数字的个数。参数最少有 1 个，最多为 255 个。

格式中各参数含义如下。

value：必需参数，用于计数单元格或单元格区域。

【例 6.15】请使用 COUNT 函数计算图 6.3.7 所示的数据表中的员工人数 （员工编号列为数值型数据）。

解：

计算函数：=COUNT(A3:A12)

返回结果：10

(7) 条件计算函数 COUNTIF。

语法格式：

$$COUNTIF(range,criteria)$$

功能：对区域中满足单个指定条件的单元格进行计数。

格式中各参数含义如下。

①range：必需参数，要对其进行计数的一个或多个单元格，其中包括数字、名称、数组或包含数字的引用，空值和文本值将被忽略。

②criteria：必需参数，用于定义将对哪些单元格进行计数的数字、表达式、单元格的引用或文本字符串。

【例 6.16】请使用 COUNTIF 函数计算图 6.3.7 所示的数据表中地区为"昆明"的员工人数。

解：

计算函数：=COUNTIF(C3:C12,"昆明")

返回结果：3

（8）多条件计算函数 COUNTIFS。

语法格式：

COUNTIFS(criteria_range1,criteria1,criteria_range2,criteria2,…)

功能：用来计算多个区域中满足给定条件的单元格的个数，可以同时设定多个条件。

格式中各参数含义如下。

①criteria_range1：必需参数，为第一个需要计算其中满足某个条件的单元格数目的单元格区域。

②criteria1：必需参数，为第一个区域中将被计算在内的条件。

【例 6.17】请使用 COUNTIFS 函数计算图 6.3.7 所示的数据表中地区为"昆明"且费用金额超 2 500 元的员工人数。

解：

计算公式：=COUNTIFS(C3:C12,"昆明",E3:E12,">2500")

返回结果：2

（9）非空统计函数 COUNTA。

语法格式：

COUNTA(value1,[value2],…)

功能：COUNTA 函数计算区域中不为空的单元格的个数，即返回参数列表中非空值的单元格个数。利用 COUNTA 函数可以计算单元格区域或数组中包含数据的单元格个数。

格式中各参数含义如下。

①value 1：必需参数，表示要计数的值的第一个参数。

②value2，…：可选参数，表示要计数的值的其他参数，最多可包含 255 个参数。

【例 6.18】请使用 COUNTA 函数计算图 6.3.9 所示的数据表中 A1:A7 单元格中的数据个数。

解：

计算函数：=COUNTA(A1:A7)

返回结果：6

4）日期与时间函数

（1）返回特定日期函数 DATE。

语法格式：

DATE(year,month,day)

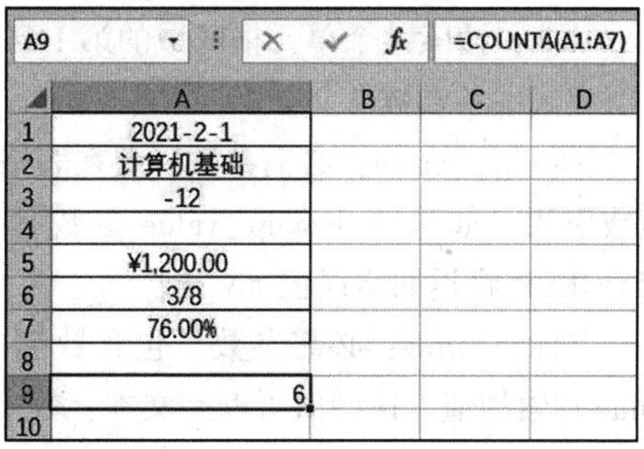

图 6.3.9　COUNTA 函数的使用

功能：返回表示特定日期的连续序列号，通常用于通过公式或单元格引用来提供年月日。如果在输入该函数之前，单元格格式为"常规"，则结果将使用日期格式，而不是数字格式。若要显示序列号或要更改日期格式，请在"开始"选项卡的"数字"组中选择其他数字格式。

格式中各参数含义如下。

①year：必需参数，参数的值可以包含 1 到 4 位数字。

②month：必需参数，一个正整数或负整数，表示一年中从 1 月至 12 月的各个月。

③day：必需参数，一个正整数或负整数，表示一月中从 1 日到 31 日的各天。

【例 6.19】请使用 DATE 函数将图 6.3.10 中单元格区域 A2：C2 中的数据以日期格式返回。

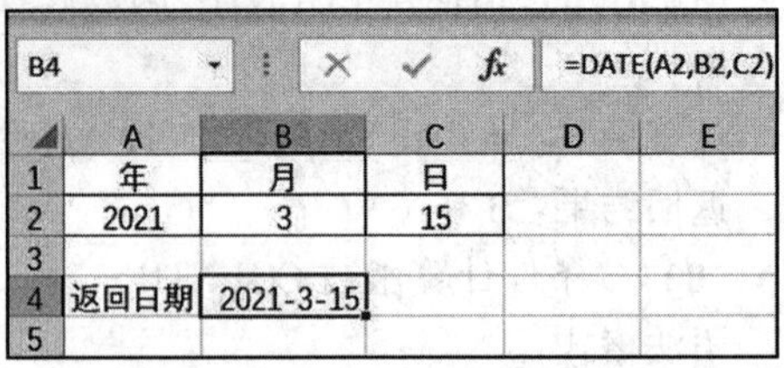

解：

计算函数：= DATE(A2,B2,C2)

返回结果：2021-3-15

（2）当前时间和日期函数 NOW。

语法格式：

NOW()

图 6.3.10 DATE 函数的使用

功能：返回当前日期和时间的序列号。函数没有参数，返回值是当前计算机系统日期和时间。

（3）返回年份函数 YEAR。

语法格式：

YEAR(serial_number)

功能：返回当前日期年份的序列号。

格式中各参数含义如下。

serial_number：必需参数，一个日期值，包含要返回的年份。

（4）当前日期函数 TODAY。

语法格式：

TODAY()

功能：返回计算机系统当前日期。函数没有参数，返回值是当前计算机系统日期。

5）查找与引用函数

垂直查找函数 VLOOKUP。

语法格式：

VLOOKUP(lookup_value,table_array,col_index_num,[range_lookup])

功能：搜索某个单元格区域的第 1 列，然后返回该区域相同行上任何单元格中的值。

格式中各参数含义如下。

①lookup_value：必需参数，要在表格或区域的第 1 列中搜索的值。lookup_value 参数可以是值或引用。如果为 lookup_value 参数提供的值小于 table_array 参数第 1 列中的最小值，则 VLOOKUP 将返回错误值 #N/A。

②table_array：必需参数，包含数据的单元格区域。table_array 第 1 列中的值是由 lookup_value 搜索的值。这些值可以是文本、数字或逻辑值。文本不区分大小写。

③col_index_num：必需参数，table_array 参数中必须返回的匹配值的列号。

④range_lookup：可选参数，一个逻辑值，用于指定 VLOOKUP 函数查找是精确匹配还是近似匹配。

【例 6.20】请在图 6.3.11 所示的数据表中，使用 VLOOKUP 函数利用类别编号将 G3：H10

单元格区域内的费用类别输入 A2：E12 单元格区域中。

E3				f_x	=VLOOKUP(D3,$G$3:$H$10,2,FALSE)		
	A	B	C	D	E	F	G	H
1	报销金额统计						费用类别对照表	
2	员工编号	报销人	地区	费用类别编号	费用类别名称		类别编号	费用类别
3	2001003	孟华成	成都	BIC-001	飞机票		BIC-003	餐饮费
4	2003120	陈天忠	贵阳	BIC-002	酒店住宿		BIC-004	出租车费
5	2002237	李露	昆明	BIC-003	餐饮费		BIC-001	飞机票
6	2001354	王文远	成都	BIC-004	出租车费		BIC-006	高速通行费
7	2002471	方顺晟	昆明	BIC-005	火车票		BIC-005	火车票
8	2001588	张涵璇	成都	BIC-006	高速通行费		BIC-002	酒店住宿
9	2003705	钱浩宇	贵阳	BIC-007	燃油费		BIC-010	其他
10	2002822	刘文虹	昆明	BIC-005	火车票		BIC-007	燃油费
11	2003939	黎浩然	贵阳	BIC-010	其他			
12	2001056	杨苹玥	成都	BIC-007	燃油费			
13								

图 6.3.11　VLOOKUP 函数的使用

解：

计算函数：=VLOOKUP(D3,$G$3:$H$10,2,FALSE)

在单元格 E3 中输入计算函数，其余单元格使用填充柄完成即可。

6）文本函数

（1）字符个数函数 LEN。

语法格式：

使用 VLOOKUP 函数

LEN(text)

功能：返回文本字符串中的字符数。

格式中各参数含义如下。

text：必需参数，要查找其长度的文本。空格将作为字符进行计数。

【例 6.21】请返回字符串"20212157012 夏睿杰"的字符个数。

解：

计算函数：=LEN("20212157012 夏睿杰")

返回结果：14

（2）截取字符串函数 MID。

语法格式：

MID(text,start_num,num_chars)

功能：返回文本字符串中从指定位置开始的特定数目的字符，该数目由用户指定。

格式中各参数含义如下。

①text：必需参数，包含要提取字符的文本字符串。

②start_num：必需参数，文本中要提取的第一个字符的位置。

③num_chars：必需参数，指定返回字符的个数。

【例 6.22】字符串"20212157012 夏睿杰"中前 11 位为学生学号，请将学号的最后两位进行返回。

解：

计算函数：=MID("20212157012 夏睿杰",10,2)

返回结果：12

（3）左侧截取字符串函数 LEFT。

语法格式：

$$LEFT(text,[num\_chars])$$

功能：返回文本字符串中第 1 个字符或前几个字符。

格式中各参数含义如下。

①text：必需参数，包含要提取的字符的文本字符串。

②num_chars：可选参数，指定提取的字符的数目。num_chars 必须大于或等于零。如果num_chars 大于文本长度，则 LEFT 返回全部文本。如果省略 num_chars，则默认其值为 1。

【例 6.23】字符串"20212157012 夏睿杰"中前 11 位为学生学号，请将学号进行返回。

解：

计算函数：=LEFT("20212157012 夏睿杰",11)

返回结果：20212157012

（4）右侧截取字符串函数 RIGHT。

语法格式：

$$RIGHT(text,[num\_chars])$$

功能：根据所指定的字符数返回文本字符串中最后一个或多个字符。

格式中各参数含义如下。

①text：必需参数，包含要提取字符的文本字符串。

②num_chars：可选参数，指定要提取的字符的数目。

【例 6.24】字符串"20212157012 夏睿杰"中后 3 位为学生姓名，请将姓名进行返回。

解：

计算函数：=RIGHT("20212157012 夏睿杰",3)

返回结果：夏睿杰

6.3.5　公式和函数的常见问题

1. 公式审核

在使用公式或函数计算完成后可使用"公式"选项卡"公式审核"组中的各按钮对公式和函数进行检查。

1）追踪引用单元格

"追踪引用单元格"按钮的功能是利用箭头显示哪些单元格会影响当前单元格的值。显示箭头时起始端为引用的单元格，终端为当前单元格。

2）追踪从属单元格

"追踪从属单元格"按钮的功能是利用箭头显示哪些单元格的值会受当前单元格的影响。显示箭头时起始端为当前单元格，终端为受影响的单元格。

3）显示公式

"显示公式"按钮的功能是将数据表中所有的公式和函数进行直接显示。

4）错误检查

"错误检查"按钮的功能是检查追踪常见的公式错误，并在弹出的对话框中对错误作出提示，如图 6.3.12 所示。

2. 常见错误

当公式发生错误时，Excel 在相应单元格会显示错误代码便于用户查找原因。常见错误代码及对应的原因如表 6.3.5 所示。

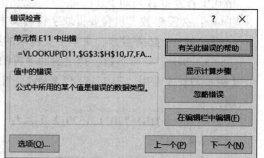

图 6.3.12　"错误检查"对话框

表 6.3.5　常见错误代码及对应的原因

错误代码	原因
#####	公式的计算结果太长，单元格显示不了或单元格包含负的日期或时间
#DIV/0!	除数不能为 0 或空
#N/A!	函数缺少参数或函数参数不可被引用
#NAME?	公式中正在使用一个错误的名称
#NULL!	函数中使用了不正确的单元格引用或使用了不正确的区域运算符
# VALUE!	函数参数输入错误数据类型，比如函数需要文本参数却输入了数值参数
#REF!	单元格引用无效，比如函数引用的单元格被删除
#NUM!	公式或函数包含了无效数值

6.4　数据图表

图表是以图形的形式来显示数据的一种工具，通过图表可以让用户非常清晰地掌握数据的局部与全局之间的比例关系，各项数据动态变化的情况、规律和趋势等。

6.4.1　图表界面

图表界面由图表中各种元素组成，图 6.4.1 中列举了柱形图表界面中常见的几种元素：图表区、绘图区、图表标题、坐标轴标题、数据标签、坐标轴、数据系列、图例等。用户在使用图表时可根据实际需求对图表元素进行添加、修改和删除等操作。

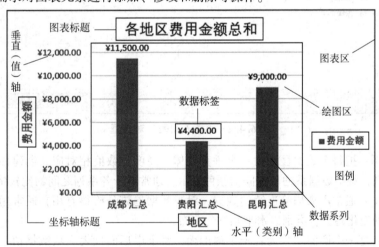

图 6.4.1　柱形图表界面

（1）图表区：包含了整个图表及其全部元素。

（2）绘图区：指通过坐标轴来界定的区域，包括数据系列、垂直（值）轴、主要网格线等。

（3）图表标题：对整个图表的说明性文本。

（4）坐标轴标题：对坐标轴的说明性文本。

（5）数据标签：用来标识数据系列中数据点的具体数值。

（6）坐标轴：包含水平（类别）轴和垂直（值）轴，是界定图表绘图区的线条，用作数据度量的参照框架。

（7）数据系列：指在图表中绘制的相关数据，这些数据源自数据表的行或列。

（8）图例：用来标识图表中的数据系列或分类指定的图案或颜色。

6.4.2　创建图表

1. 图表类型

图表作为数据趋势和规律的表达方式，类型非常丰富，Excel 2016 共提供了 15 种类型的图表，如图 6.4.2 所示，每类图表又包含了若干的子类型。

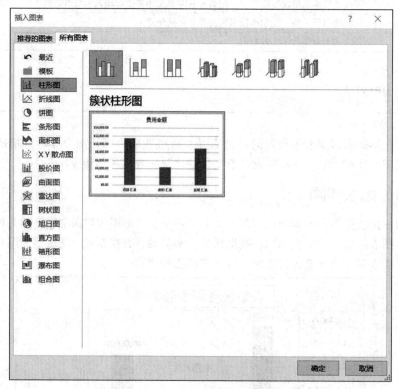

图 6.4.2　"插入图表"对话框

（1）柱形图：把每个数据显示为一个垂直柱体，高度与数值相对应。创建柱形图时可以设定多个数据系列，每个数据系列以不同的颜色表示，通常用于各系列之间的比较情况。

（2）折线图：通常用来描绘连续的数据，对于数据趋势分析很有用，通常用于比较相同时间间隔内数据的变化趋势，类别以水平轴均匀分布。

（3）饼图：把一个圆面划分为若干个扇形面，每个扇形面代表一项数据值，通常显示各项占总值的百分比。

（4）条形图：类似于柱形图，实际上是顺时针旋转 90° 的柱形图，主要强调各个数据项之间的差别情况。

（5）面积图：将一系列数据用线段连接起来，每条线以下的区域用不同的颜色填充，一般用于显示随时间变化的量。

（6）XY 散点图：用于比较几个数据系列中的数值，或者将两组数值显示为 XY 坐标系中的系列，通常用于科学数据、统计数据和工程数据。

（7）股价图：用来描绘股票的价格走势，可以用于表示股价的盘高价、盘低价、成交量，也可以用于科学数据。这类图表一般需要 3~5 个数据系列。

（8）曲面图：曲面图中的颜色和图案用来指示在同一取值范围内的区域。这类图表通常用于查找两组数据的最佳组合。

（9）雷达图：用于比较几个数据系列的聚合值，通常用于显示各数据相对于中心点的变化。

（10）树状图：用于展示有结构关系的数据之间的比例分布情况，通过矩形的面积、颜色和排列来显示比较复杂的数据层级与占比关系。

（11）旭日图：用于展示多层级数据之间的占比及对比关系。它是一种圆环镶接图，每一个圆环代表同一级别的比例数据。

（12）直方图：用于数据统计报告。它可以清晰地展示数据的分布情况，查看数据的分类情况和各类别之间的差异。

（13）箱形图：用于直观地分析数据的离散分布情况。它可以很直观地读出一组数据的最大值、最小值、中位数、上四分位数、下四分位数、异常值。

（14）瀑布图：用于表现一系列的增减变化情况以及数据之间的差异对比。它是用来展示一系列增加或减少数值时对初始值的影响。

（15）组合图：用于将各类型图表进行组合生成新的图表，创建组合图时至少需要选取两个数据系列。它不仅可以看出数据的变化趋势，还可以看出数据之间的关系。

2. 插入图表

方法 1：在数据表中选中需要进行图表演示的数据，在"插入"选项卡的"图表"组中单击相应的图表类型按钮，在弹出的下拉列表中选择需要插入的图表类型。

方法 2：在数据表中选中需要进行图表演示的数据，在"插入"选项卡的"图表"组中单击"对话框启动器"按钮，在弹出的"插入图表"对话框中选择需要插入的图表类型。

方法 3：在数据表中选中需要进行图表演示的数据，按〈F11〉键即可快速插入图表。

6.4.3　图表的编辑和美化

图表最初插入是以系统默认设置插入，用户可根据实际使用情况对图表进行编辑修改和美化。

1. 更改图表类型

当插入的图表类型不能满足要突显的数据或趋势时，可在 Excel 2016 提供的 15 类图表中进行更换，具体操作方法如下。

方法 1：选中需要更改类型的图表，在"图表工具—设计"选项卡的"类型"组中单击"更改图表"按钮，弹出"更改图表类型"对话框，在对话框中选择需要更改的图表类型。

方法 2：选中需要更改类型的图表右击，在弹出的快捷菜单中选择"更改图表类型"命令，弹出"更改图表类型"对话框，在对话框中选择需要更改的图表类型。

注意事项：此方法也可单独修改图表中某一数据系列。

方法 3：选中需要更改类型的图表，在"插入"选项卡的"图表"组中单击"对话框启动器"按钮，在弹出的"更改图表类型"对话框中选择需要更改的图表类型。

2. 更改图表样式

选中要更改样式的图表，在"图表工具—设计"选项卡的"图表样式"组中，可查看"图表样式库"，将光标放置在样式之上，可查看样式名称，根据使用情况单击合适的样式，图表就会发生变化。

3. 图表布局

1）修改布局

图表布局指图表中元素放置的位置。在不同的图表布局中会出现不同的元素以及元素之间的位置会有所变化，用户可以自行对布局进行调整。

选中要更改布局的图表，在"图表工具—设计"选项卡的"图表布局"组中，单击"快速布局"按钮可查看"图表布局库"，根据使用情况单击合适的布局，图表就会发生变化。

2）添加图表元素

选中要添加元素的图表，在"图表工具—设计"选项卡的"图表布局"组中，单击"添加图表元素"按钮，在下拉列表中选择需要添加的元素及位置即可。

3）更改图表数据

（1）选择数据。

选中要修改数据源的图表，在"图表工具—设计"选项卡中，单击"数据"组的"选择数据"按钮，弹出"选择数据源"对话框，如图 6.4.3 所示，在对话框中可以重新选择图表数据，也可以对已选择的数据进行添加、编辑、删除等操作。

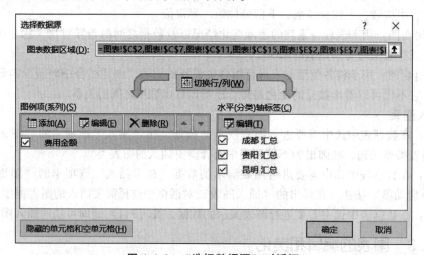

图 6.4.3 "选择数据源"对话框

（2）切换行和列。

在系统默认生成的图表中有时需要将分类（X）轴和数值（Y）轴的数据进行交换。

选中图表，在"图表工具—设计"选项卡中，单击"数据"组的"切换行/列"按钮完成切换。

4）更改图表元素设置

选中要更改设置的图表，在"图表工具—格式"选项卡的"当前所选内容"组中，在图表元素下拉列表中选择需要更改设置的图表元素，如"垂直（值）轴"，单击"设置所选内容格式"按钮，在页面右侧弹出格式窗格，如图 6.4.4 所示，在窗格中修改元素设置后直接关闭就可完成修改。

4. 图表筛选

选中图表后在图表区右侧弹出 3 个按钮，分别是"图表元素"按钮、"图表样式"按钮、"图表筛选器"按钮。在前面介绍的添加图表元素和修改图表样式的功能设置中，也可以分别用"图表元素"按钮、"图表样式"按钮来完成。

"图表筛选器"按钮可以实现对显示图表中数据系列进行挑选的操作。单击"图表筛选器"按钮，在弹出的筛选窗格

图 6.4.4 格式窗格

中选择需要显示的数据系列名称，如图 6.4.5 所示，单击"应用"按钮，图表发生变化，完成筛选。

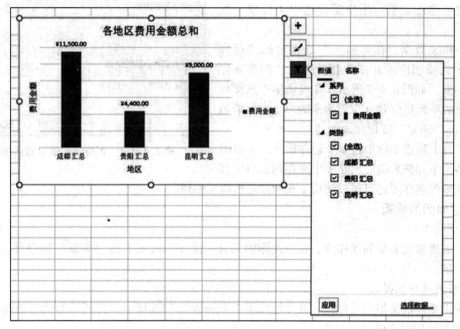

图 6.4.5　图表筛选器

5. 移动图表

插入图表时系统默认情况下会将插入的图表嵌入数据源所在的工作表中，用户也可将插入的图表单独放置在图表工作表中，单独放置图表的工作表名称为 Chart，也可对工作表进行重命名操作。

选中需要移动的图表，在"图表工具—设计"选项卡中，单击"位置"组的"移动图表"按钮，弹出"移动图表"对话框，如图 6.4.6 所示，在对话框中确定图表的位置即可。

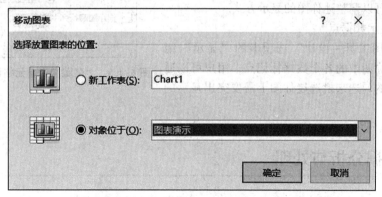

图 6.4.6　"移动图表"对话框

6.4.4　迷你图

迷你图是一种嵌入在单元格中的微型图表，使用迷你图可以显示一系列数值的趋势情况并突显节点（最大、最小值）的具体情况。在 Excel 2016 中迷你图分为折线、柱形、盈亏 3 种类型。

1. 创建迷你图

由于迷你图显示的是某一系列的数值情况，因此在创建迷你图之前，用户需要选中 1 行或 1 列数据。

选中相关数据，在"插入"选项卡的"迷你图"组中选择相应迷你图类型，弹出"创建迷你图"对话框，如图 6.4.7 所示，在对话框中选择放置迷你图的单元格位置（位置范围为单个单元格地址），单击"确定"按钮完成创建。

除了为 1 列或 1 行创建 1 个迷你图外，也可通过选择多个单元格来同时创建多个迷你图，对于相邻数据区域的迷你图还可通过使用填充柄来进行填充创建。

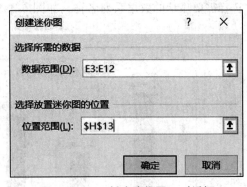

图 6.4.7　"创建迷你图"对话框

2. 迷你图的编辑

1）更改类型

选中需要修改类型的迷你图，在"迷你图工具—设计"选项卡的"类型"组中可以更改迷你图的类型。

2）设置迷你图样式

选中需要修改类型的迷你图，在"迷你图工具—设计"选项卡"样式"组的"迷你图样式库"中设置迷你图的样式和颜色。

3）隐藏和清空单元格

当迷你图引用数据列（行）中含有空单元格时，迷你图在显示空单元格时会出现空白数据点；如果迷你图引用的数据列（行）中含有隐藏单元格，迷你图中将不显示该单元格数据。

在"迷你图工具—设计"选项卡的"迷你图"组中单击"编辑数据"按钮，在下拉列表中选择"隐藏和清空单元格"命令，弹出"隐藏和空单元格设置"对话框，如图 6.4.8 所示，在对话框中选中相应单选按钮，可以调整迷你图的显示方式。

4）突出显示数据点

在"迷你图工具—设计"选项卡的"显示"组中，陈列了迷你图中的各个数据标记点，用户可以通过对复选按钮的勾选来挑选迷你图上需要突出显示的数据点。

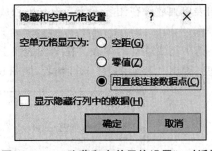

图 6.4.8　"隐藏和空单元格设置"对话框

6.5　数据分析与处理

Excel 2016 除了有丰富的计算功能外，也具有强大的数据分析能力，通过各类数据分析功能可以将数据进行汇总、分类、趋势分析等，将一大堆杂乱无章的数据整理和提炼成有用信息。

6.5.1　数据筛选

数据筛选可以快速定位符合特定条件的数据并将无用信息进行隐藏，是快速查找数据的手段之一。常用的筛选方法分为自动筛选和高级筛选。

1. 自动筛选

自动筛选在每次筛选时针对的是表格中的数据单列，自动显示满足给定筛选条件的数据，当筛选的条件为多个字段时则需进行多次筛选，且条件之间的关系为"逻辑与"的关系。

【例6.25】请在图6.3.7所示的报销金额统计表中筛选出地区为"成都"的员工。

解：

操作步骤如下。

第1步：选中报销金额统计表中任意一个单元格，在"数据"选项卡的"排序和筛选"组中单击"筛选"按钮（可以使用组合键〈Ctrl+Shift+L〉），则在数据表中每一列的首单元格右侧添加了一个筛选按钮。

第2步：单击"地区"字段的筛选按钮，打开筛选器选择列表，在"文本筛选"列表中选择"等于"命令，弹出"自定义自动筛选方式"对话框。

第3步：在"自定义自动筛选方式"对话框中输入"成都"，如图6.5.1所示。

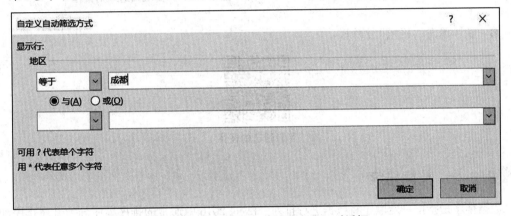

图 6.5.1　"自定义自动筛选方式"对话框

第4步：单击"确定"按钮完成自动筛选。

2. 高级筛选

高级筛选可以同时筛选多个条件，筛选时条件之间可以是"逻辑与"的关系也可以是"逻辑或"的关系。筛选结果可以在原数据表中直接显示，也可以将筛选结果放置到工作表的其他位置。

高级筛选时要将筛选条件输入单独的单元格区域中，输入筛选条件时规则有以下3条。

（1）条件区域必须有字段名，条件字段名必须与源数据表字段名完全一致。

（2）"逻辑与"的多个条件位于同一行中，即只有同时满足所有的条件才会被筛选出来。

（3）"逻辑或"的多个条件位于不同的行中，即只要满足其中的一个条件就会被筛选出来。

【例6.26】请在图6.3.7所示的报销金额统计表中筛选出地区为"成都"且费用类别编号为"BIC-004"的员工，将筛选结果复制到其他单元格中。

解：

操作步骤如下。

第1步：在工作表中输入筛选条件，如图6.5.2所示。

第2步：在"数据"选项卡的"排序和筛选"组中单击"高级"按钮，弹出"高级筛选"对话框。

第3步：在"高级筛选"对话框中，选中"将筛选结果复制到其他位置"单选按钮，并将数据区域地址输入"列表区域"文本框，将条件区域地址输入"条件区域"文本框，将结果要放置位置的首地址输入"复制到"文本框，如图6.5.3所示。

地区	费用类别编号
成都	BIC-004

图 6.5.2 高级筛选条件区域　　　　**图 6.5.3 "高级筛选"对话框**

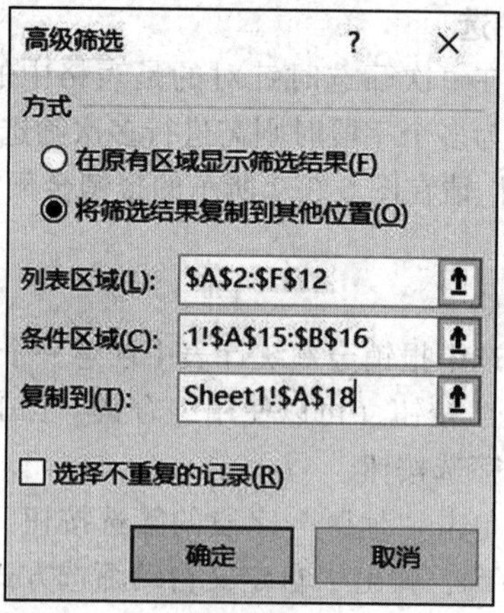

第 4 步：单击"确定"按钮。

高级筛选的使用

6.5.2 数据排序

数据排序是指按一定顺序将数据进行排列。Excel 2016 中通常的排序顺序分为升序排序和降序排序，当需要按照特殊顺序进行排序时用户可使用本章之前介绍的利用"自定义序列"对话框进行排序。

1. 简单排序

针对某列进行的整理排列称为简单排序，选中需要排序的列中任意一个单元格，在"数据"选项卡的"排序和筛选"组中单击"升序"按钮或"降序"按钮即可完成排序。

2. 复杂排序

复杂排序可针对单列进行排序也可使用在涉及多列时的排序。复杂排序时可对单元格值、单元格颜色、字体颜色、条件格式图标等进行升序或降序排序，具体操作步骤如下。

第 1 步：选中需要排序的数据区域中任意一个单元格，在"数据"选项卡的"排序和筛选"组中单击"排序"按钮，弹出"排序"对话框。

第 2 步：根据数据表情况，判断"数据包含标题"复选按钮是否勾选，并按照排序要求单击"添加条件"按钮，依次添加排序关键字，如图 6.5.4 所示。关键字分为主要关键字、次要关键字、第三关键字……。

第 3 步：单击"确定"按钮。

排序时可用"选项"按钮设置排序方向、排序方法、是否区分大小写等。

6.5.3 数据分类汇总

数据分类汇总指将数据按照需求进行分类，然后在分类的基础上对数据分别进行求和、求平均数、求个数、求最大值、求最小值等方法的汇总。

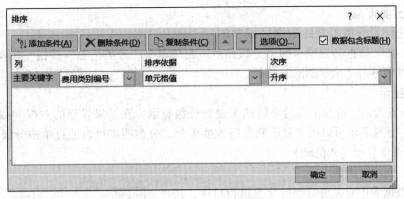

图 6.5.4　"排序"对话框

1. 创建分类汇总

分类的字段数据在分组之前需要先进行排序。

【6.27】请使用分类汇总功能在图 6.3.7 所示的报销金额统计表中统计各地区员工人数。

解：

操作步骤如下。

第 1 步：在报销金额统计表中将"地区"字段进行排序。

第 2 步：在"数据"选项卡的"分级显示"组中单击"分类汇总"按钮，弹出"分类汇总"对话框，对汇总方式和汇总项进行选择，如图 6.5.5 所示。

第 3 步：单击"确定"按钮，员工人数统计结果如图 6.5.6 所示。

数据分类汇总

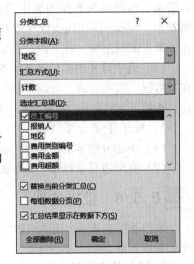

图 6.5.5　"分类汇总"对话框

	员工编号	报销人	地区	费用类别编号	费用金额	费用超额
1			报销金额统计			
2	员工编号	报销人	地区	费用类别编号	费用金额	费用超额
3	2001003	孟华成	成都	BIC-001	1200	
4	2001354	王文远	成都	BIC-004	5500	是
5	2001588	张涵璇	成都	BIC-006	2800	
6	2001056	杨萃玥	成都	BIC-007	2000	
7	4		成都 计数			
8	2003120	陈天忠	贵阳	BIC-002	2000	
9	2003705	钱浩宇	贵阳	BIC-007	1000	
10	2003939	黎浩然	贵阳	BIC-010	1400	
11	3		贵阳 计数			
12	2002237	李露	昆明	BIC-003	3500	是
13	2002471	方顺晟	昆明	BIC-005	3000	
14	2002822	刘文虹	昆明	BIC-005	2500	
15	3		昆明 计数			
16	10		总计数			

图 6.5.6　分类汇总结果

2. 删除分类汇总

选中已进行了分类汇总的数据区域中的

任意单元格，在"数据"选项卡的"分级显示"组中单击"分类汇总"按钮，在弹出的"分类汇总"对话框中单击"全部删除"按钮。

3. 分级显示

如图 6.5.6 所示，分类汇总后会将结果进行分级显示，在结果界面的左侧（或上侧）会显示分级符号，分级显示可以快速显示摘要行或摘要列。分类明细可以通过单击分级符号的"+"（或"–"）进行显示（或隐藏）。

1）创建/删除分级显示

（1）在数据表中对需要分类的字段进行排序，选择同类的明细行（或列）且不包括汇总行，在"数据"选项卡的"分级显示"组中，单击"组合"按钮下方的箭头，在弹出的下拉列表中选择"组合"命令，如图 6.5.7 所示，所选同类行（或列）将关联为一组，并在结果界面的左侧（或上侧）会显示分级符号。

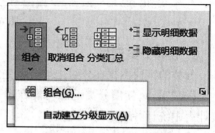

图 6.5.7　"组合"按钮

（2）选中需要删除分级显示的数据同类行（或列），在"数据"选项卡的"分级显示"组中，单击"取消组合"按钮下方的箭头，在弹出的下拉列表中选择"取消组合"命令，完成删除分级显示操作。

2）展开/折叠分级显示

（1）单击分级显示符号中的最低级别将展开所有明细数据。

（2）在分级显示符号中，单击某一级别编号，处于低级别的明细数据将变为隐藏状态。

6.5.4　数据透视表

数据透视表是通过使用源数据表中数据的汇总、分析、计算、筛选、排序等来进行分析的一种交互性表格。

1. 插入数据透视表

第 1 步：在工作表中选择创建数据透视表所依据的源数据表，在"插入"选项卡的"表格"组中单击"数据透视表"按钮，弹出"创建数据透视表"对话框，在对话框中对透视表放置的位置等进行设置，如图 6.5.8 所示，单击"确定"按钮。

第 2 步：在工作簿中添加了一个空的数据透视表，并在界面右侧出现"数据透视表字段"窗格。

第 3 步：按需求在"数据透视表字段"窗格中，将字段分别添加到窗格下方的"行"区域、"列"区域、"筛选"区域、"值"区域中，即可查看数据透视结果，如图 6.5.9 所示。

2. 编辑数据透视表

1）更改数据透视表样式

数据透视表的本质是一个表格，因此可以对数据透视表添加系统预设样式也可根据需求自定义样式。

（1）选择系统预设样式：在"数据透视表工具—设计"选项卡的"数据透视表样式"组中，根据需求选择样式即可。

（2）自定义新样式：在"数据透视表工具—设计"选项卡的"数据透视表样式"组中单击右侧箭头，弹出下拉列表，在下拉列表中选择"新建数据透视表样式"命令，弹出"新建数据透视表样式"对话框，在对话框中输入新样式名称，如图 6.5.10 所示，单击"格式"按钮进行格式设置，设置完成后单击"确定"按钮，即可完成自定义样式。

图 6.5.8　"创建数据透视表"对话框　　　图 6.5.9　"数据透视表字段"窗格

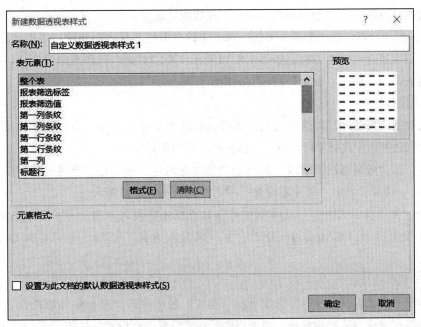

图 6.5.10　"新建数据透视表样式"对话框

2）更改数据透视表数据源

数据透视表在创建之后可对源数据区域进行更换，更换之后数据透视表中的数据会随之发生变化。

在"数据透视表工具—分析"选项卡的"数据"组中，单击"更改数据源"按钮，弹出"更改数据透视表数据源"对话框，如图 6.5.11 所示，在对话框中选择新的数据区域并单击"确定"按钮，完成数据源的更改。

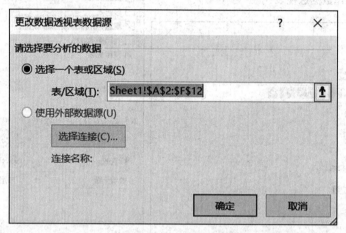

图 6.5.11　"更改数据透视表数据源"对话框

3）刷新数据

当源数据表中的数据发生变化时，数据透视表在默认设置下不会自动更新，通过设置数据刷新可让数据透视表在每次打开时实时刷新数据，让表格数据与源数据表中的数据保持一致，具体操作方法如下。

方法 1：在"数据透视表工具—分析"选项卡的"数据"组中，单击"刷新"按钮，在下拉列表中选择"刷新"或"全部刷新"命令，完成刷新设置。

方法 2：在"数据透视表工具—分析"选项卡的"数据透视表"组中，单击"选项"按钮，弹出"数据透视表选项"对话框，如图 6.5.12 所示，在"数据"选项卡中勾选"打开文件时刷新数据"复选按钮，单击"确定"按钮完成刷新设置。

4）值字段设置

在利用数据透视表进行数据分析或计算时，数据类型和汇总方式会直接影响计算结果，因此需要在数据透视表中进行字段设置，具体操作步骤如下。

第 1 步：在"数据透视表字段"窗格的"值"区域中，单击任意字段名称，在列表中选择"值字段设置"命令，弹出"值字段设置"对话框，如图 6.5.13 所示。

第 2 步：在"自定义名称"文本框中可以对透视表字段名称进行重命名；在"值汇总方式"选项卡中可以对计算方式进行更改；在"值显示方式"选项卡中可以对数据类型进行设置。

5）移动数据透视表

在"数据透视表工具—分析"选项卡的"操作"组中单击"移动数据透视表"按钮，在弹出的"移动数据透视表"对话框中，对透视表的放置位置进行设置，如图 6.5.14 所示。

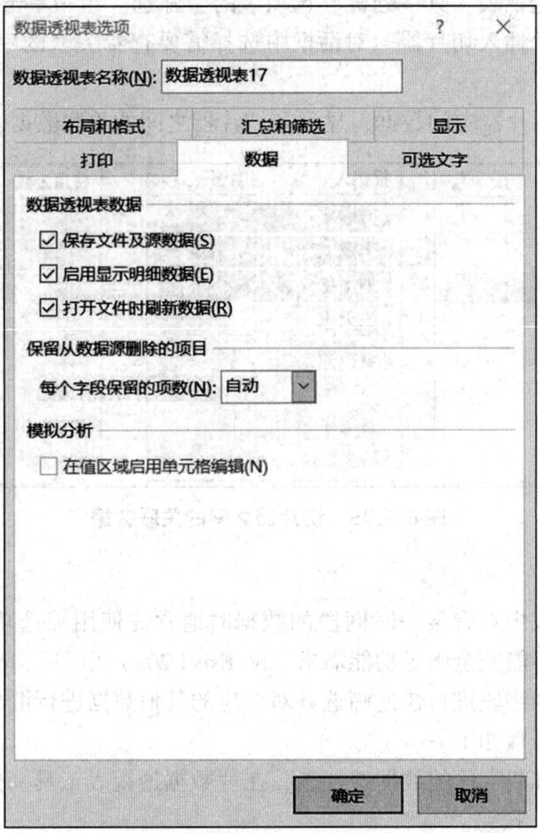

图 6.5.12　"数据透视表选项"对话框

图 6.5.13　"值字段设置"对话框

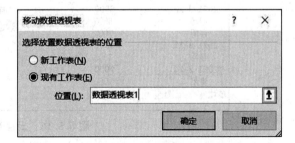

图 6.5.14　"移动数据透视表"对话框

3. 切片器

切片器能够使数据之间产生关联,当需要在数据中快速显示某些数据之间的联系时,可通过插入切片器来进行查看。

插入切片器的具体操作步骤如下。

第1步：在"数据透视表工具—分析"选项卡的"筛选"组中单击"插入切片器"按钮。

第2步：在弹出的"插入切片器"对话框中选择需要查看关联的字段，单击"确定"按钮生成切片器。

第3步：单击某个切片器中的数据，显示各切片器之间的关联数据，如图6.5.15所示。

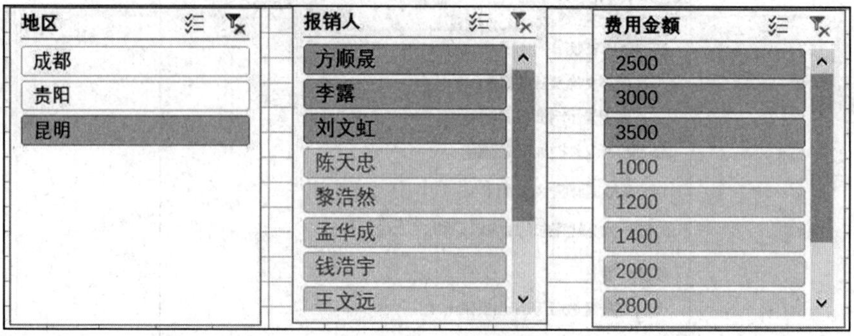

图6.5.15　切片器之间的关联数据

4. 日程表

在含有日期的数据表中查看某一时间段的数据时通常需使用筛选功能，但这样的查看方式没有汇总功能，所以并不能完全满足功能需求。从Excel 2013版以后，电子表格添加了日程表功能，这一功能可以对日期字段进行快速筛选并对对应的其他数据进行汇总。

插入日程表的操作步骤如下。

第1步：选中包含日期字段的数据透视表，在"数据透视表工具—分析"选项卡的"筛选"组中单击"插入日程表"按钮。

第2步：在弹出的"插入日程表"对话框中勾选包含日期的字段，单击"确定"按钮生成日程表。

第3步：在日程表中选择需要查看的日期时间段，在数据透视表中显示出该日期对应的数据计算结果，如图6.5.16所示。

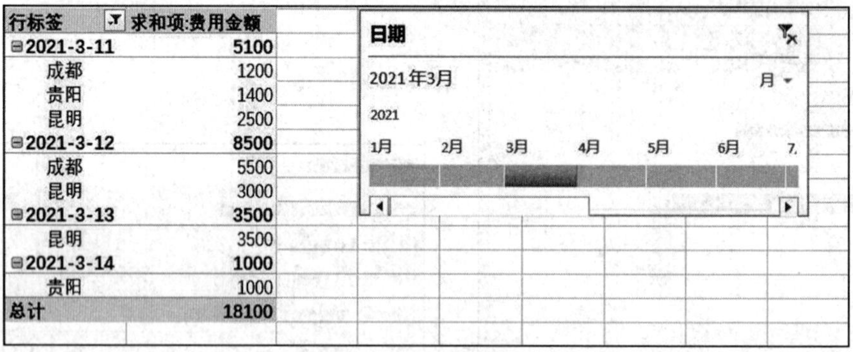

图6.5.16　日程表显示结果

5. 插入数据透视图

数据透视表体现了细致的数据分析，为了让用户对数据的表达更加直观，可以为数据透视表创建数据透视图。在创建数据透视图时，会自动将数据透视表作为数据源，两者之间产生关联，数据透视表中数据发生的变化会立即反映在数据透视图中。

选中需要添加数据透视图的数据透视表，在"数据透视表工具—分析"选项卡的"工具"

组中单击"数据透视图"按钮,弹出"插入图表"对话框,在对话框中选择合适的图表类型,单击"确定"按钮。

6. 删除数据透视表

单击要删除的数据透视表的任意位置,在"数据透视表工具—分析"选项卡的"操作"组中单击"选择"按钮,在下拉列表中选择"整个数据透视表"命令,按〈Delete〉键删除数据透视表。

注意事项:如果删除数据透视表,则与其相关联的数据透视图会变为普通图表。

6.5.5　数据快速分析

在工作表中选中数据区域,在数据区域右下角弹出"快速分析"按钮,单击该按钮后可对数据进行条件格式设置、插入图表、插入表格、自动计算汇总、插入迷你图等操作,如图 6.5.17 所示。

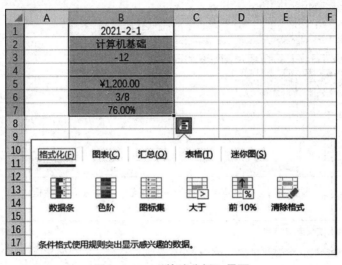

图 6.5.17　"快速分析"界面

6.6　电子表格的高级应用

6.6.1　自文本获取数据

为了减少数据输入工作量,Excel 2016 提供了强大的数据获取功能,用户可通过获取外部数据将数据导入工作表中,本小节将以导入文本文件数据为例进行介绍。

【例 6.28】请将图 6.3.7 的文本文件"报销金额统计表"中的数据导入电子表格中。

解:

操作步骤如下。

第 1 步:在"数据"选项卡的"获取外部数据"组中单击"自文本"按钮,选择文本文件"报销金额统计表"。

第 2 步:在弹出的"文本导入向导—第 1 步,共 3 步"对话框中选择文件原始格式,如图 6.6.1所示,单击"下一步"按钮。

第 3 步:在弹出的"文本导入向导—第 2 步,共 3 步"对话框中选择分隔符号并预览导入数据格式，如图 6.6.2 所示，单击"下一步"按钮。

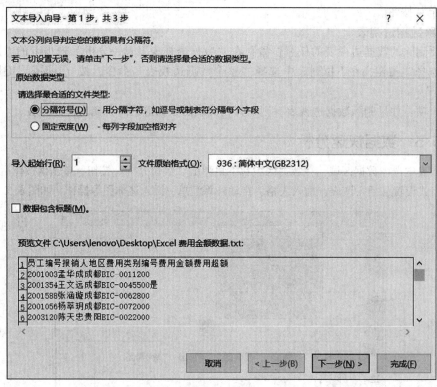

图 6.6.1 "文本导入向导—第 1 步，共 3 步"对话框

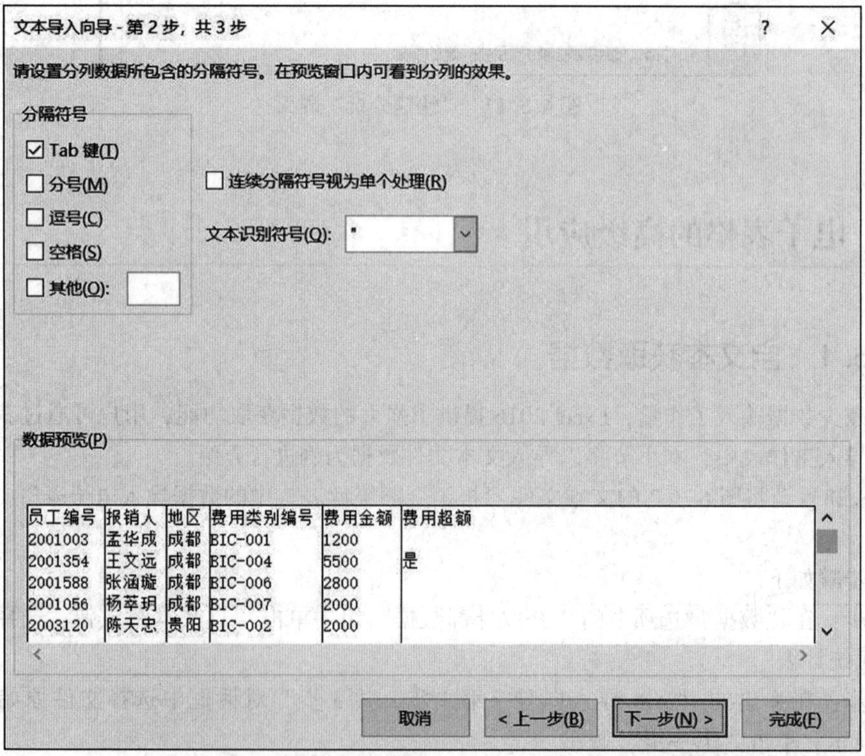

图 6.6.2 "文本导入向导—第 2 步，共 3 步"对话框

第 4 步：在"文本导入向导—第 3 步，共 3 步"对话框中根据计算格式需求设置列数据格式，如图 6.6.3 所示，单击"完成"按钮。

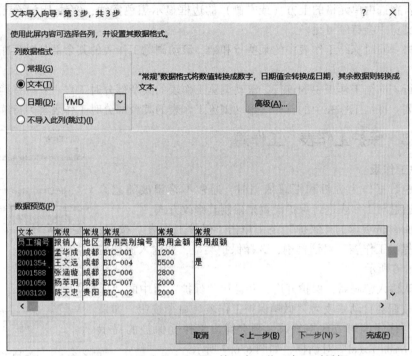

图 6.6.3　"文本导入向导—第 3 步，共 3 步"对话框

第 5 步：在弹出的"导入数据"对话框中选择导入数据的放置位置，如图 6.6.4 所示，单击"确定"按钮，完成数据导入。

第 6 步：导入数据后的工作表界面如图 6.6.5 所示。

	A	B	C	D	E	F
1	员工编号	报销人	地区	费用类别编号	费用金额	费用超额
2	2001003	孟华成	成都	BIC-001	1200	
3	2001354	王文远	成都	BIC-004	5500	是
4	2001588	张涵璇	成都	BIC-006	2800	
5	2001056	杨苹玥	成都	BIC-007	2000	
6	2003120	陈天忠	贵阳	BIC-002	2000	
7	2003705	钱浩宇	贵阳	BIC-007	1000	
8	2003939	黎浩然	贵阳	BIC-010	1400	
9	2002237	李露	昆明	BIC-003	3500	是
10	2002471	方顺晟	昆明	BIC-005	3000	
11	2002822	刘文虹	昆明	BIC-005	2500	

图 6.6.4　"导入数据"对话框　　　　图 6.6.5　导入数据后的工作表界面

6.6.2　冻结窗格

当数据表中数据过多时，为了方便查看数据，用户可冻结工作表的某部分，使其在滚动浏览数据的过程中冻结部分一直持续可见。

第 1 步：选中需要滚动浏览数据的工作表区域的起始单元格，在"视图"选项卡的"窗口"

组中单击"冻结窗格"按钮。

第2步：在下拉列表中选择符合浏览需求的冻结选项。

第3步：在选中单元格的上方（或左侧）的边框显示黑色实线，实线上方（或左侧）的单元格在滚动浏览中会持续可见。

冻结窗格：同时冻结工作表中的某些行和列。滚动浏览工作表的其余部分时，冻结的行和列持续可见。

冻结首行：冻结工作表中的首行。滚动浏览工作表的其余部分时工作表首行持续可见。

冻结首列：冻结工作表中的首列。滚动浏览工作表的其余部分时工作表首列持续可见。

6.6.3　保护工作表、工作簿

1. 保护工作表

工作表中数据作为分析和汇总依据时，通常不希望被随意修改，用户可通过对工作表进行保护设置来限制其修改方式。

在"审阅"选项卡的"保护"组中单击"保护工作表"按钮，在弹出的"保护工作表"对话框中，选择保护类型，并输入保护密码，如图6.6.6所示。

再次确认输入密码后，保护开启，并且在"保护"组中的"保护工作表"按钮会自动修改为"撤销保护工作表"命令按钮。如果对工作表进行格式编辑或数据修改，则会弹出工作受保护的提示框，即"Microsoft Excel"对话框，如图6.6.7所示。

图 6.6.6　　"保护工作表"对话框

图 6.6.7　　"Microsoft Excel"对话框

在Excel 2016中，单元格默认为锁定状态，当"保护工作表"命令被启用后，全部单元格将被锁定不能进行修改。如果在表格使用时只是针对部分数据进行保护，则在开启"保护工作表"命令前，对允许编辑区域进行设置。

具体设置方式如下。

方法1：选中允许编辑区域，单击"开始"选项卡的"字体"组或"对齐方式"组中右下角的"对话框启动器"按钮，在弹出的"设置单元格格式"对话框中切换至"保护"选项卡。在选项卡中取消勾选"锁定"复选按钮，单击"确定"按钮，即完成设置。

方法2：选中允许编辑区域，单击"审阅"选项卡"保护"组中的"允许编辑区域"按钮，在弹出的"允许用户编辑区域"对话框中单击"新建"按钮，如图6.6.8所示，弹出"新区域"对话框，如图6.6.9所示，对允许编辑区域进行命名，并单击"确定"按钮，即完成设置。

2. 保护工作簿

对工作簿进行保护可以禁止其他使用者对工作簿的结构或窗口进行修改。

在"审阅"选项卡的"保护"组中单击"保护工作簿"按钮，在弹出的"保护结构和窗口"对话框中，选择保护类型并输入保护密码，如图6.6.10所示。

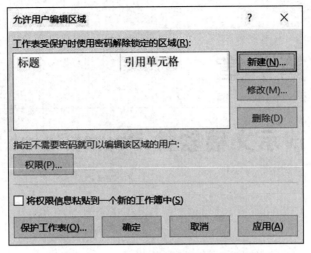

图 6.6.8　"允许用户编辑区域"对话框

图 6.6.9　"新区域"对话框　　　　图 6.6.10　"保护结构和窗口"对话框

（1）"结构"保护：启动保护后用户不可以对工作表进行新建、移动、复制、隐藏、删除、重命名等操作。

（2）"窗口"保护：启动保护后用户不可以对工作簿的窗口进行新建、冻结、更改大小等操作。

注意事项：工作簿的保护并不影响用户在工作簿中对数据进行操作，如果需要对数据进行保护，则需要开启"保护工作表"命令。

思考题

1. Excel 2016 中数据的类型有哪些？
2. 在 Excel 2016 中如何完成自定义序列填充？
3. 在公式运算符中，逻辑运算符的优先级是什么？
4. 分类汇总之前应对分类字段进行哪种操作？
5. 在 Excel 2016 中日程表的作用是什么？如何查看日程表中的数据？
6. 在工作表中如何取消对部分单元格的保护？

第 7 章

演示文稿软件 PowerPoint 2016

PowerPoint 2016 是一款集文字、图形、图像、声音、动画及视频等多媒体元素于一体的专门制作演示文稿的软件，广泛应用于课件制作、演讲、报告、产品演示等各种信息传播活动中。

7.1 PowerPoint 2016 的操作界面及基本操作

7.1.1 PowerPoint 2016 的操作界面

启动 PowerPoint 2016，系统将默认新建一个演示文稿，操作界面如图 7.1.1 所示。

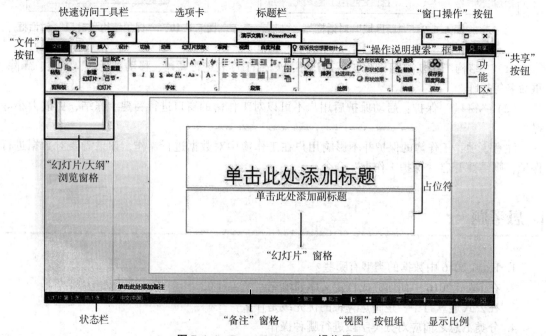

图 7.1.1 PowerPoint 2016 操作界面

在普通视图下，演示文稿编辑区包括左侧的"幻灯片/大纲"浏览窗格、中间的"幻灯片"窗格和下方的"备注"窗格。拖动窗格间的分界线或显示比例可以调整各窗格的大小。

1. "幻灯片/大纲"浏览窗格

在普通视图下，显示的是"幻灯片"浏览窗格，可以查看整个演示文稿中每张幻灯片的编号及缩略图；在大纲视图下，显示的是"大纲"浏览窗格，可以查看每张幻灯片中的文本内容。

2. "幻灯片"窗格

"幻灯片"窗格显示当前幻灯片的内容，在窗格中可对文本、图片、表格等各种对象进行编辑。

3. "备注"窗格

"备注"窗格用于对幻灯片添加注释、说明等备注信息，方便用户查看。

7.1.2　PowerPoint 2016 的基本操作

1. 新建演示文稿

1）新建空白演示文稿

启动 PowerPoint 2016 后，在窗口中选择"空白演示文稿"，即可新建一个名为"演示文稿1"的空白演示文稿，其中包含一张"标题幻灯片"版式的幻灯片。

2）基于模板创建演示文稿

模板是预先设计好的演示文稿样本，用户根据需要输入内容即可完成演示文稿的制作。

启动 PowerPoint 2016 后，在窗口中选择一种需要的模板，在弹出的窗口中单击"创建"按钮即可；也可通过联机搜索在互联网上的模板，下载使用。

3）基于主题创建演示文稿

主题决定了幻灯片的外观和颜色，具有统一的设计元素。

启动 PowerPoint 2016 后，在窗口中单击"主题"按钮，从列表中选择一种需要的主题，在弹出的窗口中单击"创建"按钮即可。

2. 演示文稿视图

PowerPoint 2016 提供了 5 种演示文稿视图，包括普通视图、大纲视图、幻灯片浏览视图、备注页视图和阅读视图。用户可根据需要选择不同的视图模式。

操作方法：在"视图"选项卡的"演示文稿视图"组中，选择视图方式，或者单击 Power-Point 2016 操作界面右下角的视图按钮进行切换。

（1）普通视图：PowerPoint 2016 默认的视图模式，在幻灯片窗格中，一次只显示一张幻灯片，可以直接对幻灯片内容进行编辑和格式化处理。

（2）大纲视图：主要用于查看、编排演示文稿的大纲。在"大纲"浏览窗格中只显示演示文稿的文本内容和组织结构。

（3）幻灯片浏览视图：以缩略图方式显示演示文稿中的所有幻灯片，可方便地新建、复制、移动、插入和删除幻灯片，设置幻灯片切换效果并预览等。

（4）备注页视图：在幻灯片缩略图下方显示备注页，在备注区中可以输入或编辑备注内容。

（5）阅读视图：用于幻灯片制作完成后的简单浏览放映，可查看幻灯片的内容、动画效果和切换效果等，不能对幻灯片内容进行修改和编辑。通常是从当前幻灯片开始阅读，单击可切换到下一张幻灯片，直到放映最后一张幻灯片后退出阅读视图，或通过左、右方向键来切换幻灯片，也可随时按〈Esc〉键退出阅读视图。

3. 编辑演示文稿

演示文稿由若干幻灯片组成，编辑演示文稿就是对幻灯片进行新建、复制、移动、重用、删除等操作。

1）新建幻灯片

方法 1：在"幻灯片"浏览窗格中，右击某张幻灯片缩略图，或者在两张幻灯片中间的位置右击，在弹出的快捷菜单中选择"新建幻灯片"命令，即可在当前位置插入一张新幻灯片。

方法 2：在"开始"选项卡的"幻灯片"组中，单击"新建幻灯片"按钮，在展开的下拉列表中选择一种版式后新建幻灯片，如图 7.1.2 所示。

2）复制幻灯片

在"幻灯片"浏览窗格中，右击需要复制的幻灯片缩略图，在弹出的快捷菜单中选择"复制幻灯片"命令，即可在当前幻灯片之后复制一张相同内容的幻灯片。

3）移动幻灯片

在"幻灯片"浏览窗格中，选择要移动的幻灯片缩略图，按住鼠标左键，将其拖动至目标位置。

4）重用幻灯片

当需要从其他演示文稿中复制幻灯片时，可以通过"复制/粘贴"功能实现，也可以使用重用幻灯片功能引用其他演示文稿的内容，具体操作步骤如下。

第 1 步：将光标定位于要插入重用幻灯片的位置。在"开始"选项卡的"幻灯片"组中，单击"新建幻灯片"按钮，在展开的下拉列表中选择"重用幻灯片"命令。

第 2 步：窗口右侧弹出"重用幻灯片"窗格，如图 7.1.3 所示，在窗格中单击"浏览"按钮，选择需要的重用幻灯片所在的演示文稿。

第 3 步：所选演示文稿的所有幻灯片在窗格中出现，单击选择需要重用的幻灯片，即可插入幻灯片。若要保留原幻灯片格式，可勾选左下角的"保留源格式"复选按钮。

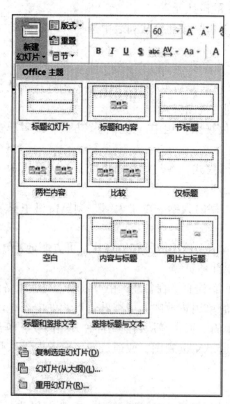

图 7.1.2　"新建幻灯片"按钮

图 7.1.3　"重用幻灯片"窗格

5）删除幻灯片

在"幻灯片"浏览窗格中，右击需要删除的幻灯片缩略图，在弹出的快捷菜单中选择"删除幻灯片"命令，或者按〈Delete〉键删除。

6）将幻灯片组织成节

对于大型幻灯片版面，通过"节"功能可以把幻灯片整理成组，以简化其管理和导航。

操作方法：选中要添加节的幻灯片，在"开始"选项卡的"幻灯片"组中，单击"节"按钮，在展开的下拉列表中选择"新增节"命令，即可在指定位置插入一个节，默认的节名为"无标题节"。在节名上右击，在弹出的快捷菜单中可对节进行重命名、删除等操作。

7.2　在幻灯片中插入对象及编辑

为了使演示文稿丰富多彩，除了文字，还可将图片、图表、声音、视频等多媒体对象插入幻灯片中，增强可视化效果。

1. 插入占位符

占位符是在幻灯片中被虚线框起来的部分，是一个特殊的文本框，可直接在占位符中输入内容。当使用幻灯片版式或模板创建演示文稿时，除了空白幻灯片，其余幻灯片都提供了占位符。

占位符一般都预设了文本格式，有固定的位置。可在幻灯片母版视图中插入占位符、设置占位符的格式，具体操作步骤如下。

第1步：在"视图"选项卡的"母版视图"组中，单击"幻灯片母版"按钮，进入幻灯片母版视图。

第2步：在左侧的幻灯片缩略图窗格中选择一个母版版式。

第3步：在"幻灯片母版"选项卡的"母版版式"组中，单击"插入占位符"按钮，在下拉列表中选择需要插入的占位符的类型。

第4步：当光标变为"十"字形时，在"幻灯片母版"窗格上拖动光标，即可插入占位符。

2. 插入文本框

在幻灯片中，除了使用占位符，还可以通过插入文本框的方式，在任意位置输入文本并设置文本格式。

操作方法：选中幻灯片，在"插入"选项卡的"文本"组中，单击"文本框"按钮，在展开的下拉列表中选择"横排文本框"或"竖排文本框"命令，然后在幻灯片中，按住鼠标左键，拖动绘制出合适大小的文本框。

3. 插入图片

在幻灯片中插入图片，可以丰富幻灯片的内容，增强演示效果。其操作方法与 Word 2016 软件一致。选中幻灯片后，在"插入"选项卡的"图像"组中，可以插入图片、屏幕截图等。

如果有大量的图片需要制作成幻灯片，则可以利用 PowerPoint 2016 提供的相册功能，批量插入图片，制作成相册，具体操作步骤如下。

第1步：在"插入"选项卡的"图像"组中，单击"相册"按钮，打开"相册"对话框。

第2步：在"相册"对话框中，单击"文件/磁盘"按钮，弹出"插入新图片"对话框，选择要插入的图片文件。

第3步：返回"相册"对话框，在"相册中的图片"区域中，可以查看已插入的图片，通过其下方的上下移动按钮，可调整图片顺序。

第 4 步：在"相册版式"区域中，可以设置图片版式、相框形状、主题等，如图 7.2.1 所示。

第 5 步：单击"创建"按钮，将会按照设定的格式自动创建一份相册。

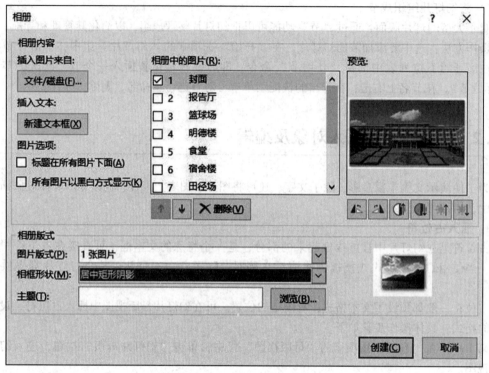

图 7.2.1 "相册"对话框

4. 插入 SmartArt 图形

PowerPoint 2016 也提供了形状和 SmartArt 图形，可以方便地绘制各种图形。利用 SmartArt 图形可快速在幻灯片中制作各种流程图、结构图等示意图。SmartArt 图形共有 8 类：列表、流程、循环、层次结构、关系、矩阵、棱锥图、图片。

1）插入 SmartArt 图形

方法 1：利用占位符插入。在幻灯片带有内容占位符的版式，如"标题和内容"版式中，在内容占位符中，单击"插入 SmartArt 图形"图标，如图 7.2.2 所示。弹出"选择 SmartArt 图形"对话框，在该对话框中选择合适的图形，单击"确定"按钮。

方法 2：直接插入。选择要插入 SmartArt 图形的幻灯片，在"插入"选项卡的"插图"组中，单击"SmartArt 图形"按钮，弹出"选择 SmartArt 图形"对话框，在该对话框中选择合适的图形，单击"确定"按钮。

2）文本与 SmartArt 图形相互转换

（1）文本转换为 SmartArt 图形。

选中要转换为 SmartArt 图形的文本，并调整好文本的级别。在"开始"选项卡的"段落"组中，单击"转换为 SmartArt"按钮，在打开的图形列表中选择合适的图形即可。

（2）SmartArt 图形转换为文本。

在"SmartArt 工具—设计"选项卡的"重置"组中，单击"转换"按钮，在展开的下拉列表中选择"转换为文本"命令，即可将 SmartArt 图形转换为文本。

图 7.2.2　利用占位符插入 SmartArt 图形

3）编辑 SmartArt 图形

（1）添加形状。

插入 SmartArt 图形后，如果形状个数不够，则可以添加形状。在"SmartArt 工具—设计"选项卡的"创建图形"组中，单击"添加形状"按钮，在展开的下拉列表中选择添加形状的位置，如图 7.2.3 所示。

（2）编辑文本和图片。

方法 1：选中幻灯片中的 SmartArt 图形，单击图形左侧的三角按钮，展开文本窗格，如图 7.2.4 所示，可在其中编辑文本或图片。在文本窗格中添加和编辑内容时，SmartArt 图形会自动更新，即根据需要添加或删除形状。还可以在文本窗格中按〈Tab〉键进行缩进，按组合键〈Shift+Tab〉进行逆向缩进，调整文本级别。

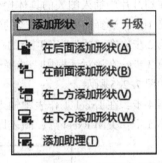

图 7.2.3　在 SmartArt 图形中添加形状

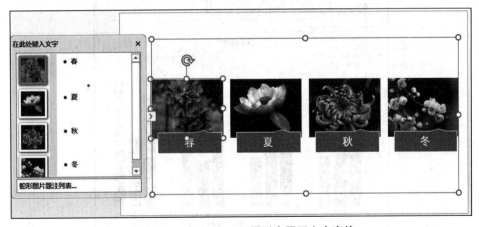

图 7.2.4　在 SmartArt 图形中展开文本窗格

方法 2：在"SmartArt 工具—设计"选项卡的"创建图形"组中，单击"文本窗格"按钮，可显示或隐藏文本窗格；单击"升级"或"降级"按钮，可调整文本级别；单击"上移"或"下移"按钮，可调整文本顺序。

方法 3：直接在形状中对文本或图片进行编辑。

（3）更改 SmartArt 图形布局。

选中幻灯片中的 SmartArt 图形，在"SmartArt 工具—设计"选项卡的"版式"组中，单击

"其他"按钮，在展开的布局库中可更改 SmartArt 图形布局。将光标置于图形布局上，可查看布局名称，并浏览布局效果。

（4）使用 SmartArt 图形样式。

在"SmartArt 工具—设计"选项卡的"SmartArt 样式"组中，单击"更改颜色"按钮，可快速改变 SmartArt 图形的颜色搭配；单击"其他"按钮，在展开的样式列表中，可改变 SmartArt 图形的外观样式。

5. 插入表格和图表

1）插入表格

在幻灯片中插入表格的操作方法与 Word 2016 一致。选择需要添加表格的幻灯片，在"插入"选项卡的"表格"组中，单击"表格"按钮，弹出下拉列表，可以选择使用"插入表格"库、"插入表格"对话框、手动绘制表格、Excel 电子表格的方式完成。

2）插入图表

在幻灯片中插入图表的具体操作步骤如下。

第 1 步：选择需要插入图表的幻灯片。

第 2 步：在"插入"选项卡的"插图"组中，单击"图表"按钮，弹出"插入图表"对话框。

第 3 步：在该对话框中，选择合适的图表类型，单击"确定"按钮后，将会启动 Excel 程序，如图 7.2.5 所示。

第 4 步：在 Excel 工作表中输入、编辑生成图表的数据源。

第 5 步：关闭 Excel 后，图表即可插入幻灯片中。

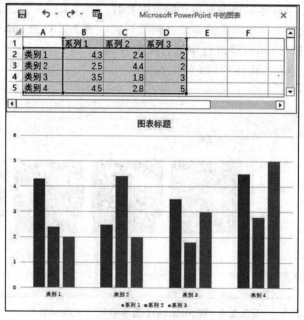

图 7.2.5　插入图表时启动 Excel 程序

在"图表工具—设计"和"图表工具—格式"选项卡中，可以对图表进行添加元素、更改布局、使用样式、更改格式等设置。

6. 插入音频

在播放幻灯片时，如果需要添加背景音乐、旁白等声音，可以通过插入音频文件的方法实现。PowerPoint 2016 支持的音频格式有 .mp3、.wav、.wma 等。

1）插入音频文件

选择要插入音频文件的幻灯片，在"插入"选项卡的"媒体"组中，单击"音频"按钮，在下拉列表中选择音频文件来源，其中：

（1）单击"PC 上的音频"按钮，弹出"插入音频"对话框，选择要插入的音频文件，单击"插入"按钮即可；

（2）单击"录制音频"按钮，弹出"录制声音"对话框，如图 7.2.6 所示，在"名称"文本框中输入音频名称，单击"录制"按钮开始录制，单击"停止"按钮结束录制，单击"确定"按钮则退出对话框。

插入音频文件后，在幻灯片中会出现喇叭图形标记，如图 7.2.7 所示。选中音频图标，可调整其位置及大小，单击图标下方的"播放/暂停"按钮，可在幻灯片中预览音频文件。

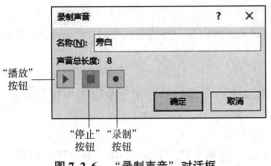

图 7.2.6　"录制声音"对话框

图 7.2.7　插入音频文件

2）设置音频播放方式

选中幻灯片中的音频图标，在"音频工具—播放"选项卡的"音频选项"组中设置音频播放方式，如图 7.2.8 所示。

（1）单击"开始"按钮，在打开的下拉列表中可以选择"自动"或"单击时"命令，设置播放音频文件的方式。

图 7.2.8　设置音频播放方式

（2）勾选"跨幻灯片播放"复选按钮，则可将音频文件设置为背景音乐，切换幻灯片时仍继续播放音频。

（3）勾选"循环播放，直到停止"复选按钮，将会重复播放音频直至手动停止或切换到下一张幻灯片为止。

（4）勾选"放映时隐藏"复选按钮，则可在放映幻灯片时隐藏音频图标。

注意事项：当音频播放的方式设置为"单击时"，又勾选了"放映时隐藏"复选按钮，则放映幻灯片时无法找到音频图标，将不能播放声音。

3）剪裁音频

对于插入幻灯片的音频，如果需要可对其开头和结尾部分进行剪裁，但这只是裁剪了幻灯片中的音频，对实际的源文件并无影响。

操作方法：选中幻灯片中的音频图标，在"音频工具—播放"选项卡的"编辑"组中，单击"剪裁音频"按钮，弹出"剪裁音频"对话框，通过拖动左侧的绿色滑块（开始）或右侧的红色滑块（结束），可重新确定音频的起止位置，单击"确定"按钮完成剪裁，如图 7.2.9 所示。

4）删除音频

选中幻灯片中的音频图标，按〈Delete〉键即可删除。

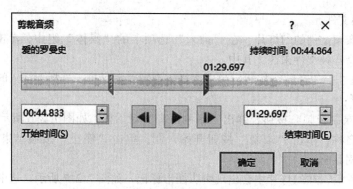

图 7.2.9 "剪裁音频"对话框

7. 插入视频

在幻灯片中插入视频或链接视频文件，可丰富演示文稿的内容，使其更加生动。PowerPoint 2016 支持的视频格式有 . avi、. wmv、. mp4 等。

1）插入视频文件

选择要插入视频文件的幻灯片，在"插入"选项卡的"媒体"组中，单击"视频"按钮，可选择"联机视频"或"PC 上的视频"选项。

2）设置视频播放选项

选中幻灯片上的视频文件，在"视频工具—播放"选项卡的"视频选项"组中进行设置即可。同音频文件操作一样，在 PowerPoint 2016 中也可对视频文件进行剪裁。

8. 插入页眉和页脚

在演示文稿中，可以为每张幻灯片添加类似 Word 文档的页眉和页脚。

操作方法：在"插入"选项卡的"文本"组中，单击"页眉和页脚"按钮，弹出"页眉和页脚"对话框，如图 7.2.10 所示，可以设置日期和时间、幻灯片编号、页脚等。设置完成后，单击"应用"按钮，则设置效果将应用于所选幻灯片；单击"全部应用"按钮，则设置效果将应用于所有幻灯片。

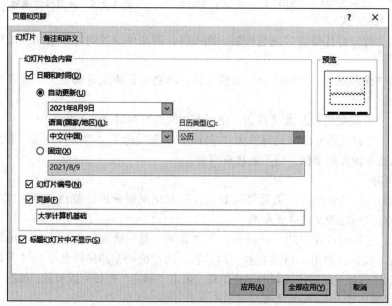

图 7.2.10 "页眉和页脚"对话框

7.3　幻灯片外观的设计

7.3.1　设置幻灯片的主题

PowerPoint 2016 提供了多种内置的主题效果，可为演示文稿设置统一的外观。

在"设计"选项卡的"主题"组中，单击"其他"按钮，展开主题列表，将光标置于主题上，会显示主题名称，同时在幻灯片窗格中可预览主题效果。选定主题后右击，在弹出的快捷菜单中选择"应用于所有幻灯片"或"应用于选定幻灯片"命令。

如果对主题效果不满意，则可以在"变体"组中，通过自定义方式修改主题的颜色、字体和背景样式等，形成自定义主题；或者在主题列表下方选择"浏览主题"命令，选择已下载的外部主题。

7.3.2　设置幻灯片的背景格式

幻灯片背景一般与内置主题一起提供，也可以对背景格式重新设置。

在"设计"选项卡的"自定义"组中，单击"设置背景格式"按钮，在窗口右侧打开"设置背景格式"窗格，如图 7.3.1 所示。在该窗格中，可将背景填充设置为纯色、渐变、图片、纹理、图案等。设置完毕，单击"关闭"按钮，则设置效果将应用于所选幻灯片；单击"全部应用"按钮，则设置效果将应用于所有幻灯片。

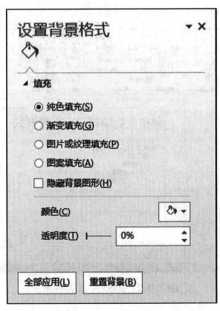

图 7.3.1　"设置背景格式"窗格

7.3.3　幻灯片母版的应用

幻灯片母版用于设置每张幻灯片的预设格式，用户对母版中的字体、背景、图片等进行的设置，可快速运用到该主题版式的每张幻灯片中。PowerPoint 2016 提供的母版有 3 种类型：幻灯片母版、讲义母版、备注母版。

1. 幻灯片母版

幻灯片母版控制着整个演示文稿的外观，包括颜色、字体、背景、效果等。

通常使用幻灯片母版进行下列操作。

（1）更改字体格式或项目符号。

（2）插入文字、图片，使其显示在多张幻灯片中。

（3）插入占位符，或更改已有占位符的位置、大小和格式。

（4）更改演示文稿的主题效果、背景格式。

【例7.1】新建"演示文稿1.pptx"，使用幻灯片母版，在每张幻灯片的右上角添加一个五角星。

解：

具体操作步骤如下。

第1步：新建"演示文稿1.pptx"文件，在"视图"选项卡的"母版视图"组中，单击"幻灯片母版"按钮。

第2步：进入幻灯片母版视图，在左侧的幻灯片缩略图窗格中显示着各种版式的空幻灯片母版。其中，最上方第1张为幻灯片母版，其下方为与之关联的11个版式的母版（若要对某个版式进行修改，则可直接选中关联的该母版缩略图进行修改即可）。

第3步：选中窗格中最上方的幻灯片母版，在"插入"选项卡的"插图"组中，单击"形状"按钮，在下拉列表中选择"五角星"形状，在母版窗格右上角拖动光标绘制，如图7.3.2所示。

第4步：在"幻灯片母版"选项卡的"关闭"组中，单击"关闭母版视图"按钮，退出幻灯片母版视图。

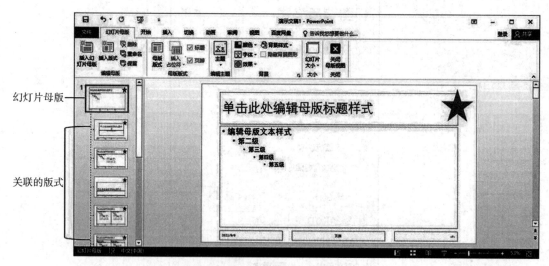

图7.3.2　幻灯片母版视图

2. 讲义母版

讲义母版可以自定义演示文稿用作打印讲义时的外观，用户可对讲义进行设计和布局。

3. 备注母版

备注母版可以自定义演示文稿与备注一起打印时的外观，可设置备注页的版式及备注文字的格式。

幻灯片母版的使用

7.4　幻灯片的动态效果

为演示文稿添加动态效果，可以让演示更加生动、吸引观众的注意力。PowerPoint 2016 中的动态效果可以分为三大类：幻灯片之间的切换效果；幻灯片中各对象的动画效果；其他动态效果，如幻灯片的链接跳转。

7.4.1　切换效果

幻灯片的切换效果是指在演示文稿放映时幻灯片进入和退出时的整体视觉效果。PowerPoint 2016 提供了 3 类切换效果：细微型、华丽型和动态内容。

操作方法：选中需要添加切换效果的幻灯片，在"切换"选项卡的"切换到此幻灯片"组中，单击"其他"按钮，在展开的下拉列表中选择需要的切换效果即可。单击"效果选项"按钮，在展开的下拉列表中还可改变幻灯片切换时的方向。

如果希望将演示文稿中的所有幻灯片间的切换，设置成当前幻灯片的切换效果，则可在"切换"选项卡的"计时"组中，单击"全部应用"按钮。在"计时"组中还可设置幻灯片切换时的声音效果、切换持续时间等。

7.4.2　动画效果

为幻灯片中的对象设置动画效果是指为演示文稿中的文本、图片、形状、表格、SmartArt 图形等添加动画效果，使这些对象按照设置的顺序、路径、时间依次显示，并赋予它们进入、退出、大小变换、颜色变化、移动等视觉效果，让演示文稿更富生机与活力。

1. 为对象添加动画效果

操作方法：选中要添加动画效果的对象，在"动画"选项卡的"动画"组中，单击"其他"按钮，在展开的下拉列表中选择动画效果即可。

PowerPoint 2016 提供了以下 4 类动画效果。

（1）进入：幻灯片放映过程中，设置对象进入放映界面时的动画效果。

（2）强调：设置放映中需要突出显示的对象，使其在位置、形状或颜色上有所变化，起强调作用。

（3）退出：设置对象退出幻灯片放映界面时的动画效果。

（4）动作路径：设置幻灯片放映时，对象沿路径移动的方式。通过引导线使对象沿着路径运动，绿色三角形表示路径起点，红色三角形表示路径终点。

若列表中没有合适的动画效果，则可选择下方的"更多进入效果""更多强调效果""更多退出效果"或"其他动作路径"命令，在打开的对话框中可查看更多效果。

注意事项：在动画列表中为对象设置动画效果，只能为该对象设置一个动画效果。若要为一个对象设置多个动画效果，则在"动画"选项卡的"高级动画"组中，单击"添加动画"按钮，在下拉列表中选择要添加的动画效果。

2. 为对象设置动画效果

为对象添加动画后，可以进一步设置动画效果、设置动画计时、调整动画播放顺序等。

1）设置动画效果

操作方法：选择已应用了动画的对象，在"动画"选项卡的"动画"组中，单击"效果选项"按钮，在展开的下拉列表中选择需要的效果。

例如：为图 7.2.4 中的 SmartArt 图形设置"擦除"逐个自顶部进入的动画。设置"擦除"动画效果后，在"效果选项"下拉列表中，选择"自顶部""逐个"命令，如图 7.4.1 所示。

注意事项："效果选项"下拉列表中的可用效果选项与所选对象的类型以及应用于对象上的动画类型有关，不同的对象、不同的动画类型其可用效果选项是不同的。

2）设置动画计时

操作方法：选择已应用了动画的对象，在"动画"选项卡的"计时"组中，可为该动画设置开始时间、持续时间或延迟计时。

3）调整动画播放顺序

一张幻灯片的多个动画对象，默认情况下是按照动画设置的先后顺序播放的，用户也可根据需要调整动画的播放顺序。

操作方法：选择已应用了动画的对象，单击其左侧的动画编号标记，在"动画"选项卡的"计时"组中，单击"对动画重新排序"下方的"向前移动"或"向后移动"按钮，调整动画播放顺序；也可在"动画窗格"中直接拖动对象名称调整动画播放顺序。

图 7.4.1　　"效果选项"下拉列表

3. 触发

触发是指为幻灯片中的对象设置动画的特殊开始条件，单击某个对象可启动另一个对象的动画效果。

【例 7.2】在图 7.4.2 中，实现单击椭圆形状的"触发按钮"时，触发幻灯片中的"心形"图形，并播放"旋转"动画效果的操作步骤是什么？

解：

具体操作步骤如下。

第 1 步：在幻灯片中插入"心形"和"椭圆"形状，并编辑文字。

第 2 步：选中"心形"形状，设置"旋转"动画效果。

第 3 步：在"动画"选项卡的"高级动画"组中，单击"触发"按钮，在展开的下拉列表中选择"椭圆"命令。

第 4 步：放映幻灯片，单击椭圆形状的"触发按钮"，即可触发"心形"形状的动画效果。

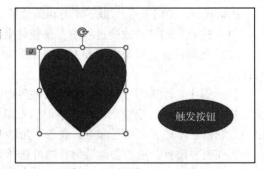

图 7.4.2　触发效果示例

4. 动画刷

动画刷可以轻松、快速地复制动画效果，其使用方式与格式刷功能类似。

操作方法：选定要复制动画的对象，在"动画"选项卡的"高级动画"组中，单击"动画刷"按钮，待光标上出现刷子形状后，再单击要应用动画的对象即可。双击"动画刷"按钮，可将同一动画重复复制给多个对象。

5. 动画窗格

在一张幻灯片中对多个对象设置了动画效果后，可在"动画窗格"窗格中查看当前幻灯片上的所有动画，并进行详细设置。

在"动画"选项卡的"高级动画"组中，单击"动画窗格"按钮，在幻灯片窗格右侧打开"动画窗格"窗格。

在该窗格中展示出当前幻灯片中设置了动画的所有对象名称及动画播放顺序，选中某对象名称，单击"动画窗格"上方的"上移"或"下移"三角按钮，或直接拖动窗格中的对象名称，可改变对象的动画播放顺序。

单击对象右侧的黑色三角按钮，或右击对象，打开下拉列表，可设置动画播放的开始时间、效果选项、计时等，如图 7.4.3 所示。

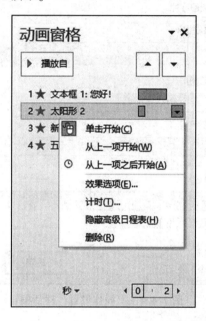

图 7.4.3　在"动画窗格"窗格中打开下拉列表

7.4.3　幻灯片的链接跳转

在幻灯片中，用户可以使用超链接、添加动作按钮或动作来实现链接跳转，从一张幻灯片跳转到其他幻灯片、文件或网页等，增强演示文稿的交互效果。

1. 使用超链接

选中需要建立超链接的文本、图像或其他对象，在"插入"选项的"链接"组中，单击"超链接"按钮，弹出"插入超链接"对话框，选择链接位置，单击"确定"按钮，放映时单击该链接实现跳转。

2. 添加动作按钮

选中需要添加动作按钮的幻灯片，在"插入"选项卡的"插图"组中，单击"形状"按钮，在下拉列表中的"动作按钮"区域中选择动作按钮，在幻灯片窗格中拖动光标绘制动作按钮形状，当松开鼠标左键时，弹出"操作设置"对话框，如图 7.4.4 所示，在该对话框中分配动作、设置声音等。

3. 添加动作

选中幻灯片中的文本、图片或其他对象，在"插入"选项卡的"链接"组中，单击"动作"按钮，同样会弹出"操作设置"对话框，进行动作设置即可。

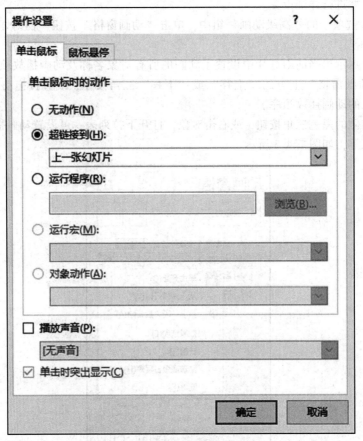

图 7.4.4　"操作设置"对话框

7.5　幻灯片的放映与保存演示文稿

7.5.1　幻灯片的放映

1. 幻灯片放映的方法

幻灯片放映时，视图会占据整个计算机屏幕，可以看到各种对象的实际演示效果。幻灯片放映一般有以下 3 种方法。

（1）在 PowerPoint 2016 操作界面右下角的"视图"按钮组中，单击"幻灯片放映"按钮。

（2）在"幻灯片放映"选项卡的"开始放映幻灯片"组中，单击"从头开始"或者"从当前幻灯片开始"按钮。

（3）按〈F5〉键进入幻灯片放映视图。

2. 退出幻灯片放映

退出幻灯片放映的方法有以下 2 种。

（1）幻灯片放映时，右击，在弹出的快捷菜单中选择"结束放映"命令。

（2）按〈Esc〉键退出幻灯片放映视图。

3. 设置幻灯片放映

在幻灯片放映前，可以对幻灯片的放映进行设置，包括隐藏幻灯片、排练计时、录制幻灯片、设置幻灯片放映方式等。

1）隐藏幻灯片

在"幻灯片"浏览窗格中，选择需要隐藏的幻灯片缩略图，在"幻灯片放映"选项卡的"设置"组中，单击"隐藏幻灯片"按钮；或直接右击幻灯片缩略图，在快捷菜单中选择"隐藏幻灯片"命令。这时，幻灯片缩略图的编号上出现斜杠，表明该幻灯片已隐藏。当全屏放映幻灯片时，被隐藏的幻灯片将不再显示。

2）排练计时

排练计时就是预先排练放映演示文稿，并记录每张幻灯片放映所需的时间。当幻灯片放映时，会根据排练时间自动播放。

操作方法：在"幻灯片放映"选项卡的"设置"组中，单击"排练计时"按钮。这时幻灯片进入全屏放映模式，弹出"录制"工具栏，显示当前幻灯片的放映时间和总放映时间，如图 7.5.1 所示。录制完毕后，保留幻灯片排练时间即可。

图 7.5.1　"录制"工具栏

3）录制幻灯片

录制幻灯片是将演示过程进行录制，还可加入解说旁白、墨迹和激光笔等。

操作方法：在"幻灯片放映"选项卡的"设置"组中，单击"录制幻灯片演示"按钮，弹出"录制幻灯片演示"对话框，如图 7.5.2 所示，对录制内容进行勾选，单击"开始录制"按钮后进入幻灯片放映视图。与排练计时相似，会弹出"录制"工具栏，对幻灯片进行演示并解说即可。

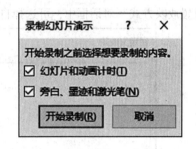

图 7.5.2　"录制幻灯片演示"对话框

4）设置幻灯片放映方式

在"幻灯片放映"选项卡的"设置"组中，单击"设置幻灯片放映"按钮，弹出"设置放映方式"对话框，如图 7.5.3 所示。在"放映类型"区域中可以选择放映方式，其中各选项含义如下。

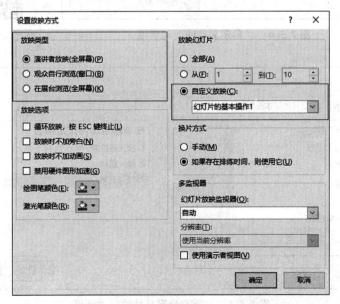

图 7.5.3　"设置放映方式"对话框

（1）演讲者放映（全屏幕）：演示文稿默认的放映方式，以全屏显示，放映过程完全由演讲者控制，因此又被称为手动放映方式。

（2）观众自行浏览（窗口）：观众在带有导航菜单或按钮的标准窗口中，通过滚动条、方向键或控制按钮来自行控制浏览演示内容，因此又被称为交互式放映方式。

（3）在展台浏览（全屏幕）：以全屏幕形式在展台上自动播放，按事先预定的或按排练计时设置的时间和次序放映，只能使用〈Esc〉键退出，因此又被称为自动放映方式。

5）自定义幻灯片放映

自定义幻灯片放映是在放映时仅显示选择的幻灯片，在同一个演示文稿中可以设置多个"自定义放映"方案，以适应不同的演示需求，具体操作步骤如下。

第1步：在"幻灯片放映"选项卡的"开始放映幻灯片"组中，单击"自定义幻灯片放映"按钮，弹出"自定义放映"对话框，如图7.5.4所示。

第2步：单击"新建"按钮，弹出"定义自定义放映"对话框，如图7.5.5所示。

第3步：在"幻灯片放映名称"文本框中输入方案名，把演示文稿中的幻灯片"添加"到自定义放映中。

第4步：单击"确定"按钮，返回"自定义放映"对话框。

第5步：重复第2~4步，可新建其他放映方案。

第6步：单击"幻灯片放映"选项卡的"设置"组中的"设置幻灯片"按钮，在打开的"设置放映方式"对话框中，可选择自定义放映方案，如图7.5.3所示。

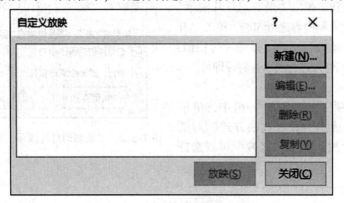

图 7.5.4　"自定义放映"对话框

自定义幻灯片放映

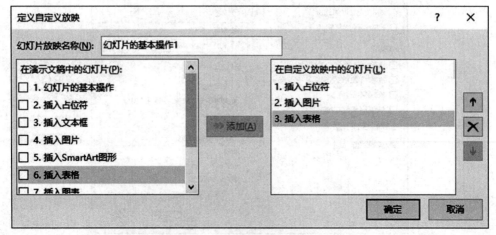

图 7.5.5　"定义自定义放映"对话框

7.5.2　保存演示文稿

演示文稿 PowerPoint 2016 默认保存的文件名为"*.pptx"，用户也可以通过"另存为"方式将文件保存为 PowerPoint 模板（*.potx）、PowerPoint 放映（*.ppsx）、MPEG—4 视频（*.mp4）、Windows Media 视频（*.wmv）、PDF（*.pdf）文件等格式。

演示文稿中通常有很多链接对象（如音频、视频、图片、字体等），可以将演示文稿打包成 CD，创建一个包，以便在其他计算机上播放。

操作方法：单击"文件"按钮，选择"导出"→"将演示文稿打包成 CD"命令，并在右侧窗格中单击"打包成 CD"按钮，弹出"打包成 CD"对话框，如图 7.5.6 所示。选择需要打包的文件，也可通过"添加"按钮，添加其他文件。

设置完成后，单击"复制到文件夹"按钮，可将演示文稿打包到指定的文件夹中；单击"复制到 CD"按钮，可将演示文稿打包并刻录到事先准备好的 CD 上。

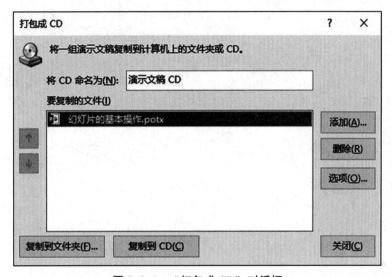

图 7.5.6　"打包成 CD"对话框

思考题

1. PowerPoint 2016 的视图方式有哪些？
2. 在 PowerPoint 2016 中，如何制作相册？
3. 有哪些方法可以设置幻灯片的链接跳转？
4. PowerPoint 2016 有几种母版？各有什么用途？
5. 如何设置自动放映幻灯片？

第三篇

公共基础知识篇

THREE

第 8 章

数据结构基础

20 世纪 60 年代初期,"数据结构"相关内容出现在操作系统、编译原理等课程中,1968 年,"数据结构"作为一门独立的课程被纳入美国大学的计算机科学系的教学计划,同年美国 Donald Ervin Knuth 教授发表《计算机程序设计的艺术》第一卷《基本算法》,由此开创了数据结构的课程体系。获得图灵奖的 Pascal 语言之父 Nicklaus Wirth 提出著名公式"程序=数据结构+算法",阐明了程序设计的实质就是对所处理问题选择一种好的数据结构,并在此基础上运用好的算法。

早期计算机主要用于数值计算(即科学计算),而现在的计算机主要用于非数值计算,包括处理字符、表格、图形图像、音频视频等具有一定结构的数据,而这些数据存在着某种联系,只有分清楚数据的内在联系,合理利用和组织数据,才能进行有效的处理。数据之间有何联系,如何合理地组织数据、高效地处理数据,这就是"数据结构"主要研究的问题。

8.1 数据结构概述

8.1.1 数据结构的研究内容

计算机解决数值计算问题时,一般分为 3 步:首先,将现实中的具体问题抽象为数学模型,然后根据数学模型设计相应算法,最后选择一门计算机语言进行编程、调试和运行,直到成功解决问题。其中,第 1 步的实质在于分析问题,用数学语言描述问题中的操作对象以及操作对象之间的关系。例如,求解梁架结构中的应力大小,可使用线性方程组求解;求解一大型设备在任何时间内发生故障的次数,可使用随机变量及其概率密度函数求解;预测人口的增长情况,可使用微分方程求解。对以上问题建立数学方程,再用高斯消元法、有限元法、差分法、泊松分布等方法求解即可,即当计算机解决数值计算问题时,问题的重点属于数学研究范畴,这些问题的特点是数据元素间的关系简单,计算复杂、有难度。

随着计算机应用领域不断扩展,现在的计算机多研究非数值计算问题,而非数值计算问题无法用数学方程建立数学模型。下面用两个案例进行说明。

案例 1:图书信息管理。

某校图书馆刚进了一批图书,为了方便图书管理员对图书进行管理,学校要求管理员使用计算机将图书的信息保存在一个表中,该表内记录了图书的基本信息,如 ISBN(International

Standard Book Number，国际标准书号）、书名、价格、入馆时间和是否被借阅等，如表 8.1.1 所示。每本图书的基本信息按照顺序号依次排列，形成了图书基本信息记录的线性序列。

表 8.1.1　图书信息表

ISBN	书名	价格	入馆时间	是否被借阅
9787302257646	程序设计基础	25	2021/6/20	是
9787302219972	单片机技术及应用	32	2021/6/20	否
9787302203513	编译原理	64	2021/6/20	是
…	…	…	…	…

现某学生想借阅《程序设计基础》，管理员需要查询图书信息表来确定此书是否被借阅。在此问题中，计算机处理的操作对象是每本图书的信息（ISBN、书名、价格、入馆时间、是否被借阅），操作对象之间存在一对一的线性关系，操作算法有查找、插入、删除等，这类非数值计算问题的数学模型是"线性"的数据结构。

类似的还有学生信息管理、企业员工管理、仓库管理、药品销售等，如表 8.1.2 所示为某公司的员工信息管理系统。在此类系统中，操作对象为若干行数据记录，操作对象之间的关系是线性关系，操作算法是插入、删除、修改、查询等，使用的数学模型是线性表。

表 8.1.2　某公司的员工信息管理系统

编号	姓名	性别	部门	职位	职称	电话	入职日期	学历	专业
202021001	王兰	女	人事处	科长	无职称	15579000	2010/8/12	硕士	经济
202021002	李明明	男	财务处	科员	会计师	12269000	2013/8/23	本科	会计
202021003	关睢鸠	女	财务处	科员	无职称	12478000	2013/8/23	本科	会计
202021004	赵然	女	后勤	科长	无职称	13798000	2009/8/15	本科	计算机
202021005	彭子龙	男	教务处	科长	无职称	15598000	2010/8/12	硕士	计算机
202021006	郑亚	男	教务处	科长	无职称	13234900	2016/9/10	本科	计算机
202021007	周超	男	后勤	科员	无职称	15634000	2017/8/24	本科	管理

案例 2：家谱信息管理。

为了便于了解以血缘关系为主体的家族生活、生存情况，现需统计某村"王"姓氏的家谱信息，并将该信息存放在计算机中。由于家族内部人员庞大、关系复杂，为了能够较为清楚地表现王姓家族成员之间的关系，现用"树"结构进行表示，如图 8.1.1 所示。在该家谱信息图中，明确看到家族各成员的名字都被放到了"一棵倒长的树"上。从横向上看，形成了家族成员的层次关系；从纵向上看，形成了记录之间一对多的关系。

现对家谱信息进行添加、修改、删除、查询等操作，操作对象是"树"上各家族成员的名字，操作对象之间存在一对多的层次关系。类似的树结构还有计算机的文件管理系统、公司的组织架构和人机对弈问题等，如图 8.1.2 所示。在这类问题中，计算机处理的对象是树结构，使用的数学模型是"树"的数据结构。

从上面两个案例可以看出，非数值计算问题已经不能用传统的数学模型来进行概括和抽象，

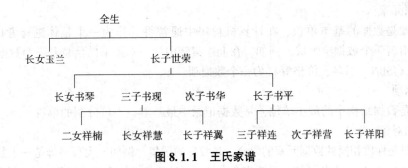

图 8.1.1 王氏家谱

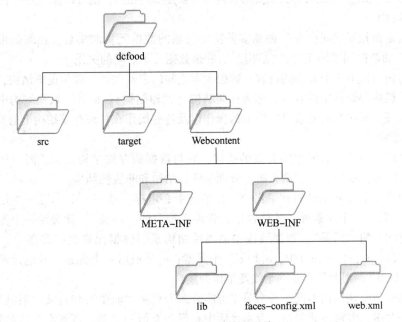

图 8.1.2 某文件管理系统

而需要用诸如线性表和"树"的数据结构来解决问题。所以，数据结构是一门研究非数值计算程序设计中的操作对象、对象之间存在的关系及操作的一门学科。

数据结构从 1968 年被设置为一门独立的课程至今，已发展成计算机科学中的综合性专业基础课程，是各大高等学校开设的计算机类相关专业的必修课。数据结构主要研究数据在计算机中如何合理高效地存储，这不仅涉及计算机硬件，同时和计算机软件的研究也存在密不可分的关系，因为在操作系统中会涉及数据元素在存储器中的分配问题。所以，数据结构是一门综合性的课程，是介于数学、计算机软硬件和程序设计三者之间的核心基础课程。

8.1.2 基本概念和术语

在数据结构的学习过程中，需要对专业名词、概念和术语进行准确描述，本节将介绍数据结构中的基本概念和术语。

1. 与数据相关的概念

1）数据

数据是事实或观察的结果，是对客观事物的逻辑归纳。在计算机中，数据是能够输入计算机且能够被计算机处理的符号的总称。数据分为结构化数据和非结构化数据，结构化数据能够使用统一的结构进行表示，非结构化数据则无法使用统一的结构进行表示。

2）数据元素

数据元素是数据的基本单位，在计算机程序中通常将其作为一个整体进行考虑或者处理。数据元素可由若干个数据项组成。例如，在上述案例中的一本图书的信息是一个数据元素，该信息的每一项（ISBN、书名、价格等）为一个数据项。

3）数据项

数据项是数据结构中的最小单位，是数据记录中最基本、不可分割的单位。

4）数据对象

数据对象是性质相同的数据元素的集合，是数据的子集。例如，大写字母是一个数据对象，其集合是$\{A,B,C,\cdots,Z\}$。由此可知，只要集合内的元素性质均相同，就可以称之为一个数据对象。

2. 数据结构

数据结构是指相互之间存在一种或多种特定关系的数据元素的集合。也就是说，数据结构是带"结构"的数据元素的集合，"结构"指的是数据元素之间的关系。

数据结构包括以下 3 个方面的内容：数据元素之间的逻辑关系，称为逻辑结构；数据元素及其关系在计算机内存储器中的表示，称为存储结构（物理结构）。此外，数据结构中还包括对数据的运算与实现，即对数据元素可以施加的操作以及这些操作在相应存储结构上的实现。

1）逻辑结构

数据的逻辑结构是对数据之间关系的描述，它与数据的存储结构无关，同一种逻辑结构可以有多种存储结构。逻辑结构有两大类，分别是线性结构和非线性结构。

线性结构是一个数据元素的有序集合，在集合中必定存在唯一一个"第一个元素"和"最后一个元素"，除第一个元素外，其他数据元素均有唯一的"前驱"，除最后一个元素外，其他数据元素均有唯一的"后继"。数据结构中的线性结构是指数据元素之间存在"一对一"的关系。例如，在$(a_1,a_2,a_3,\cdots,a_n)$中，a_1是第一个元素，a_n是最后一个元素，其他元素均只有一个"前驱"和"后继"，则此集合是一个线性结构的集合。

非线性结构与线性结构不同，一个节点可能有多个直接"前驱"和直接"后继"，即数据元素之间存在一对多、多对多的关系。现实生活中有很多类似的关系，例如在学校的管理体系中，院长管理多名辅导员，每个辅导员管理多个学生，由此构成一对多的关系；学生之间存在复杂的人际关系，任何两个人都可以通过某种途径认识并成为朋友，由此构成多对多的关系。

线性结构包括线性表、栈、队列、字符串、数组和广义表。非线性结构包括树、图。

2）存储结构

数据的存储结构是指数据元素及其关系在计算机内存储器中的表示，是数据结构在计算机中的表示（又称映像）。数据元素之间的关系在计算机中有两种不同的表示方法，分别是顺序存储结构和链式存储结构。

顺序存储结构是用一组连续的存储单元依次存储数据元素，数据元素之间的逻辑关系由元素的存储位置来表示。通常借助计算机程序设计语言（C/C++）的数组来实现存储结构，如表 8.1.3 所示。

表 8.1.3 顺序存储结构

地址	ISBN	书名	价格	入馆时间
0	9787302257646	程序设计基础	25	2021/6/20
50	9787302219972	单片机技术及应用	32	2021/6/20
100	9787302203513	编译原理	64	2021/6/20
...	...	...	...	...

链式存储结构不要求逻辑上相邻的节点在物理位置上也相邻，即无须分配一整块存储空间。但是为了表示节点之间的关系，需要使用附加指针表示该节点的"后继"节点的存储地址。

例如，现假设表 8.1.3 中每一个节点附加一个"下一个节点地址"，即后继指针的指向信息，该信息存储了后继节点的地址信息，如表 8.1.4 所示。

表 8.1.4　链式存储结构

地址	ISBN	书名	价格	入馆时间	后继节点的首地址
0	9787302257646	程序设计基础	25	2021/6/20	100
50	9787302219972	单片机技术及应用	32	2021/6/20	∧
100	9787302203513	编译原理	64	2021/6/20	50
…	…	…	…	…	…

为了能够清楚地反映链式存储结构，可用如图 8.1.3 所示的方式表示。

图 8.1.3　链式存储结构示意图

8.2　线性表

8.2.1　线性表的定义

上一节提到，数据的逻辑结构有两种，分别是线性结构和非线性结构。线性结构的基本特点是除第一个元素无直接前驱，最后一个元素无直接后继之外，其余数据元素都只有一个直接前驱和一个直接后继，即数据元素之间存在一对一的关系。线性表是最基本且最简单的一种线性结构，同时也是其他数据结构的基础。

线性表是由 $n(n \geqslant 0)$ 个具有相同特性的数据元素的有限序列组成，其数据元素之间存在线性关系，如下所示：

$$(a_1, a_2, \cdots, a_{i-1}, a_i, a_{i+1}, \cdots, a_n)$$

其中，a_1 是线性表的起点；a_n 是线性表的终点；a_i 是线性表中的某一个数据元素，a_i 的唯一直接前驱是 a_{i-1}，唯一直接后继是 a_{i+1}；i 是元素的序号，表示元素在表中的位置；n 为元素总个数，即线性表的长度，当 $n=0$ 时称为空表。

例如，26 个英文字母的字母表(A,B,C,…,Z)是一个线性表，表中的数据元素是单个字母。在复杂的线性表中，一个数据元素可以包含若干个数据项。如表 8.2.1 所示，在学生信息登记表中，每个学生可看成一个数据元素，一个数据元素中包含了学号、姓名、性别、年龄和班级这 5 个数据项。表中每一条记录是一个数据元素，元素间的关系是线性的，故学生信息登记表是一个线性表。

表 8.2.1　学生信息登记表

学号	姓名	性别	年龄	班级
201921001	王鹏	男	18	19 级计科 1 班
201921002	周涵	男	19	19 级计科 2 班
201921003	刘亚楠	女	20	19 级计科 1 班
201921004	耿爽	女	18	19 级软件 1 班
…	…	…	…	…

8.2.2　线性表的顺序表示与实现

1. 线性表的顺序存储结构

线性表的顺序表示指的是用一组地址连续的存储单元依次存储线性表的数据元素，这种表示又称为线性表的顺序存储结构或者顺序映像，通常称这种存储结构的线性表为顺序表。采用这个结构可以使逻辑关系相邻的两个元素在物理位置上也相邻。

假设线性表的每个元素需占用 l 个存储单元，并以所占的第一个单元的存储地址作为数据元素的存储起始地址。则线性表中第 $i+1$ 个数据元素的存储地址 $LOC(a_{i+1})$ 和第 i 个数据元素的存储地址 $LOC(a_i)$ 之间满足如下关系：

$$LOC(a_{i+1}) = LOC(a_i) + l$$

因此，可以根据线性表的第一个单元的存储地址 $LOC(a_1)$ 计算出第 i 个数据元素的存储地址，即

$$LOC(a_i) = LOC(a_1) + (i-1) \times l$$

每一个数据元素的存储地址都和线性表的起始位置相差一个常数，这个常数和数据元素在线性表中的位序成正比，如图 8.2.1 所示，其中 maxlen 为该线性表的最大长度。

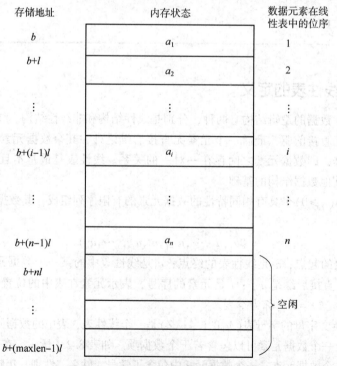

图 8.2.1　线性表的顺序存储结构示意

因此，只要确定了存储线性表的起始位置，就可以对线性表中的任一数据元素进行存取，这种顺序存储结构也称为一种随机存取的存储结构。

2. 顺序表中基本操作的实现

可以看出，当线性表以上述定义的顺序表表示时，某些操作很容易实现。我们可以将线性表想象成一队学生，学生人数对应线性表的长度，学生的人数是有限的，这里体现出线性表是一个有限序列；队中所有人的身份都是学生，这里体现了线性表中数据元素具有相同的特性。线性表可以是有序的，也可以是无序的。下面讨论顺序表的几种常见操作的实现。

已知一个顺序表 L（长度为 n），其中的元素递增有序排列，设计一个算法，插入一个元素 x 后保持该顺序表仍然递增有序排列（假设插入操作总能成功）。由要求可知，解决上述问题需要完成以下 3 个操作。

（1）找到可以让顺序表 L 保持有序的插入位置 $i(1 \leq i \leq n)$。

（2）将第一步中找出的位置 i 以及其后的元素往后挪动一个位置。

（3）将元素 x 放置在腾出的位置上，顺序表的长度加 1，即为 $n+1$。

例如，一个长度为 8 的顺序表 $L=(4,5,7,9,10,13,17,21)$，占用了 10 个单位的空间，现需要在第 6 个数据元素前插入一个新元素 12，则插入的过程如图 8.2.2 所示。

一般情况下，在第 $i(1 \leq i \leq n)$ 个位置上插入元素时，需从最后一个即第 n 个元素开始，依次向后移动一个位置，直到第 i 个元素，则需共 $(n-i+1)$ 个元素移动。

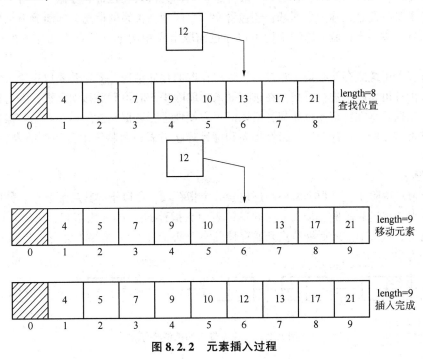

图 8.2.2　元素插入过程

已知一个顺序表 L（长度为 n），现要删除表的第 i 个元素$(1 \leq i \leq n)$，将长度为 n 的线性表 $(a_1,\cdots,a_{i-1},a_i,a_{i+1},\cdots,a_n)$ 变成长度为 $n-1$ 的线性表 $(a_1,\cdots,a_{i-1},a_{i+1},\cdots,a_{n-1})$。由要求可知，解决上述问题需要完成以下两个操作。

（1）从第 $i+1$ 个数据元素开始，直到第 n 个数据元素为止，依次向前移动一个位置，以填补删除元素后空出的第 i 个位置。

（2）修改线性表 L 的长度为 $n-1$。

例如，一个长度为 8 的顺序表 $L=(12,13,21,24,28,67,32,11)$，占用了 9 个单位的空间，现需要删除元素 24，则删除的过程如图 8.2.3 所示。

一般情况下，要删除第 i（$1 \leqslant i \leqslant n$）个元素，需将从第 $i+1$ 个至第 n 个元素之间共 $n-i$ 个元素依次向前移动一个位置（$i=n$ 时无须移动）。

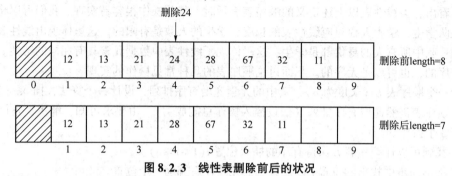

图 8.2.3 线性表删除前后的状况

8.2.3 线性表的链式表示与实现

1. 线性表的链式存储结构

线性表的链式存储结构指的是用一组任意的存储单元存储线性表的数据元素，这组存储单元可以是连续的，也可以是不连续的。一般称这种结构为链表。在链表存储中，每个节点不仅包含所存元素本身的信息，称为数据域；还包含元素之间逻辑关系的信息，即前驱节点包含后继节点的地址信息，称为指针域。这种结构可以通过前驱节点中的地址信息方便地找到后继节点的位置。

线性链表采用链式存储结构，它是一种顺序存取的存储结构，要求若要取得第 i 个数据元素就必须从头指针出发顺链进行寻找。在进行插入、删除操作时不需要移动元素，因为它不要求逻辑上相邻的数据元素在物理上也相邻，所以能很方便地进行数据元素的插入和删除操作。

根据链表节点所含指针个数、指针指向和指针连接方式，可将链表分为单链表、循环链表、双向链表等。

1）单链表

在每个节点中除了包含数据域外，还包含一个指针域，用以指向其后继节点。如图 8.2.4 所示为带头节点的单链表示例。带头节点的单链表中头指针 head 指向头节点，头节点的数据域不包含任何信息，从头节点的后继节点开始存储信息。头指针 head 始终不为空，当 head->next 等于空时链表为空。

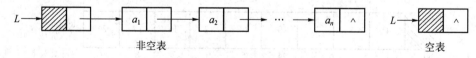

图 8.2.4 带头节点的单链表示例

2）循环链表

循环链表是另一种形式的链式存储结构。其特点是表中最后一个节点的指针域指向头节点，整个链表形成一个环。由此，从表中任一节点出发均可找出表中其他节点。带头节点的循环链表示例如图 8.2.5 所示。当 head 等于 head->next 时链表为空。

3）双向链表

双向链表在单链表节点上增添了一个指针域，指向当前节点的前驱，这样就可以方便地由其后继找到其前驱，从而实现输出终端节点到开始节点的数据序列。带头节点的双向链表示例如图 8.2.6 所示。当 head->next 为空时链表为空。

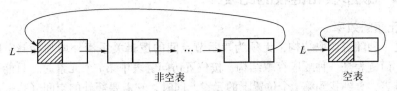

图 8.2.5　带头节点的循环链表示例

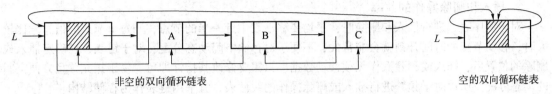

图 8.2.6　带头节点的双向链表示例

2. 链表中基本操作的实现

本小节讨论的内容是在单链表上的操作。

1）插入

假设要在单链表的两个数据元素 a 和 b 之间插入一个数据元素 x，已知 p 为其单链表存储结构指向节点 a 的指针，如图 8.2.7 所示。

为插入数据元素 x，首先要生成一个数据域为 x 的节点和指针 s，让 s 指向该节点，然后将该节点插入单链表中。根据插入操作的逻辑定义，还需要修改节点 a 中的指针域，令其指向节点 x，而节点 x 中的指针域应指向节点 b，从而实现 3 个元素 a、b 和 x 之间的逻辑关系变化。插入节点后的单链表如图 8.2.8 所示。可将上述插入过程用以下语句进行描述：

$$s->next = p->next; \quad p->next = s;$$

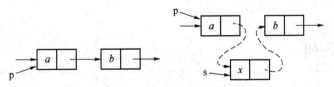

图 8.2.7　插入节点前的单链表　图 8.2.8　插入节点后的单链表

2）删除

假设要删除单链表上指定位置的元素，则需要先找到该位置的前驱节点，如图 8.2.9 所示。

现需删除单链表中的元素 b，则应先找到其前驱节点 a。为了在单链表中实现 a、b、c 之间的逻辑关系变化，仅需修改节点 a 的指针域即可。删除节点 b 的过程如图 8.2.10 所示。可将上述删除过程用以下语句进行描述：

$$p->next = p->next->next;$$

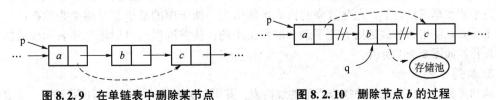

图 8.2.9　在单链表中删除某节点　图 8.2.10　删除节点 b 的过程

8.2.4 顺序表和链表的比较

1. 存取元素的效率

顺序表是一种随机存取结构，无须为表示节点间的逻辑关系额外增加存储空间，即取值操作的效率高；而链表是一种顺序存取结构，按位置访问链表中第 i 个元素时，只能从表头开始依次向后遍历链表，直到找到第 i 个位置上的元素，同时，它需要额外的空间（指针域）来表示数据元素之间的逻辑关系，存储密度比顺序表低，即取值操作的效率低。

2. 插入和删除操作的效率

对于顺序表，进行插入和删除时，平均要移动表中近一半的节点，当每个节点的信息量比较大时，移动节点的时间开销就会非常大，不便于对存储空间动态分配；对于链表，在确定插入或删除的位置后，插入或删除操作无须移动数据，只需要修改其指针即可，易于扩充并且方便空间的动态分配。所以对于频繁进行插入或删除操作的线性表，宜采用链表作为存储结构。

顺序表与链表的效率对比如表 8.2.2 所示。

表 8.2.2 顺序表与链表的效率对比

项目	顺序表	链表
存取元素	随机存取，无须为表示节点间的逻辑关系额外增加存储空间	顺序存取，需要额外的空间（指针域）来表示数据元素之间的逻辑关系
插入、删除	平均移动约表中一半元素	不需要移动元素，只需修改指针指向即可
适用情况	（1）表长变化不大，且能事先确定变化的范围 （2）很少进行插入或删除操作，经常按元素位置序号访问元素	（1）长度变化不大 （2）频繁进行插入或删除操作

8.3 栈和队列

8.3.1 栈和队列的定义

1. 栈

栈是限定仅在表尾进行插入或删除操作的线性表。其中允许进行插入或删除操作的一端称为栈顶，即为表尾端，另一端称为栈底，即为表头端。不含元素的空表称为空栈。一般来说，栈顶是动态变化的，而栈底是固定不变的。栈的插入和删除操作称为入栈和出栈。

由栈的定义可以看出，栈的主要特点是先进后出（First In Last Out，FILO）或后进先出（Last In First Out，LIFO）。生活中有很多类似栈的工作原理，如开进死胡同的多辆汽车，只有等后面进来的汽车都出去了，先开进来的汽车才能出去；洗干净的盘子总是逐个叠放在已经洗好的盘子上面，而用的时候是从上往下逐个取来使用的；铁路调度站可以形象地表示栈的插入和删除操作，如图 8.3.1 所示。

2. 队列

队列简称队，它也是一种操作受限的线性表，其限制为允许在表的一端进行插入，在表的另一端进行删除。进行插入的一端称为队尾，进行删除的一端称为队头。向队列中插入新元素称为

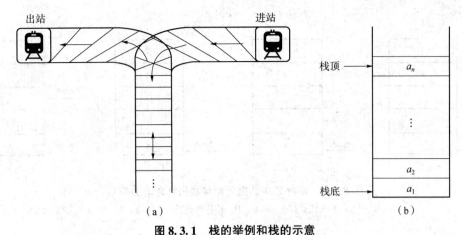

图 8.3.1　栈的举例和栈的示意

（a）用铁路调度站表示栈；（b）栈的示意

进队，新元素进队后就成为新的队尾元素；从队列中删除元素称为出队，元素出队后，其后继元素就成为新的队头元素。

由队列的定义可以看出，队列的主要特点是先进先出（First In First Out，FIFO）。队列就好像开进隧道的一列火车，各节车厢就是队中的元素，最先开进隧道的车厢总是最先驶出隧道，如图 8.3.2 所示。

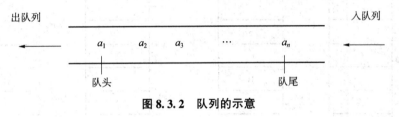

图 8.3.2　队列的示意

8.3.2　栈的表示及其基本运算

栈主要有两种存储结构：顺序栈和链栈。在栈的定义中已经说明，栈是一种操作受限的线性表，即栈的本质是线性表，而由 8.2 节我们可知线性表的两种主要的存储结构是顺序表和链表，因此栈也同样有对应的两种存储结构。

1. 顺序栈的表示

顺序栈是利用顺序存储结构实现的栈，也就是说，它是利用一组地址连续的存储单元依次存放自栈底到栈顶的数据元素，同时附设指针 top 指示栈顶元素在顺序栈的位置，附设指针 base 指示栈底元素在顺序栈的位置，当 top＝base 时，表示空栈，即栈里没有存储数据元素。图 8.3.3 表示的是顺序栈中数据元素和栈指针之间的关系。

2. 顺序栈的基本运算

由于顺序栈的插入和删除只在栈顶进行，因此顺序栈的基本操作比顺序表要简单得多。下面介绍顺序栈的基本运算：入栈、出栈和读/取栈顶元素。

1）入栈

入栈运算是指在栈顶位置插入一个新元素的过程。这个运算包含两个基本步骤：首先判断栈是否已满，若栈满则无法进行入栈操作；若栈未满，则将新元素压入栈顶，栈顶指针加 1。此过程如图 8.3.4 所示。

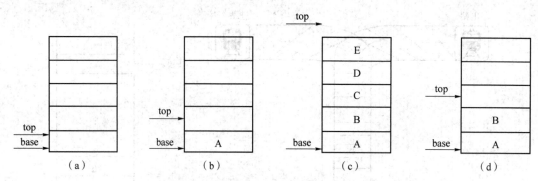

图 8.3.3 顺序栈中数据元素和栈指针之间的关系

(a) 空栈；(b) A 进栈；(c) B、C、D、E 依次进栈；(d) E、D、C 依次出栈

2）出栈

出栈运算是指将栈顶元素删除的过程。这个运算包含了两个基本步骤：首先判断栈是否为空，若栈为空则无法进行出栈操作；若栈不为空，则栈顶指针减 1，栈顶元素出栈。此过程如图 8.3.5 所示。

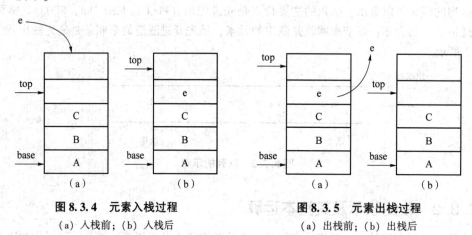

图 8.3.4 元素入栈过程

(a) 入栈前；(b) 入栈后

图 8.3.5 元素出栈过程

(a) 出栈前；(b) 出栈后

3）读/取栈顶元素

当栈非空时，此操作返回当前栈顶元素的值，栈顶指针保持不变。这个运算包含了两个基本步骤：首先判断栈是否为空，若栈为空则无法进行出栈操作；若栈不为空，则通过栈顶指针获取栈顶元素。

3. 链栈的表示

链栈是采用链式存储结构实现的栈，主要是为了解决顺序栈中存储空间有限的问题。通常链栈采用单链表来表示。由于栈主要是在栈顶进行插入和删除操作，显然我们可用带头节点的单链表来作为存储结构，图 8.3.6 为链栈的示意。

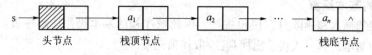

图 8.3.6 链栈的示意

4. 链栈的基本运算

与顺序栈对应，链栈也有 3 个基本运算：入栈、出栈和读/取栈顶元素。

1）入栈

与顺序栈的入栈操作不同的是，链栈在入栈前不需要判断栈是否已满，只需要为入栈元素动态分配一个节点空间，如图 8.3.7 所示。首先为入栈元素 *e* 分配空间，用指针 p 指向，将新节点数据域置为 *e* 后，将新节点插入栈顶，最后修改栈顶指针为 p。

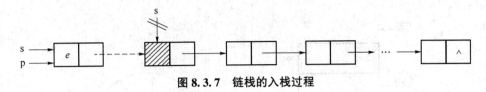

图 8.3.7 链栈的入栈过程

2）出栈

和顺序栈一样，链栈在出栈前也需要判断栈是否为空。不同的是，链栈在出栈后需要释放出栈元素的栈顶空间，如图 8.3.8 所示。首先将栈顶元素赋给 *e*，临时保存栈顶元素的空间，然后修改栈顶指针，从而指向新的栈顶元素，最后释放原栈顶元素的空间。

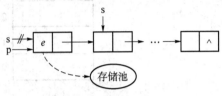

图 8.3.8 链栈的出栈过程

3）读/取栈顶元素

与顺序栈一样，当栈非空时，此操作返回当前栈顶元素的值，栈顶指针 s 保持不变。

8.3.3 队列的表示及其基本运算

队列是一种允许在一端进行数据插入，在另一端进行数据删除的线性表。队列也有两种存储结构：顺序队列和链式队列。

1. 顺序队列的表示

与顺序栈类似，在队列的顺序存储结构中，除了用一组地址连续的存储单元依次存放从队头到队尾的元素之外，尚需附设两个指针 front 和 rear 分别指示队头元素及队尾元素的位置，称为头指针和尾指针。

创建空队列时，令 front＝rear＝0，每当插入新的队尾元素时，尾指针 rear 加 1；每当删除新的队头元素时，头指针 front 加 1。从而可知，在队列中，头指针始终指向队头元素，而尾指针始终指向队尾元素的下一个位置，如图 8.3.9 所示。

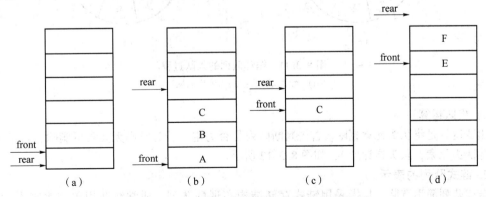

图 8.3.9 队列中头、尾指针和元素之间的关系

(a) 空队列；(b) A、B 和 C 相继入队；(c) A 和 B 相继出队；(d) D、E 和 F 相继入队之后，C 和 D 再相继出队由于顺序队列的存储空间是预先设定的，假设当前队列分配的最大存储空间是10，则当队列处于图8.3.10(a) 所示的状态时不可再插入新的元素，否则会出现溢出现象，但是此时队列的实际可用空间并未占满，这种现象称为"假溢出"。为了解决此问题，可将顺序队列变成一个环状的空间，如图8.3.10(b) 所示，称为循环队列。一般情况下，使用循环队列作为队列的顺序存储结构。

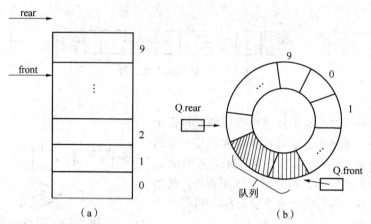

图 8.3.10　假溢出和循环队列

(a) 假溢出；(b) 循环队列

2. 循环队列的基本运算

循环队列有两种最基本的运算：入队运算和出队运算。

1) 入队运算

入队运算是指在队尾插入一个新元素。首先判断队列是否已满，若满则无法入队；若不满，则将新元素插入队尾，队尾指针加1，如图8.3.11 所示。

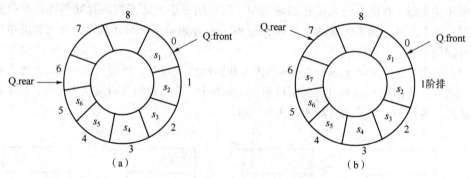

图 8.3.11　循环队列的入队过程

(a) 元素入队前；(b) 元素入队后

2) 出队运算

出队运算是将队头元素删除。首先判断队列是否为空，若为空则无元素可删除；若不为空，则删除队头元素，队头指针加1，如图8.3.12 所示。

3. 链式队列的表示

链式队列简称链队，是指采用链式存储结构实现的队列。通常链队用单链表来表示，如图8.3.13 所示。一个链队显然需要两个分别指示队头和队尾的指针，即头指针和尾指针。为了方便操作，需要给链队添加一个头节点。

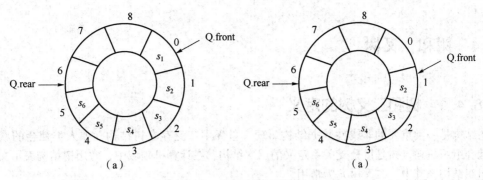

图8.3.12 循环队列的出队过程

（a）元素出队前；（b）元素出队后

4. 链式队列的基本运算

链队的运算与顺序队列的运算相似，有入队运算和出队运算，是单链表插入和删除操作的特殊情况，只是需要进一步修改尾指针或头指针即可。

1）入队运算

和循环队列不同的是，链队在入队前不需要判断队列是否已满，只需为入队元素动态分配一个节点空间。如图8.3.14所示，先为入队元素分配节点空间，然后将新的节点插入队尾，最后修改队尾指针。

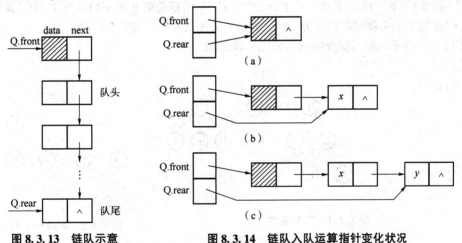

图8.3.13 链队示意

图8.3.14 链队入队运算指针变化状况

（a）空队列；（b）元素 x 入队；（c）元素 y 入队

2）出队运算

和循环队列一样，链队在出队前需要判断队列是否为空，同时链队在出队后需要释放队头元素所占的空间。如图8.3.15所示，先临时保存队头元素的空间，然后修改头节点的指针域，指向下一个节点，此时需要判断出队元素是否为最后一个元素，若是，则需要将队尾指针重新赋值，指向头节点，最后释放原队头元素的空间。

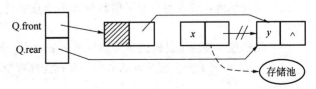

图8.3.15 链队出队运算指针变化状况

8.4 树和二叉树

8.4.1 树和二叉树的定义

树结构是一类重要的非线性数据结构。现实世界中广泛存在树结构，如人类社会的族谱和各种社会组织机构。树是以分支关系定义的层次结构，在计算机领域中，常用树结构表示文件目录的组织结构，其中，二叉树尤为常用。

树是 $n(n \geq 0)$ 个节点的有限集，当 $n=0$ 时，称其为空树，当 $n>0$ 时，称其为非空树。对于非空树 T：

（1）有且仅有一个称之为根的节点；

（2）除根节点以外的其余节点可分为 $m(m>0)$ 个互不相交的有限集 T_1，T_2，…，T_m，其中每一个集合本身又是一棵树，并且成为根的子树。

树的结构定义本质上是一个递归的定义，即在树的定义中又用到树的定义。例如，在图 8.4.1 中，图 8.4.1(a) 是只有一个根节点的树，图 8.4.1(b) 是一棵有 13 个节点的树，其中 A 是根节点，其余节点分成 3 个互不相交的子集：$T_1 = \{B,E,F,K,L\}$，$T_2 = \{C,G\}$，$T_3 = \{D,H,I,J,M\}$。T_1、T_2 和 T_3 都是根 A 的子树，且它们本身也是一棵树。如 T_1，它的根是 B，其余节点分成两个互不相交的子集：$T_{11} = \{E,K,L\}$，$T_{12} = \{F\}$。T_{11} 和 T_{12} 都是根 B 的子树。在 T_{11} 中，其根是 E，$\{K\}$ 和 $\{L\}$ 是根 E 的两棵互不相交的子树，其本身又是只有一个根节点的树。

以图 8.4.2 所示的树为例介绍树的相关术语。

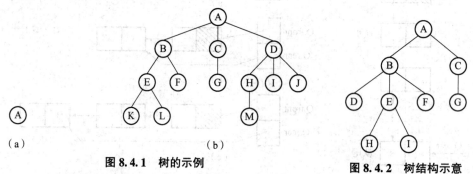

图 8.4.1 树的示例
(a) 只有一个根节点的树；(b) 一般的树

图 8.4.2 树结构示意

（1）节点：树中的一个独立单元，包含一个数据元素及若干指向其子树的分支，如 A、B、C、D 等。

（2）节点的度：节点拥有的子树数目称为节点的度。例如，A 的度为 2，B 的度为 3，D 的度为 0。

（3）树的度：树的度是树内各节点的度的最大值。如图 8.4.2 所示的树的度为 3。

（4）叶子/叶子节点：度为 0 的节点，又称为终端节点。例如，节点 D、H、I、F、G 都是树的叶子节点。

（5）非终端节点：度不为 0 的节点，如节点 A、B、C、E。

（6）孩子、双亲、兄弟、堂兄弟、祖先和子孙：节点的子树的根称为该节点的孩子，如 B 的孩子有 D、E、F；相应地，该节点称为孩子的双亲，如 B 的双亲是 A；同一个双亲的孩子之间互为兄弟，如 D、E、F 互为兄弟；双亲在同一层的节点互为堂兄弟，如 D、E、F 和 G 互为堂兄弟；从根到该节点所经分支上的所有节点称为祖先，如 D 的祖先是 B 和 A；以某节点为根的子树中的任一节点都称为该节点的子孙，如 E 的子孙是 H 和 I。

（7）层次：节点的层次是从根开始定义，根为第一层，根的孩子为第二层，以此类推。

（8）树的深度：树中节点的最深层次称为树的深度或高度。图 8.4.2 所示的树的深度为 4。

（9）森林：$m(m \geqslant 0)$ 棵树的集合。从定义可知，一棵树由根节点和 m 棵子树组成，若把树的根节点删除，则树变成了包含 m 棵树的森林。根据定义可知，一棵树也可以称为森林。

二叉树是由 $n(n \geqslant 0)$ 个节点构成的集合，当 $n = 0$ 时，为空树，当 $n > 0$ 时，为非空树。对于非空树 T：

（1）有且仅有一个称之为根的节点；

（2）除根节点以外的其余节点可分为两个互不相交的子集 T_1 和 T_2，分别称为 T 的左子树和右子树，且 T_1 和 T_2 本身也是二叉树。

由定义可知，二叉树和树一样，都有递归的性质。二叉树和树的区别如下：

（1）二叉树每个节点至多只有两棵子树，即二叉树中不存在度大于 2 的节点；

（2）二叉树的子树有左右之分，次序不能随意颠倒，即二叉树是一个有序树。

因此可推出，二叉树只有 5 种基本形态，如图 8.4.3 所示。

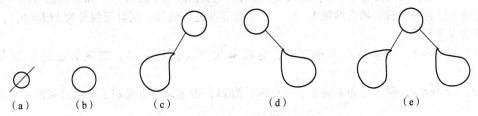

图 8.4.3　二叉树的 5 种基本形态
（a）空二叉树；（b）仅有根节点的二叉树；（c）右子树为空的二叉树；
（d）左子树为空的二叉树；（e）左、右子树均非空的二叉树

8.4.2　二叉树的性质和存储结构

1. 二叉树的性质

二叉树具有下列重要性质。

性质 1：在二叉树的第 i 层上至多有 2^{i-1} 个节点（$i \geqslant 1$）。

性质 2：深度为 k 的二叉树至多有 $2^k - 1$ 个节点（$k \geqslant 1$）。

性质 3：对任意一棵二叉树 T，其度为 0 的节点（即叶子节点）比度为 2 的节点多一个，即 $n_0 = n_2 + 1$。其中，n_0 表示度为 0 的节点数，n_2 表示度为 2 的节点数。

性质 4：具有 n 个节点的二叉树的深度至少为 $\lfloor \log_2 n \rfloor + 1$，其中 $\lfloor \log_2 n \rfloor$ 表示取 $\log_2 n$ 的整数部分。

二叉树有两种特殊形态，分别是满二叉树和完全二叉树。

1）满二叉树

深度为 k 且含 $2^k - 1$ 个节点的二叉树为满二叉树。换句话说，在一棵二叉树中，如果除根节点和叶子节点外，其余节点的度都为 2，那么就称这棵树为满二叉树。图 8.4.4（a）就是一棵深度为 3 的满二叉树，图 8.4.4（b）不是一棵满二叉树，因为它的某些节点的度不为 2。

满二叉树的特点：每一层上的节点数都是最大节点数，即每一层 i 的节点数都具有最大值 2^{i-1}。我们可以对满二叉树中的节点进行编号，从根节点开始，按照自上而下、自左至右的顺序进行编号。由此可以引出完全二叉树的定义。

2）完全二叉树

深度为 k，有 n 个节点的二叉树，当且仅当每一个节点都与深度为 k 的满二叉树中编号从 $1\sim n$ 的节点一一对应时，称之为完全二叉树。显然，满二叉树必定是完全二叉树，而完全二叉树不一定是满二叉树。图 8.4.5(a) 就是一个深度为 3、节点为 6 的完全二叉树，图 8.4.5(b) 的二叉树是非完全二叉树。

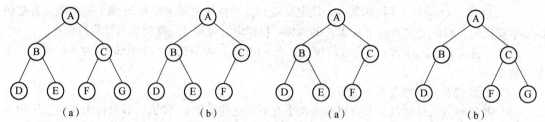

图 8.4.4　二叉树和非满二叉树示意　　　　　图 8.4.5　完全二叉树和非完全二叉树示意
（a）满二叉树；（b）非满二叉树　　　　　　　　（a）完全二叉树；（b）非完全二叉树

下面是关于完全二叉树的两个重要性质。

性质 5：具有 n 个节点的完全二叉树的深度为 $\lfloor \log_2 n \rfloor + 1$。

性质 6：对于一棵具有 n 个节点的完全二叉树，其深度为 $\lfloor \log_2 n \rfloor + 1$，如果从根节点开始，按层序（每一层自左至右）用自然数 $1, 2, \cdots, n$ 给节点进行编号，则对于编号为 $k(k = 1, 2, \cdots, n)$ 的节点有以下结论。

（1）若 $k = 1$，则该节点为根节点，它没有父节点；若 $k > 1$，则该节点的父节点的编号为 $\lfloor k/2 \rfloor$。

（2）若 $2k \leqslant n$，则编号为 k 的左子节点编号为 $2k$；否则该节点无左子节点（显然也没有右子节点）。

（3）若 $2k+1 \leqslant n$，则编号为 k 的右子节点编号为 $2k+1$；否则该节点无右子节点。

由图 8.4.6 可以直观地看出性质 6 中描述的节点与编号之间的对应关系。

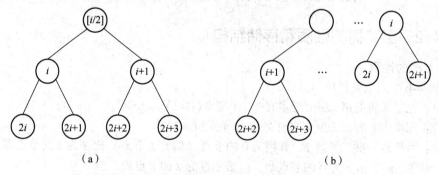

图 8.4.6　完全二叉树中节点 i 和 $i+1$ 的左、右子节点
（a）节点 i 和 $i+1$ 在同一层；（b）节点 i 和 $i+1$ 不在同一层

2. 二叉树的存储结构

与线性表类似，二叉树的存储结构也有两种存储方式，分别是顺序存储结构和链式存储结构。

顺序存储结构使用一组地址连续的存储单元来存储数据，为了能够在存储结构中反映节点之间的逻辑关系，必须使用编号的方法。从根节点开始，按照层序依自上而下、自左至右的顺序编号并将节点元素存储在一维数组中。这种存储方法的缺点是有可能对存储空间造成极大浪费。

对于一般二叉树，应将其每个节点存储在一维数组的相应位置上，图 8.4.7(a) 所示的二叉树的顺序存储结构如图 8.4.7(b) 所示，其一维数组中的 "0" 表示不存在此节点。在最坏情况下，一棵深度为 k 且只有 k 个节点的二叉树，即右单支树需要 2^k-1 个存储空间。所以，这种顺序存储结构仅适用于完全二叉树和满二叉树，对于一般二叉树，更适合采用链式存储结构。

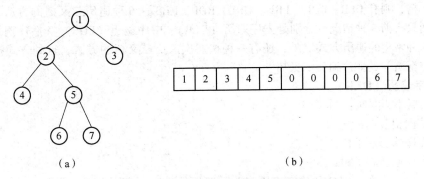

图 8.4.7　二叉树及其顺序存储结构

(a) 二叉树；(b) 二叉树的顺序存储结构

　　链式存储结构是指用链表来表示一棵二叉树。由二叉树的定义可知，二叉树的节点是由一个数据元素，分别指向其左、右子树的两个分支构成，所以表示二叉树的链表中的节点至少包含 3 个域：数据域和左、右指针域。左、右指针分别用来指向该节点左子树和右子树所在的存储地址，如图 8.4.8 所示。

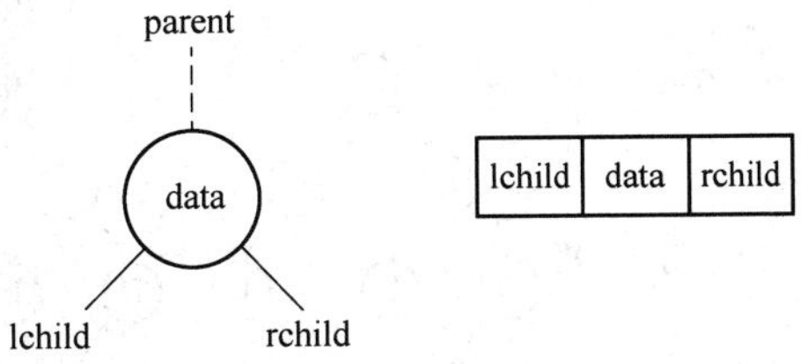

图 8.4.8　二叉树的节点及其存储结构

(a) 二叉树的节点；(b) 含有两个指针域的存储结构

　　这种二叉树的链式存储方式又被称为二叉链表，链表的头指针指向二叉树的根节点，若需要访问二叉树中的节点，则从头指针出发，顺着链域巡查。图 8.4.9 为二叉链表的存储结构。

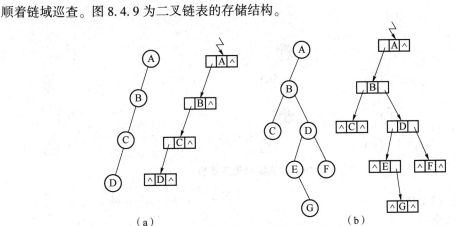

图 8.4.9　二叉链表的存储结构

(a) 单支树的二叉链表；(b) 二叉链表

8.4.3　二叉树遍历

　　遍历二叉树是指按照某条搜索路径巡访树中每个节点，使每个节点均被访问一次，而且仅被访问一次。通过遍历一棵二叉树，可以得到这棵二叉树的所有信息，对这棵二叉树作最全面的了解。如果将一棵二叉树比作一个城市，若想全面了解这个城市，则最好的方法就是走遍城市的所有角落。

上一小节介绍到，二叉树是由3个基本单元组成：根节点、左子树和右子树。所以，若能依次遍历这3个部分，便是遍历了整个二叉树。假设 L、D、R 分别表示遍历左子树、访问根节点和遍历右子树，则有 DLR、LDR、LRD、DRL、RDL、RLD 这6种遍历二叉树的方法，现限定先左后右，则只有前3种情况，分别是先序遍历（DLR）、中序遍历（LDR）和后序遍历（LRD）。除了以上3种常用的遍历方式之外，还有一种按层次遍历二叉树的方式，这种方式按照"自上而下、自左至右"的顺序遍历二叉树。

1. 先序遍历（DLR）

当二叉树不为空时：

（1）访问根节点；

（2）先序遍历左子树；

（3）先序遍历右子树。

图 8.4.10 所示的二叉树的先序遍历表明了遍历的过程，遍历得到的序列：A→B→D→G→E→C→F。

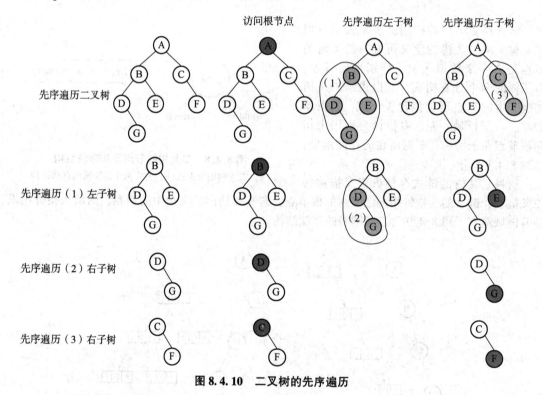

图 8.4.10　二叉树的先序遍历

2. 中序遍历（LDR）

当二叉树不为空时：

（1）中序遍历左子树；

（2）访问根节点；

（3）中序遍历右子树。

图 8.4.11 所示的二叉树的中序遍历表明了遍历的过程，遍历得到的序列：D→G→B→E→A→C→F。

3. 后序遍历（LRD）

当二叉树不为空时：

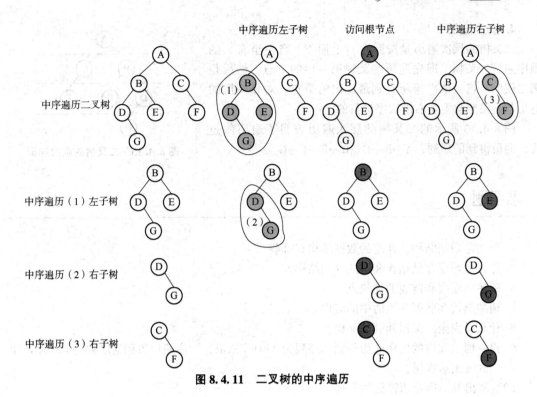

图 8.4.11　二叉树的中序遍历

（1）后序遍历左子树；

（2）后序遍历右子树；

（3）访问根节点。

图 8.4.12 所示的二叉树的后序遍历表明了遍历的过程，遍历得到的序列：G→D→E→B→F→C→A。

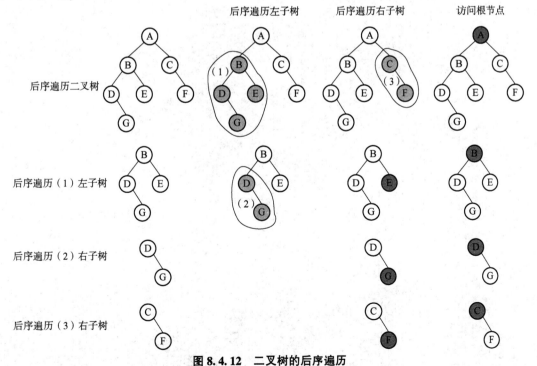

图 8.4.12　二叉树的后序遍历

4. 层次遍历

二叉树的层次遍历是按照"自上而下、自左至右"的顺序遍历二叉树，即先遍历二叉树第一层的节点，然后是第二层的节点，依次遍历直到最底层的节点，对每一层的遍历都是按照自左至右的次序进行的。

图8.4.13所示的二叉树的层次遍历表明了遍历的过程，遍历得到的序列：A→B→C→D→E→F→G。

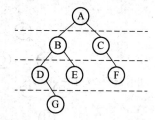

图8.4.13　二叉树的层次遍历

思考题

1. 什么是数据结构，常用的数据结构有哪些？
2. 什么是顺序存储结构和链式存储结构？
3. 简述顺序表和链表的优缺点。
4. 请举出栈和队列在生活中的应用。
5. 什么是完全二叉树和满二叉树？
6. 设一棵二叉树的先序遍历得到的序列为 ABDFCEGH，中序遍历得到的序列为 BFDAGEHC。
（1）试画出这棵树；
（2）写出其后序遍历得到的序列。

第9章

算法设计基础

9.1 算法概述

本章开始，将介绍算法的基本概念、性质、特点，以及一些常用算法的分析。

9.1.1 算法的基本概念

算法是指解决问题的准确而完整的描述，反映到计算机中，表现为有限系列的清晰的指令，每一条指令表示一个或多个操作，最终达到解决问题的目的。

算法的最终目的是解决问题，自然也就有了以下 5 个特征。

（1）有穷性。算法的有穷性是指算法必须在执行有限个步骤之后终止。

（2）确切性。算法的确切性是指算法的每一个步骤都必须有确定的定义，不允许出现模棱两可的描述。

（3）可行性。算法的每个计算步骤都是可以实现的，并且可以在有限的时间内完成。

（4）有 0 个或多个输入项。输入项是对运算对象的描述，输入项可以是多项，也可以没有，如果没有输入项，则表示算法本身已经对运算对象给出了描述，不需要用户另外描述。

（5）有一个或多个输出项。算法设计的初衷就是借助计算机的运算能力来解决问题，并得到相应的结果或结论。如果没有最终结果，即没有输出，那么也就达不到算法设计的目的。没有输出的算法是无意义的。

9.1.2 算法的复杂度

同一个问题可以有不同的算法，而算法的质量优劣将影响算法的效率。算法分析的目的就是针对不同类型的问题，选择合适的算法，并有针对性地改进算法。

评价一个算法的优劣，即评价一个算法的复杂度，主要从两个方面来考虑：时间复杂度和空间复杂度。

1. 时间复杂度

算法的时间复杂度是指执行算法所需要的计算工作量，通常意味着相对应的时间长短，也就是计算的规模大小问题。在计算机性能相同的情况下，计算的规模越大，执行算法所需要的时间也就越多，即时间复杂度越大。

算法所使用的时间主要包括编译时间和运行时间。由于算法编译成功后可以多次运行，因此忽略编译时间，讨论的主要是运行时间。

影响算法运行时间的因素有多个方面，加减乘除等基本运算和参与运算的数据规模的大小、计算机的硬件结构和性能、操作环境等因素都会影响算法的运行时间，因此，想要精确计算运行时间是不可能的，往往都将主要精力集中在影响算法运行时间的主要因素上，也就是问题的规模。同等条件下，问题规模越大，算法的运行时间就越长。算法的时间复杂度记为 $O(n)$。

2. 空间复杂度

算法的空间复杂度是指算法所需要消耗的内存空间。算法在执行过程中，需要消耗计算机的内存，不同的算法对内存的消耗量是不同的，而计算机的内存无论如何增加，始终是有限的，不可能允许算法无限制地消耗内存，那么算法对内存空间的消耗需求就成了衡量算法的一个重要指标。算法的空间复杂度记为 $S(n)$。

9.1.3　算法设计的基本方法

计算机解题的过程实际上就是在实施某种算法，这种在计算机上运行的算法称为计算机算法。

计算机算法常见的设计方法有以下 6 种。

1. 列举法

列举法，又称为枚举法，是指将所有可能的情况全部列举出来，再根据问题所给定的条件，从中检索出哪些是需要的，哪些是不需要的。

列举法的特点是算法简单，但是缺点也很明显，列举的数量很可能随着问题规模的扩大或条件的增加快速增加，工作量将会急速增加。因此，在使用列举法设计计算法时，应尽量减少运算工作量。

2. 归纳法

归纳法是指通过列举少量的特殊情况，经过分析，最后找出结果和条件的一般关系。最典型的例子就是高斯定理。例如，在计算 $S = 1+2+3+\cdots+100$ 时，如果使用不断相加的方法，则需要进行 99 次加法运算，也就是 $n-1$ 次运算，n 为参与加法运算的数的个数，此例里 $n=100$。使用高斯定理则 $S = (1+100) \times 100/2 = (a_1 + a_n)n/2$，只需要简单的 1 次加法、2 次乘法就可以得到结果，而且运算的次数不会随着问题规模的扩大而发生变化，即使 n 不断增大，运算的次数也不会有变化。

3. 递推法

递推法是指从已知的最初条件出发，逐次推导出所需要的各个中间结果和最终结果。递推法中初始条件和问题已经确定，或者说可以通过分析和简化的方法进行确定，通过已经确定的条件，由简入繁，逐步递进，归纳总结，得出普遍的规律，从而确定所需要的结果。

4. 递归法

递归法是一种直接或者间接调用自身的方法。递归法就是将原问题不断分解为规模缩小的子问题，然后递归调用方法来表示问题的解。简单来说就是用同一种方法去解决规模不同的问题。递归法的思想就是将问题的规模不断缩小，也就是递进，当规模缩小到临界点时，又将问题的解按照原路返回，得到最初问题的解。

5. 减半递推法

减半递推法是一种分治法，可分成两个部分来理解，"减半" 是指将问题的规模减半，而问题的性质不变；"递推" 是指重复 "减半" 的过程。

6. 回溯法

回溯法是指通过对问题的分析，根据找到的线索逐步进行尝试，如果成功，那么得到问题的解；如果不成功，则退回上一步，向其他线路再次进行尝试。

9.2　查找算法

查找是计算机应用中常用的一个基本运算，是指在大量的信息中寻找一个特定的信息元素。

在计算机中，查找算法的使用频率很高，因此把在计算机中查找某个数据的具体实现方法称为查找算法。常用的查找算法有顺序查找算法、二分查找算法和分块查找算法等，下面主要介绍前两种算法。

9.2.1　顺序查找算法

顺序查找算法也称线性查找算法，是最简单、最基本的查找算法。顺序查找算法的基本思想是，从数据集合的第一个元素开始，将每一个元素按顺序与指定的关键值（Key）进行比较，若数据集合中某个元素的值与关键值相符，则查找成功，返回该元素在数据集合中的位置信息；反之，若查询完整个数据集合，都没有找到一个元素与关键值相符，则查找失败。

顺序查找算法主要用于线性表中。其优点是对线性表中数据的有序性没有要求，即线性表中的数据可以是有序的，也可以是无序的；对线性表的存储结构也没有要求，可以是顺序存储结构的线性表，也可以是链式存储结构的线性表；尤其是采用链式存储结构的线性表，即使是有序序列，也只能使用顺序查找。其缺点是查找效率低，尤其是当线性表中的元素个数 n 很大的时候。

例如，设有数组 $D[n] = \{7,11,22,33,44,55,66,77,88,99,105\}$，数组中共有 11 个元素，即 $n = 11$，使用顺序查找算法分别查找 22 和 80 的过程如图 9.2.1 所示。

D[1]	D[2]	D[3]	D[4]	D[5]	D[6]	D[7]	D[8]	D[9]	D[10]	D[11]	D[12]
7	11	22	33	44	55	66	77	88	99	105	

图 9.2.1　使用顺序查找算法查找数组元素

当 Key 为 22 时，首先从数组 $D[n]$ 的第 1 个元素，即 $D[1]$ 开始进行比较，依次判断所取得元素的值是否与 Key 相等，当比较到 $D[3]$ 时，$D[3]$ 的值正好与 Key 相等，则表示查找成功，返回 $D[3]$ 元素所在的位置。此次查找共进行了 3 次比较。

当 Key 为 80 时，首先从数组 $D[n]$ 的第 1 个元素，即 $D[1]$ 开始进行比较，依次判断所取得元素的值是否与 Key 相等，当比较到 $D[11]$ 时，$D[11]$ 的值还是与 Key 不相等，当进行第 12 次比较的时候，取到了一个空值，此时表示数组中所有元素都已经检索过了，数组结束，查找也结束，最终的查找结果是，没有找到与 Key 相等的元素，即没有查找到目标。此次查找共进行了 12 次比较，即 $n+1$ 次。

9.2.2　二分查找算法

二分查找算法又称折半查找算法，是一种效率较高的查找算法。二分查找算法的思路是，首先查找数据集合的中间元素，如果该元素的值正好是要查找的关键值 Key，则查找成功，返回该中间元素在数据集合中的位置信息；如果该中间元素的值不等于关键值 Key，则比较它们的大小，关键值 Key 小于中间元素的值，则在数据集合前半部分继续查找，反之，关键值 Key 大于中间元素的值，则在数据集合后半部分继续查找；与前面一样，每次查找都是从查找区域的中间元素开始比较，如果到最后的区域中没有查找到关键值 Key，则查找失败。

二分查找每次比较后，都会使查找范围缩小一半，自然也使需要比较的数据减少了一半，查找效率较高。但是，二分查找算法在使用时，对数据集合有着严格的要求，要求数据集合所在的线性表必须采用顺序存储结构，并且表中的元素按关键字有序排列，即查找的数据集合是顺序存储的有序线性表。

例如，设有数组 $D[n] = \{7, 11, 22, 33, 44, 55, 66, 77, 88, 99, 105\}$，数组中共有 11 个元素，即 $n = 11$，使用二分查找算法分别查找 22 和 80 的过程如图 9.2.2 和图 9.2.3 所示。

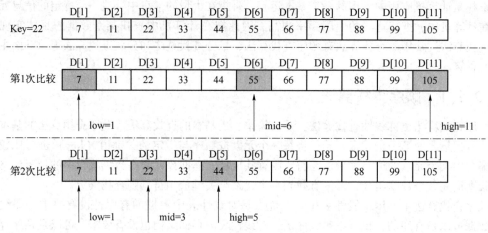

第3次比较，D[mid]=Key，查找成功。

图 9.2.2　使用二分查找算法查找数组元素成功

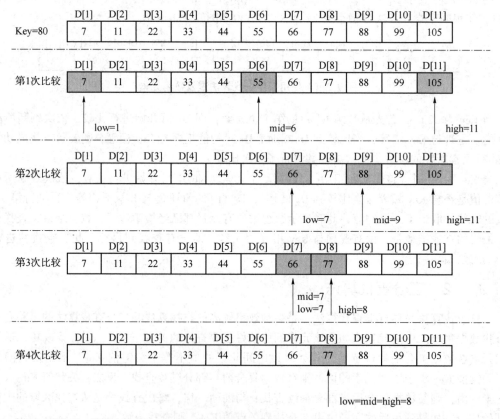

第4次比较之后，根据操作原则，将对low进行+1操作，此时low=9，high=8，low>high，查找失败。

图 9.2.3　使用二分查找算法查找数组元素失败

二分查找时，需要设置一个上限指针 high，一个下限指针 low，一个中间指针 mid。初始时 low=1，指向数组首元素；high=n，指向数组最后一个元素；mid=(low+high)/2，指向数组中间元素。每次比较都使用中间元素，即 mid 指向的元素，记为 D[mid] 与 Key 比较。若 Key<D[mid]，则舍弃数据集合后半部分数据，继续在数据集合前半部分查找，此时修改 high=mid-1，重新计算 mid 值，然后进行下一轮比较；若 Key>D[mid]，则舍弃数据集合前半部分数据，继续在数据集合后半部分查找，此时修改 low=mid+1，重新计算 mid 值，进行下一轮比较；若 Key=D[mid]，则表示查找成功，此时的 D[mid] 则为要查找的元素，返回该元素在数组 D[n] 中的位置；若一直查找下去，当 low>high 时，表示查找失败。

9.3　排序算法

排序是计算机内部经常进行的一种操作，其目的是将一组 "无序" 的序列调整为 "有序" 的序列。而排序算法就是指使序列 "有序" 排列的算法。很多领域都非常重视排序算法，尤其是数据处理方面。常见的排序算法有选择排序算法、插入排序算法、交换排序算法、归并排序算法等。此后所介绍的排序算法都是基于顺序存储结构的线性表来进行的，以一维数组为实例。

9.3.1　选择排序算法

选择排序算法是一种简单直观的排序算法，它的基本思路是取出待排序列中的最值（最大值或最小值），放入序列的特定位置，选取的元素成为序列的有序区，剩下的元素作为新的待排元素区；再从待排元素区中选取最值（最大值或最小值），放入序列有序区的特定位置；以此类推，直到待排元素区中的元素都放入序列有序区，则整个序列成为有序序列。常见的选择排序算法有简单选择排序算法和堆排序算法。

1. 简单选择排序算法

简单选择排序算法，也称直接排序算法，它的基本思路是，首先将这个序列都作为待排元素区（也称无序区），扫描整个序列的无序区，找到最值（最大值或最小值），将最值元素与待排元素区中最前面的元素交换，形成有序区；剩下的元素作为新的无序区，重复上面的操作，直至所有元素都进入有序区为止。最坏的情况下，简单选择排序进行的比较次数为 $n(n-1)/2$。

例如，假设现有待排序列 $D[n]=\{44,33,66,88,55,11,22,77\}$，$n=8$，以递增方式使用简单选择排序算法的详细过程如图 9.3.1 所示。

2. 堆排序算法

堆排序算法是简单选择排序算法的改进版，它利用堆这种数据结构会在堆顶记录最值的这种特性，从而替代简单选择排序中的扫描整个待排序列的步骤，从序列中选出最值，来对序列进行排序。堆是一棵完全二叉树，并且存在堆序性，简单来说，二叉树中，父节点中的值不小于（或不大于）任意子节点的值。若父节点的值都大于或等于子节点的值，则这样的堆称为大根堆；反之则称为小根堆。在堆排序算法中，大根堆用于升序排序，小根堆用于降序排序。

堆排序算法的思路是，依次将待排序列的元素放入完全二叉树中，按照排序要求（升序或降序），构建相应的根堆（大根堆或小根堆）；将堆顶元素值与堆尾元素值进行交换；堆的尺寸减小 1 个元素，即交换后的堆尾元素不再参与下一轮的排序。重复上面操作，直到堆的尺寸为 1。在最坏的情况下，堆排序需要进行 $n\log_2 n$ 次比较。

例如，假设现有待排序列 $D[n]=\{44,33,66,88,55,11,22,77\}$，$n=8$，以递增方式使用堆排序算法的详细过程如图 9.3.2 所示。

	D[1]	D[2]	D[3]	D[4]	D[5]	D[6]	D[7]	D[8]	
待排序列	44	33	66	88	55	11	22	77	
第1次排序	11	33	66	88	55	44	22	77	交换44和11
第2次排序	11	22	66	88	55	44	33	77	交换33和22
第3次排序	11	22	33	88	55	44	66	77	交换66和33
第4次排序	11	22	33	44	55	88	66	77	交换88和44
第5次排序	11	22	33	44	55	88	66	77	55位置不变
第6次排序	11	22	33	44	55	66	88	77	交换88和66
第7次排序	11	22	33	44	55	66	77	88	交换88和77
第8次排序	11	22	33	44	55	66	77	88	排序完成

图 9.3.1　简单选择排序算法示例

9.3.2　插入排序算法

插入排序算法是一种常用的排序算法，它的基本思路是每一次取出待排序列中的一个元素，按照序列排序要求（升序或降序），将其放入序列中已排好序的部分中的适当的位置，使序列有序区继续保持有序，直到全部待排元素都取出并插入有序区中，从而使整个序列有序。常见的插入排序算法有简单插入排序算法和希尔排序算法。

1. 简单插入排序算法

简单插入排序算法也称为直接插入排序算法，它的基本思路是，将整个待排序列划分为前、后两个区，前面为有序区，后面为无序区。初始时，前一个有序区只有一个元素，其他的元素则作为后面的无序区；排序开始后，从后面无序区取出第一个元素，将其依次与前面有序区的元素进行比较，然后按照指定的排序要求（升序或降序）将其插入适当的位置，使其成为前面区域的新元素，并保持该区域继续符合排序规则；重复上面的操作，直到后面无序区中的所有元素都插入前面有序区中为止，这样就使整个序列的所有元素都成为有序区的元素，从而使整个序列有序。最坏的情况下，简单插入排序进行的比较次数为 $n(n-1)/2$。

例如，假设现有待排序列 $D[n]=\{44,33,66,88,55,11,22,77\}$，$n=8$，以递增方式使用简单插入排序算法的详细过程如图 9.3.3 所示。

2. 希尔排序算法

希尔排序算法是插入排序算法的一种更高效的改进版本，也称缩小增量排序算法，它的基本思路是，将待排序的数组元素按下标的一定增量分组，分成多个子序列，然后对各个子序列进行简单插入排序；之后的操作是减小增量重新分组，分组内进行简单插入排序，如此下去，直到增量为1时，对整个序列进行最后一次简单插入排序，至此排序结束。其中增量为 $h_i=n/2^i(i=1,2,\cdots,[\log_2 n])$，

h_i 为第 i 次排序的分组增量，n 为待排序列的元素个数。最坏的情况下，希尔排序进行的比较次数为 $n^{1.5}$。

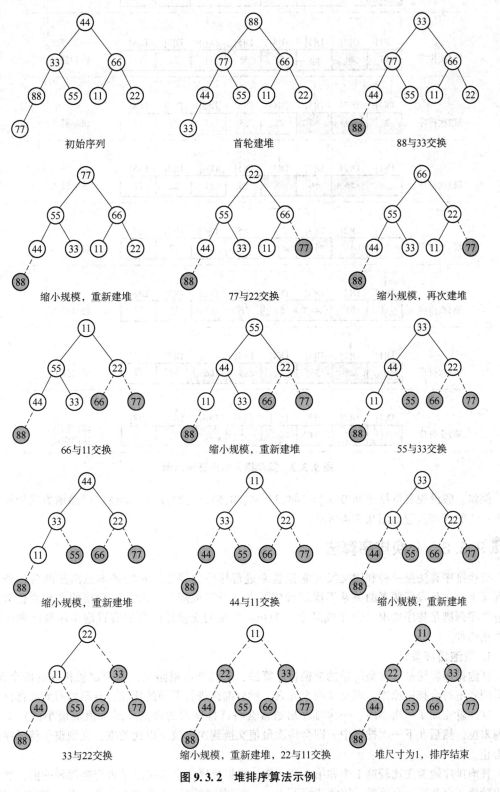

图 9.3.2　堆排序算法示例

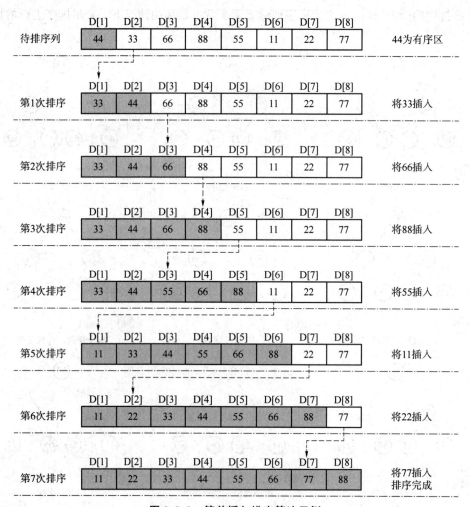

图 9.3.3　简单插入排序算法示例

例如，假设现有待排序列 $D[n] = \{44, 33, 66, 88, 55, 11, 22, 77\}$，$n = 8$，以递增方式使用希尔排序算法的详细过程如图 9.3.4 所示。

9.3.3　交换排序算法

交换排序算法是一种利用交换元素位置来进行排序的算法，它的基本思路是两两比较待排序列元素，一旦发现两者的关系不满足排序要求（升序或降序）时，则交换两个元素位置，直到整个序列满足排序要求（升序或降序）为止。常见的交换排序算法有冒泡排序算法和快速排序算法两种。

1. 冒泡排序算法

冒泡排序算法是一种最简单的交换排序算法，它的基本思路是，两两比较相邻的两个元素，如果两者不符合排序原则，则交换两个元素，然后继续进行下面的比较，直到所有元素都比较完成，这样就完成了一次排序。一次排序后通常会将待排序列的最值（最大值或最小值）交换到序列末位，然后在下一次排序中，则会将次最值交换到次末位，以此类推，直到整个待排序列有序为止。

冒泡排序通常先比较第 1 个和第 2 个元素，根据排序要求来决定是否交换两者的值，然后继续比较第 2 个和第 3 个元素，如此持续下去，一直到比较第 $n-1$ 个和第 n 个元素，则完成一次交

	D[1]	D[2]	D[3]	D[4]	D[5]	D[6]	D[7]	D[8]
待排序列	44	33	66	88	55	11	22	77

第1次排序，$n=8$，$h_1=n/(2^1)=4$

	D[1]	D[2]	D[3]	D[4]	D[5]	D[6]	D[7]	D[8]
	44	33	66	88	55	11	22	77

	D[1]	D[2]	D[3]	D[4]	D[5]	D[6]	D[7]	D[8]
第1分组	44				55			
第2分组		33				11		
第3分组			66				22	
第4分组				88				77

各分组使用简单插入排序，使分组有序

	D[1]	D[2]	D[3]	D[4]	D[5]	D[6]	D[7]	D[8]
第1分组	44				55			
第2分组		11				33		
第3分组			22				66	
第4分组				77				88

按照对应的序号组合

D[1]	D[2]	D[3]	D[4]	D[5]	D[6]	D[7]	D[8]
44	11	22	77	55	33	66	88

第2次排序，$n=8$，$h_2=n/(2^2)=2$

D[1]	D[2]	D[3]	D[4]	D[5]	D[6]	D[7]	D[8]
44	11	22	77	55	33	66	88

	D[1]	D[2]	D[3]	D[4]	D[5]	D[6]	D[7]	D[8]
第1分组	44		22		55		66	
第2分组		11		77		33		88

各分组使用简单插入排序，使分组有序

	D[1]	D[2]	D[3]	D[4]	D[5]	D[6]	D[7]	D[8]
第1分组	22		44		55		66	
第2分组		11		33		77		88

D[1]	D[2]	D[3]	D[4]	D[5]	D[6]	D[7]	D[8]
22	11	44	33	55	77	66	88

第3次排序，$n=8$，$h_3=n/(2^3)=1$

D[1]	D[2]	D[3]	D[4]	D[5]	D[6]	D[7]	D[8]
22	11	44	33	55	77	66	88

对整个序列使用简单插入排序，使序列有序

D[1]	D[2]	D[3]	D[4]	D[5]	D[6]	D[7]	D[8]
11	22	33	44	55	66	77	88

排序结束

图 9.3.4 希尔排序算法示例

换，这样最值就会出现在序列的第 n 个位置；在下一次排序时，从第 1 个元素开始，两两比较，只需要比较到第 $n-1$ 个元素，那么就可以将剩下的元素中的最值交换到第 $n-1$ 位。如此下去，直到最后只有 1 个元素需要排序，则整个序列有序。最坏的情况下，冒泡排序进行的比较次数为 $n(n-1)/2$。

例如，假设现有待排序列 $D[n]=\{44,33,66,88,55,11,22,77\}$，$n=8$，以递增方式使用冒泡排序算法的详细过程如图 9.3.5 所示。

	D[1]	D[2]	D[3]	D[4]	D[5]	D[6]	D[7]	D[8]
待排序列	44	33	66	88	55	11	22	77
第1次排序								
比较后交换	33	44	66	88	55	11	22	77
比较后不交换	33	44	66	88	55	11	22	77
比较后不交换	33	44	66	88	55	11	22	77
比较后交换	33	44	66	55	88	11	22	77
比较后交换	33	44	66	55	11	88	22	77
比较后交换	33	44	66	55	11	22	88	77
比较后交换	33	44	66	55	11	22	77	88
第1次结束 找到最大值88	33	44	66	55	11	22	77	88
第2次结束 找到最大值77	33	44	55	11	22	66	77	88
第3次结束 找到最大值66	33	44	11	22	55	66	77	88
第4次结束 找到最大值55	33	11	22	44	55	66	77	88
第5次结束 找到最大值44	11	22	33	44	55	66	77	88
第6次结束 找到最大值33	11	22	33	44	55	66	77	88
第7次结束 找到最大值22	11	22	33	44	55	66	77	88

图 9.3.5　冒泡排序算法示例

2. 快速排序算法

快速排序算法又称分区交换排序算法，是对冒泡排序算法的一种改进，它的基本思路是，通过一次排序将待排序列划分为两个分区，其中一个分区的所有数据比另一个分区的所有数据要小；再按这种方法对这两个分区分别进行快速排序，使整个序列变得有序。快速排序算法的思路非常简单，以升序排列为例，实现的方法通常是在待排序列中选取一个基准元素（一般就选用第 1 个元素），然后用这个基准元素和其他元素比较，使用交换的方法，把这个待排序列中小于基准元素的元素移动到待排序列的左边，把大于基准元素的元素移动到待排序列的右边。这时，左、右两个分区的元素就相对有序了；继续按照上面的方法对每个分区进行操作：找出基准元素，然后移动，直到各个分区只有一个元素为止。最坏的情况下，快序排序进行的比较次数为 $n(n-1)/2$。

例如，假设现有待排序列 $D[n]=\{44,33,66,88,55,11,22,77\}$，$n=8$，以递增方式使用快速排序算法的详细过程如图 9.3.6 所示。

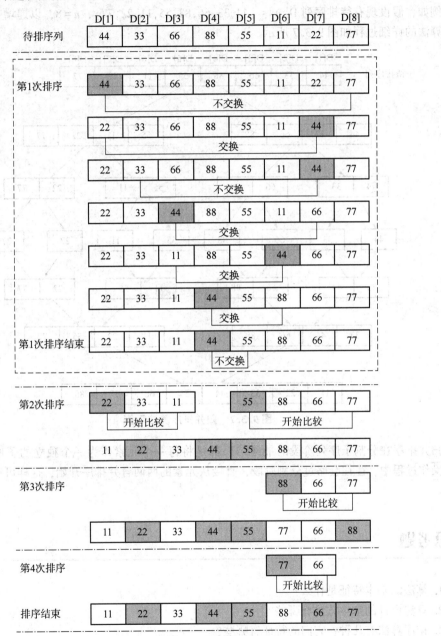

图 9.3.6　快速排序算法示例

9.3.4　归并排序算法

归并排序算法是分治法的一个典型应用，它是一种建立在归并操作基础上的有效排序算法。归并排序算法的基本思路是，将待排序列划分为两个子序列，再将子序列划分为两个更小的子序列，不断递进，最终得到多个不可分割的子序列，也就是每一个元素作为一个子序列单独存在，当然这种情况下每一个子序列就都是有序的，可以视为已经为其完成排序；然后两两合并已排序的子序列，合并过程中完成排序，形成多个新的有序序列，再将这些有序序列两两合并，不断回归，最终合并为一个有序序列。最坏的情况下，归并排序进行的比较次数为 $n\log_2 n$。

例如，假设现有待排序列 $D[n] = \{44, 33, 66, 88, 55, 11, 22, 77\}$，$n = 8$，以递增方式使用归并排序算法的详细过程如图 9.3.7 所示。

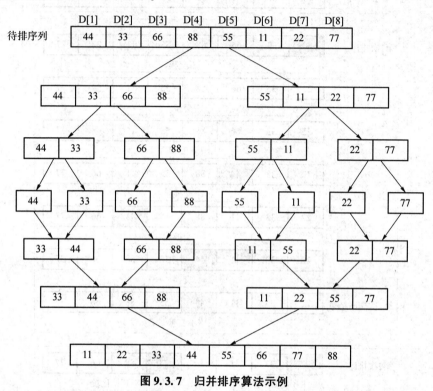

图 9.3.7　归并排序算法示例

归并排序在分割子序列阶段的最终结果都是将每一个元素作为一个独立的子序列，所以在实际操作过程中，往往会略过分割阶段，直接从元素的两两合并排序开始，这样可以节省大量的时间。

思考题

1. 算法的基本特征是什么？
2. 算法设计的基本方法有哪些？
3. 排序算法有几种？它们的特征有哪些？
4. 各种排序算法在最坏的情况下，需要进行的比较次数分别是多少？
5. 简单插入排序算法适合用于顺序存储结构的序列，还是链式存储结构的序列？为什么？

第 10 章

程序设计基础

程序是计算机与人类沟通的手段，程序设计则是人类对计算机表达诉求的一种方法。因此，在现今智能化的社会大背景下，我们需要对程序设计方法、过程有一个基础的了解。本章主要介绍程序设计的基本概念、思想及原则等计算机程序设计的基本知识。

10.1 程序设计风格

程序设计是指把现实世界中解决实际问题的方法转换成能够在计算机上实现的一系列指令、代码、符号的过程。程序设计的具体实现需要以某种程序设计语言为工具，编写出用这种语言解决具体问题的程序代码。

程序设计是软件构造活动中的重要组成部分，是指设计、编制、调试程序的方法和过程。常用的程序设计方法有结构化程序设计方法与面向对象程序设计方法两种。结构化程序设计是指面向过程的、具有结构性的程序设计方法与过程，它可以由基本结构来构成复杂结构，具有层次性，能够让整个程序设计的过程清楚明确。面向对象程序设计则以对象为基础来开发对应的功能，程序的设计过程更符合人们的日常思维过程。

程序设计的风格是指人们编写程序时所表现出来的特点、习惯、逻辑思路等。在程序设计中，要想让设计出的程序结构合理、清晰，就必须形成良好的编程习惯。良好的程序设计风格不但可以提高程序的质量，而且便于日后的调试和维护。换句话说，就是要求编写出来的程序不仅能让程序员自己看得懂，而且能够让其他程序员也可以看懂。

因此，在程序设计时，应当注意以下 5 个方面。

（1）源程序文档化。源程序的文档化主要包含以下 3 个方面。

①标识符按义取名。标识符的名字应能反映它所代表的东西，应有一定的实际意义，使其能够顾名思义，有助于对程序功能的理解。标识符的取名不能太长，可使用常用的缩写名字，但要注意缩写规则要一致，必要时可以加上注释。

②正确添加注释。注释是程序员与日后的程序读者之间沟通的重要手段。正确的注释能够帮助读者理解程序，为后续阶段进行测试和维护，提供明确的指导，因此注释绝不是可有可无的。注释主要分为序言性注释和功能性注释。序言性注释通常置于每个模块的开头部分，给出该模块的概括信息，对于读者理解程序具有指导作用。功能性注释的位置应与被描述的代码相邻，

可以放在代码的上方或右方，目的是给出模块中发生事件的详细信息，这些注释可用来将模块划分为较小的逻辑代码块。两种注释都应使用自然语言或伪代码形式书写。

③合理的视觉布局。视觉布局虽然不会影响程序的功能，但会影响程序的可读性，良好的程序布局使人对程序一目了然。其主要手段有添加程序行内空格、添加空行、进行适当且整齐的缩进等。

（2）数据说明原则。对程序中的数据进行定义说明时，数据说明顺序应规范，使数据的属性更易于查找，从而有利于测试、纠错与维护。

（3）语句的结构简单直接，不能为了追求效率而使代码复杂化。为了便于读者阅读和理解，不要一行多个语句。不同层次的语句采用缩进形式，使程序的逻辑结构和功能特征更加清晰。

（4）输出与输入原则。输入时，操作步骤和格式应尽量简单；应有必要的合法性、有效性验证，并提供提示和报告；有结束标志控制和下拉列表等友好的交互设计。输出时，要清楚明确，严格按照用户要求或者标准格式输出；尽量将输出的数据表格化、图形化，使其更为直观。

（5）追求效率原则。追求效率是指建立在不损害程序可读性和可靠性的基础上，选择良好的设计方法或良好的数据结构算法来提高程序运行效率。

10.2 结构化程序设计

10.2.1 结构化程序设计的概念与特点

结构化程序设计是按照模块划分原则以提高程序可读性、易维护性、可调性和可扩充性为目标的一种程序设计方法。结构化程序设计的思路：自顶向下、逐步求精；程序结构按功能划分为若干个基本模块，"单入口，单出口"是各个模块的特点；各模块之间的关系尽可能简单，在功能上相对独立；每一模块内部均是由顺序、选择和循环3种基本结构组成；模块化实现的具体方法是使用子程序。

结构化程序设计的优点：整体思路清楚，目标明确；设计工作中阶段性强，有利于系统开发的总体管理和控制；在系统分析时可以诊断出原系统中存在的问题和结构上的缺陷。其缺点：用户要求难以在系统分析阶段准确定义；用阶段性成果进行控制，不能适应事物变化的要求；系统的开发周期长。

10.2.2 结构化程序设计基本结构

结构化程序设计的基本结构有3种：顺序结构、选择结构和循环结构。

1. 顺序结构

顺序结构是一种最简单的程序设计结构，也是最基本、最常用的程序设计结构。在顺序结构中，程序中的各个操作是按照它们出现的先后顺序执行的。这种结构的特点是程序从入口点开始，按顺序执行所有操作，直到出口点处。顺序结构示意如图10.2.1所示。

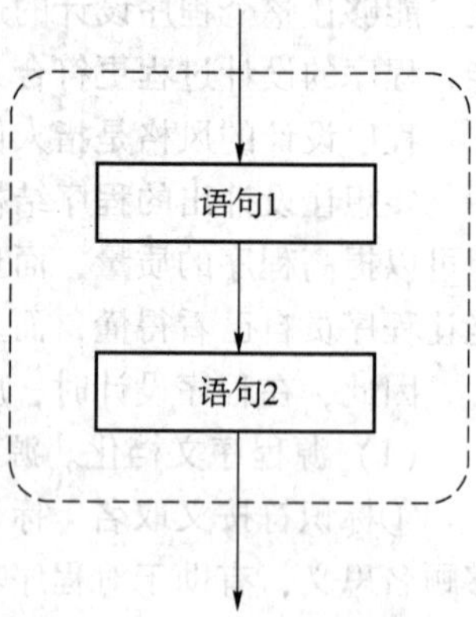

图10.2.1 顺序结构示意

2. 选择结构

选择结构又称分支结构，表示程序的处理步骤出现了分支，它需要根据某一特定的条件进行判断，然后选择其中的一个分支执行。选择结构有单选择、双选择和多选择3种形式。选择结构示意如图10.2.2所示。

3. 循环结构

循环结构又称重复结构，表示程序反复执行某个或某些操作，直到特定条件为假（或为真）时才可终止循环。使用循环结构，可以大大减少程序语句数量。循环结构示意如图 10.2.3 所示。

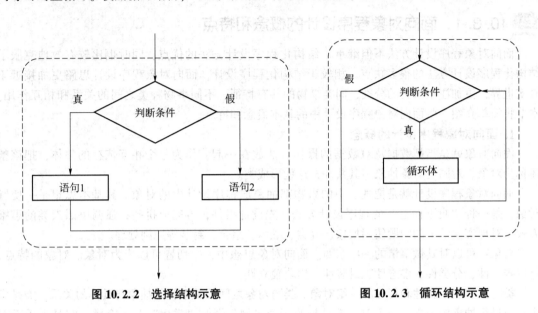

图 10.2.2　选择结构示意　　　　　图 10.2.3　循环结构示意

10.2.3　结构化程序设计原则

在使用结构化程序设计方法时，应遵循以下原则。

1. 自顶向下

程序设计时，应先考虑总体需求，后考虑细节要求；先考虑全局目标，后考虑局部目标。不必在开始阶段就过多追求细节，先从最上层的目标开始，逐步将问题具体化。

2. 逐步求精

对复杂问题，不必追求一步到位，可以设置一些过渡性的子目标，逐步推进，不断细化。

3. 模块化

一个复杂问题，肯定是由若干个相对简单的问题构成。模块化是指将要解决的总目标分解为若干个子目标，子目标再进一步分解为更详细的小目标，把每一个小目标用一个程序块来实现，称为一个模块。模块解决的问题应尽可能地简单和单一。

4. 限制使用 GOTO 语句

GOTO 语句是指程序在遇到它的时候，进行无条件的跳转。禁止 GOTO 语句后，程序易于理解、易于排错、容易维护，容易进行正确性证明。但是，在块和进程的非正常出口处往往需要用 GOTO 语句，这会使程序执行效率较高。因此产生了正、反双方的争论，最终得到的结论是，GOTO 语句确实有害，应当尽量避免；完全避免使用 GOTO 语句也并非一个明智的方法，有些地方使用 GOTO 语句，会使程序流程更清楚、运行效率更高；应在以提高程序清晰性为目标的结构化方法中限制使用 GOTO 语句。

10.3　面向对象程序设计

面向对象程序设计方法主张尽可能按照人类的思维方式，使软件的开发方法与过程尽可能接近人类认识世界、解决现实问题的方法和过程，即使描述问题的问题空间与问题的解决方案空间在结构上尽可能一致，最终把客观世界中的实体抽象为问题域中的对象。面向对象程序设计方法的优点：与人类思维方式一致、稳定性好、重用性好、易于大型软件开发、可维护性好。

10.3.1 面向对象程序设计的概念和特点

面向对象程序设计方法不但继承了结构化程序设计方法的优点，同时也比较有效地克服了结构化程序设计方法的很多缺点。相较于结构化程序设计，面向对象程序设计思路更加接近于真实世界，更加注重事物的分类、同类事物的共有特征、不同事物种类之间的关系和相互作用。本节将简单介绍一些面向对象程序设计中的基本概念和特点。

1. 面向对象程序设计的概念

面向对象就是指把数据及对数据的操作方法放在一起，作为一个相互依存的整体，把该整体称为对象。对同类对象抽象出其共性，这就形成类。

面向对象程序设计就是把现实中的事物都抽象成程序设计中的对象。其基本思想是一切皆对象，是一种"自下而上"的程序设计方法，先设计组件，再完成拼装；强调按照人类的思维方式，对现实生活中的问题使用抽象、分类、继承、组合、封装等原则处理。

对象：可以对其做事情的一些东西。面向对象思想中，一切皆可以成为对象。对象的特点：标识唯一性、分类性、多态性、封装性、模块独立性。

类：具有相似属性和行为的一组对象。类与对象之间的关系就是抽象与具体的关系，类是多个对象进行抽象的结果，一个对象就是类的一个实例。例如"学生"是一个类，它是由千千万万个具体的学生抽象而得来的。

消息：一个对象向另一个对象发出的某种操作的请求。对象执行操作称为对消息的响应。

方法：指对象上的操作，也称成员函数。方法定义了可以对一个对象执行哪些操作。

例如："学生"是一个类，"张三"是学生这个类中的一个实例，也称对象，"学习"是方法，这个方法可以在"张三"这个实例上执行。

2. 面向对象程序设计的特点

面向对象程序设计解决了结构化程序设计在程序达到一定规模后不可控制的问题，是一种降低程序复杂度的有效方法。其主要特点是封装性、继承性和多态性。

1）封装性

封装是指将客观的事物抽象成一个类，然后将属性和方法进行打包，把不需要让外界知道的信息隐藏起来。有些对象的属性及行为允许外界用户知道或使用，但不允许更改；有些对象的属性或行为则隐藏对象的功能实现细节，不允许外界知晓，或只允许使用对象的功能。

封装的优点：能够减少耦合，符合程序设计追求"高内聚，低耦合"；隐藏信息实现细节，类的内部结构可以自由修改；可以对成员变量进行更精确的控制。

2）继承性

继承就是子类拥有父类的特征和行为，使子类对象（实例）具有父类的实例域和方法；或子类从父类继承方法，使子类具有与父类相同的行为。当然，子类也可以在继承父类行为的基础上，定义出自己新的行为。例如："人类"是"学生"的父类，"学生"是"人类"的子类，父类"人类"拥有的"属性"如姓名、性别、年龄、身高等，"学生"类也同样具有；父类"人类"拥有的"方法"如跑、跳、笑等，"学生"类也同样具有；此外，"学生"类还定义了新的"属性"学号和新的"方法"学习。

继承的优点：提高了类代码的复用性；提高了代码的可维护性；使类和类产生了关系，是多态的前提。

3）多态性

多态是指同一个行为具有多个不同表现形式或形态的能力。换句话说，就是当不同的多个对象同时接收到同一个完全相同的消息之后，所表现出来的动作是各不相同的，具有多种形态。多态机制使具有不同内部结构的对象可以通过同一个外部接口进行调用，哪怕收到相同的消息后表现出完全不同的行为，但是它们的调用方式相同。

多态的优点：消除了类之间的耦合，简化了代码，提高了可维护性和扩展性。

10.3.2　面向对象程序设计的原则

1. 单一职责原则

面向对象程序设计中，一个类的功能要单一，不能包罗万象。

2. 开放封闭原则

面向对象程序设计中，一个模块在扩展性方面应该是开放的，而在更改性方面应该是封闭的。

3. 替换原则

面向对象程序设计中，子类应当可以替换父类并出现在父类能够出现的任何地方。

4. 依赖原则

面向对象程序设计中，具体依赖抽象，上层依赖下层。

5. 接口分离原则

面向对象程序设计中，模块间要通过抽象接口隔离开，而不是通过具体的类强耦合起来。

思考题

1. 程序设计风格中，需要遵循哪些原则？
2. 结构化程序设计中的基本结构有哪些？
3. 结构化程序设计有哪些优点？又有什么缺点？
4. 面向对象程序设计为什么能够成为现在的主流？
5. 结构化程序设计思想和面向对象程序设计思想相互对立吗？为什么？

第 11 章

软件工程基础

软件工程概念最早于 1968 年北大西洋公约组织（North Atlantic Treaty Organization，NATO）在德国召开的计算机科学会议上提出，现今已经成为计算机软件的一个重要分支和研究方向，主要探讨如何应用工程化的、系统化的、规范化的、可定量度量的过程化方法实现对计算机应用软件的开发、维护和管理。本章主要介绍软件工程的目标和原则、软件的生命周期、软件过程及结构化设计等方面的基本知识。

11.1 软件工程概述

11.1.1 软件工程的基本概念

1968 年，北大西洋公约组织在德国 Garmish 召开的计算机科学会议上，弗里兹·鲍尔（Fritz Bauer）首先提出了"软件工程"的概念，引入了现代软件开发的工程化思想，试图建立并使用正确的工程方法开发出成本低、可靠性高的计算机软件，从而解决或缓解软件危机。此后，软件工程就成为计算机软件的一个重要分支和研究方向，研究内容涉及软件的开发、维护、管理等多方面，并在研究中强调生命周期方法和各种软件的分析及设计技术，最终，逐渐成为一门指导计算机软件开发和维护的工程学科。软件工程研究的主要内容包括软件开发技术和软件工程管理两个方面，其核心思想是把计算机软件产品看作一个工程项目来实施和管理，把工程化的思想引入整个软件开发项目中来，最终目的是形成成本、质量、过程都可控的软件项目开发过程，从而得到成本低、稳定可靠的计算机软件产品。

软件工程是指导计算机软件开发和维护的一门工程学科，它采用工程的概念、原理、技术和方法来开发与维护软件，并把经过时间考验且证明正确的管理技术和当前能够得到的最好的技术方法结合起来，经济地开发出高质量软件并对软件进行有效维护。

软件工程包括方法、工具和过程 3 个要素，方法是完成软件工程项目的技术手段，工具支持软件的开发、管理和文档生成，过程支持软件开发各个环节的控制、管理。

11.1.2 软件工程的目标和原则

软件工程的核心思想是把软件产品看作一个工程项目来实施和管理，它能指导软件开发和管理人员用工程化的思想规范地开发出高质量且费用合理的软件产品。在整个软件项目实施过程中，软件工程需要具有明确的目标，并遵循各类管理规范和原则。

1. 软件工程的目标

软件工程的目标为在给定成本、进度的前提下，开发出具有适用性、有效性、可修改性、可靠性、可理解性、可维护性、可重用性、可移植性、可追踪性、可互操作性和满足用户需求的软件产品。我们追求这些软件工程的目标有助于提高软件产品的质量和开发效率，减少维护的困难，并能够在软件项目实际开发过程中，付出相对低的成本，完成符合用户要求且易维护、易移植的软件产品。

2. 软件工程的原则

在软件项目开发过程中，为了达到软件开发的目标，我们必须遵循抽象、信息隐藏、模块化、局部化、一致化、完整性和可验证性这 7 个软件工程的原则。

1）抽象原则

抽象原则是指抽取事物最基本的特性和行为，采用分层次抽象的办法来控制软件开发过程的复杂性，有利于软件的可理解性和开发过程的管理。

2）信息隐藏原则

信息隐藏原则是指采用封装技术，将程序模块的实现细节隐藏起来，使模块接口尽量简单。

3）模块化原则

模块化原则要求在程序设计过程中，各功能模块应尽量做到"高内聚，低耦合"。其中，模块之间的关联程度用耦合度度量，模块内部各成分的相互关联及紧密程度用内聚度度量。

4）局部化原则

局部化原则要求在一个物理模块内集中逻辑上相互关联的计算资源。从物理和逻辑两个方面保证系统中模块之间具有松散的耦合关系，模块内部有较强的内聚性。

5）一致化原则

一致化原则是指整个软件系统的各个模块均应使用一致的概念、符号和术语；程序内部接口应保持一致；软件与硬件接口应保持一致；系统规格说明与系统行为应保持一致；用于形式化规格说明的公理系统应保持一致等。一致化原则支持系统正确性和可靠性。

6）完整性原则

完整性原则是指软件系统不丢失任何重要成分，完全能实现系统所需功能。

7）可验证性原则

可验证性原则是指开发大型软件系统需要对系统自上向下，逐步分解。系统分解应该遵循容易检查、测试、评审的原则，以便保证系统的正确性。

11.1.3　软件工程的基本原理

自软件工程概念被提出以来，研究软件工程的专家学者们陆续提出了 100 多条关于软件工程的准则或"信条"。其中，著名的软件工程专家 B. W. Bohm 综合这些专家学者们的意见并总结多年开发软件的经验，于 1983 年提出了软件工程的 7 条基本原理，这 7 条基本原理在软件工程领域得到了广泛的认可。

（1）用分阶段的生命周期计划进行严格的管理。这一条原理强调，把整个软件开发过程分成若干个相对独立、任务比较单一的阶段，针对每个阶段制订出切实可行的计划，并严格执行所制订的计划，这有助于整个任务的完成。

（2）坚持进行阶段评审。这一条原理强调，每个阶段结束后，都要进行严格的评审，尽早发现和改正错误，把错误尽量消灭在"萌芽"阶段。这有助于保障任务完成的质量。

（3）实行严格的产品控制。这一条原理强调，针对需求改动，要实行严格的变动控制，需求的改动要经过严格的评审和审批，并在实际变动需求时，所有其他阶段有关的文档或程序代码也要作相应的修改。这有助于保证需求改动的一致性。

（4）采用现代程序设计技术。这一条原理强调，"工欲善其事，必先利其器"，软件开发需要根据所开发软件的规模和功能，选择先进的软件开发方法和程序设计技术。这有助于提高软件开发的质量，保证开发进度，还有利于增加软件的可维护性。

（5）结果应能清楚地审查。这一条原理强调，应尽量详细、明确地规定每个阶段的任务和审查标准，使包括最终软件产品审查在内的各阶段的结果审查工作，有明确的目标和审查标准，能清楚地进行审查。这有助于保证软件的正确性。

（6）开发小组的人员应该少而精。这一条原理强调，在软件开发过程中，需注重开发人员的能力和素质，而不是开发人员的数量。这有助于降低开发成本。

（7）承认不断改进软件工程实践的必要性。这一条原理强调，总结软件开发实践中好的方法和技术，用于指导新的软件的开发。这有助于不断地丰富和发展软件开发方法和技术。

11.1.4 软件的生命周期

软件的生命周期是指一个软件从被提出开始研制至最终被废弃不再使用的整个过程。在软件项目的整个开发过程中，我们把软件的生命周期具体划分为问题定义、可行性研究、需求分析、概要设计、详细设计、编码、测试、运行维护、消亡9个阶段，每个阶段都有明确的任务，并需产生一定规格的文档资料交付给下一阶段，下一阶段在上阶段交付的文档的基础上继续开展工作。

从总体上来划分，软件生命周期可划分为计划时期、开发时期和运行时期3个阶段，其中，计划时期包括问题定义和可行性研究2个阶段；开发时期包括需求分析、概要设计、详细设计、编码和测试5个阶段；运行时期包括运行维护、消亡2个阶段。其结构示意如图11.1.1所示。

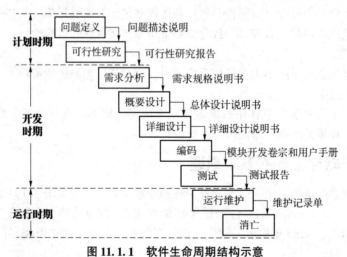

图11.1.1   软件生命周期结构示意

11.1.5 软件过程

软件工程采用生存周期方法学从时间角度对软件开发和维护的复杂问题进行分解，把软件生存的漫长周期依次划分为若干阶段，每个阶段有相对独立的任务，然后逐步完成每个阶段的任务，最终完成整个任务。为了实现这一任务分解思路和方法，人们在实践中总结出了用来描述软件整个生命周期，即需求获取、需求分析、设计、实现、测试、发布和维护的过程模型，这个过程模型被称为软件过程。简而言之，软件过程是为了获得高质量软件，在软件生命周期基础上需要完成的一系列任务的框架，它规定了完成各项任务的工作步骤。也可以把软件过程描述成，在开发出客户所需要软件的过程中，为实现某一个特定的具体目标内容，一系列相关什么人（Who）、在什么时候（When）、做什么事（What），以及怎样做（How）的过程。

软件工程的结构化方法是指采用结构化分析、结构化设计和结构化实现的技术来完成软件项目开发的各项任务，并使用适当的软件工具或软件工程环境来支持结构化技术的运用。该方法把软件生命周期的全过程依次划分为若干阶段，然后顺序地完成每个阶段的任务，前一个阶段任务的完成是开始进行后一个阶段工作的前提和基础，而后一个阶段任务的完成通常是使前一个阶段提出的解法更进一步具体化，加进了更多的实现细节。在现阶段，基于结构化方法的软件过程主要有瀑布模型、增量模型、快速原型模型、螺旋模型等，其中快速原型模型、螺旋模型是比较有代表性的演化模型。

1. 瀑布模型

1970 年温斯顿·罗伊斯（Winston Royce）提出了著名的"瀑布模型"，直到 20 世纪 80 年代早期，它一直是唯一被广泛采用的软件开发模型，现在它仍然是软件工程中应用最广泛的过程模型。瀑布模型提出了软件开发的系统化的、顺序的方法，其流程从用户需求规格说明开始，通过策划、建模、构建和部署过程，最终提供一个完整的软件并提供持续的技术支持。结构化软件过程都可以用该方法来描述，其结构示意如图 11.1.2 所示。

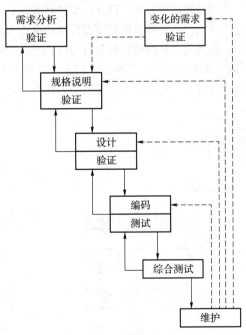

图 11.1.2　瀑布模型结构示意

1）瀑布模型的特点

（1）必须等前一个阶段的工作完成之后，才能开始后一个阶段的工作。

（2）每一个阶段都必须完成规定的文档，没有交出合格的文档就是没有完成该阶段的任务。

（3）前一个阶段的输出文档就是后一个阶段的输入文档，因此，只有前一个阶段的输出文档正确，后一个阶段的工作才能得到正确的结果。

（4）每个阶段结束前都要对所完成的文档进行评审，以便及早发现问题，改正错误。事实上，越是早期阶段犯下的错误，暴露出来的时间就越晚，排除故障、改正错误所付出的代价也就越大。因此，及时审查，是保证软件质量、降低软件成本的重要措施。

（5）瀑布模型是一种"文档驱动模型"。

2）瀑布模型的优点

（1）强调了开发的阶段性，各阶段具有顺序性和依赖性。

（2）强调早期调研和需求分析，推迟编码实现的观点。

（3）提供了一个模板，这个模板使分析、设计、编码、测试和维护的方法可以在该模板下有一个共同指导。

3）瀑布模型的局限

（1）瀑布模型是一种线性模型，要求项目严格按规程推进，必须等到所有开发工作全部完成以后才能获得可以交付的软件产品。不能对软件系统进行快速创建，对于一些急于交付的软件系统的开发很不方便。

（2）瀑布模型适用于需求明确、且无大的需求变更的软件开发（编译系统、操作系统等）。而对于初期需求模糊的项目，瀑布模型并不适用。

4）瀑布模型的适用场景

瀑布模型适用于需求确定、无大的需求变更、工作能够采用线性的方式完成的软件。

2. 增量模型

增量模型融合了瀑布模型的基本成分和原型实现的迭代特征，把待开发的软件系统模块化，将每个模块作为一个增量构件，从而分批次地分析、设计、编码和测试这些增量构件，是一个递增式的软件开发过程。其具体实施方法为，在整体上按照瀑布模型的流程实施项目开发，以方便对项目的管理，在软件的实际开发中，则将软件系统按功能分解为许多增减构件，并以构件为单位逐个地创建与交付，直到全部增量构件创建完成，并都被集成到系统之中交付用户使用。使用增量模型时，第一个增量构件往往实现软件的基本需求，提供最核心的功能，其结构示意如图 11.1.3 所示。

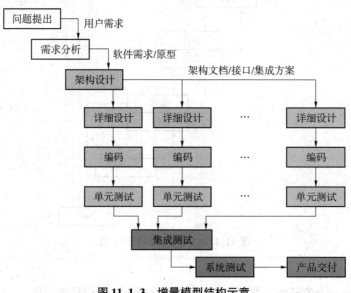

图 11.1.3　增量模型结构示意

1）增量模型的特点

（1）当使用增量模型时，第一个增量构件往往是核心的产品。

（2）客户对每个增量的使用和评估都作为下一个增量发布的新特性和功能。

（3）该模型采用随着日程时间的进展而交错的线性序列，每一个线性序列产生软件的一个可发布的"增量"。

（4）降低了软件开发的风险，一个开发周期内的错误不会影响整个软件系统。

（5）增量模型是一种"增量构件驱动模型"。

2）增量模型的优点

（1）第一个可交付版本所需要的成本和时间很少。

（2）开发由增量表示的小系统所承担的风险小。

（3）由于很快发布了第一个版本，因此可以减少用户需求的变更。

（4）在项目开始时，可以仅对一个或两个增量投资。

3）增量模型的局限

（1）管理发生的成本、进度和配置的复杂性可能会超出组织的能力。

（2）如果没有对用户的变更要求进行规划，那么产生的问题增量可能会造成后来增量的不稳定。

（3）如果需求不像早期思考的那样稳定和完整，那么一些增量就可能需要重新开发、重新发布。

4）增量模型的适用场景

增量模型适用于项目在既定的商业要求期限之前不可能找到足够的开发人员的情况。

3. 快速原型模型

软件开发过程中，开发初期很难得到一个完整的、准确的需求规格说明，开发者往往对要解决的应用问题模糊不清，以至于形成的需求规格说明常常是不完整的、不准确的，有时甚至是有歧义的。此外，在整个开发过程中，用户可能会产生新的要求，导致需求的变更。为了适应这种需求的不确定性和变化，提出了快速原型模型。快速原型模型通过向用户提供原型获取用户的反馈，使开发出的软件能够真正反映用户的需求。同时，快速原型模型采用逐步求精的方法完善原型，使原型能够"快速"开发，避免了像瀑布模型一样在冗长的开发过程中难以对用户的反馈作出快速的响应。相对瀑布模型而言，快速原型模型更符合人们开发软件的习惯，是目前较流行的一种实用软件生存期模型，其结构示意如图 11.1.4 所示。

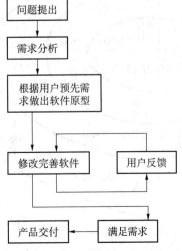

图 11.1.4　快速原型模型结构示意

1）快速原型模型的特点

（1）能准确地获取用户需求，开发周期短，降低了开发成本。

（2）不能贯穿软件的整个生命周期，无法建立完整的文档资料，无质量及维护保障措施。

（3）是一种"用户反馈驱动模型"。

2）快速原型模型的优点

（1）能渐进地启发客户提出新的要求或任务，促使开发人员和用户达成共识。

（2）减少了开发风险，避免了因为需求不确定而在开发过程中浪费大量的资源。

3）快速原型模型的局限

（1）没有考虑到软件的整体和长期的可维护性。

（2）可能由于达不到质量要求而导致产品被抛弃，从而采用新的模型重新设计。

4）快速原型模型的适用场景

快速原型模型比较适用于用户需求不清、需求经常变化的情况，当系统规模不是很大也不太复杂时，采用该模型比较好。

4. 螺旋模型

1988 年，巴利·玻姆（Barry Boehm）正式发表了软件系统开发的"螺旋模型"，它兼顾了快速原型模型的迭代特征以及瀑布模型的系统化与严格监控，强调了其他模型所忽视的风险分析，特别适合于内部大型复杂系统的开发。其具体实施过程为，首先制订计划，确定软件的目标，选定实施方案，明确项目开发的限制条件；其次进行风险评估，分析所选的方案，识别风险，消除风险；之后实施工程，进行软件开发，验证阶段性产品；最后进行用户评估，评价开发工作，提出修正建议，建立下一个周期的开发计划。其结构示意如图 11.1.5 所示。

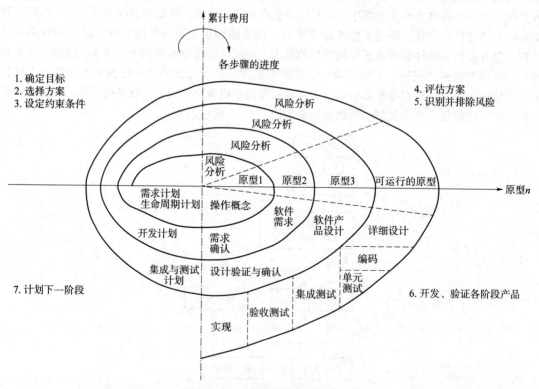

图 11.1.5　螺旋模型结构示意

1）螺旋模型的特点

（1）与瀑布模型相比，螺旋模型支持用户需求的动态变化，为用户参与软件开发的所有关键决策提供了方便。

（2）使用螺旋模型进行软件开发，需要开发人员具有相当丰富的风险评估经验和专业知识。

（3）螺旋模型强调风险分析，是一种"风险驱动模型"。

2）螺旋模型的优点

（1）关注软件的重用。

（2）关注早期错误的消除。

（3）将质量目标放在首位。

（4）将开发阶段与维护阶段结合在一起。

（5）具有很好的灵活性，方便项目在各演化层变更。

3）螺旋模型的局限

（1）开发人员需要有丰富的风险评估经验。

（2）每个阶段都要提出备选方案、进行风险分析，研发周期长，效率低。

4）螺旋模型的适用场景

螺旋模型强调风险分析，使开发人员和用户对每个演化层出现的风险有所了解，从而作出应有的反应。因此，该模型适用于庞大、复杂并且具有高风险的系统开发。

11.2　软件工程的结构化分析

软件工程的结构化方法按软件生命周期划分，包括结构化分析（Structured Analysis，SA），结构化设计（Structured Design，SD），结构化实现（Structured Programming，SP）3 个阶段。软件工程结构化分析以软件的生命周期为基础，基本思想是"自顶向下，逐层分解"，把一个大问题分解成若干个小问题，每个小问题再分解成若干个更小的问题，经过逐层分解，每个最低层的问题最终变得足够简单、容易解决。

11.2.1　结构化分析的方法

结构化分析的实质是一个创建模型的活动。为了开发出复杂的软件系统，系统分析员应该从不同角度抽象出目标系统的特性，使用精确的表示方法构造系统的模型，验证模型是否满足用户对目标系统的需求，并在设计过程中逐渐把和实现有关的细节加进模型中，直至最终用程序实现模型。

在结构化分析方法中，需要建立 3 个层次的模型，分别是数据模型、功能模型和行为模型，其中，使用实体-联系图（Entity Relationship Diagram，E-R 图）建立数据模型，用于描绘数据对象及数据对象之间的关系；使用数据流图（Data Flow Diagram，DFD）建立功能模型，用于描绘数据在软件系统中移动时被变换的逻辑过程，并指明系统具有的变换数据的功能；使用状态转换图（State Transform Diagram，STD）建立行为模型，用于描绘系统的各种行为模式（称为"状态"）和在不同状态间转换的方式，并指明外部事件结果的系统行为。

在软件工程中，结构化分析方法能帮助系统分析员产生功能规约的原理与技术，但在实际使用该方法的过程中，有其需要遵循的准则和步骤。

1. 结构化分析的准则

（1）必须理解并描述问题的信息域。根据这条准则应该建立数据模型。

（2）必须定义软件应完成的功能。这条准则要求建立功能模型。

（3）必须描述作为外部事件结果的软件行为。这条准则要求建立行为模型。

（4）必须对描述信息、功能和行为的模型进行分解，用层次的方式展示细节。

2. 结构化分析的步骤

（1）分析当前的情况，做出反映当前物理模型的数据流图。

（2）推导出等价的逻辑模型的数据流图。

（3）设计新的逻辑系统，生成数据字典和基本元素描述。

（4）建立人机接口，提出可供选择的目标系统物理模型的数据流图。

（5）确定各种方案的成本和风险等级，据此对各种方案进行分析。

（6）选择一种方案。

（7）建立完整的需求规约。

11.2.2　结构化分析的工具

结构化分析方法作为软件开发方法，通常采用图形表达用户需求，是一种面向数据流的需求分析方法，在建立数据模型、功能模型和行为模型时，主要使用实体-联系图、数据流图和状态转换图 3 种图形表示工具。

1. 实体-联系图

在结构化分析方法中，为了按照要求把用户数据清楚、准确地描述出来，系统分析员就需要建立一个概念性的数据模型，该模型是一种面向问题的数据模型，是按照用户的观点对数据建立的模型，它描述了从用户角度看到的数据，同时反映了用户所处的现实环境。

实体-联系图提供了表示实体、属性和联系的方法，用来描述现实世界的概念模型，是描述现实世界概念模型的有效方法。在软件工程的结构化分析中，使用该工具来建立和描述数据模型，主要用于在需求分析阶段描述信息需求或要存储在数据库中的信息的类型。

2. 数据流图

数据流图是指从数据传递和加工角度，以图形方式来表达系统的逻辑功能、数据在系统内部的逻辑流向及逻辑变换过程，是结构化分析方法的主要表达工具及用于表示软件的功能模型的一种图示方法，它可以用少数几种符号综合地反映出数据信息在系统中的流动、处理和存储情况。

1）数据流图的符号

数据流图有 4 种基本符号，分别是方框、圆角矩形或圆、双杠或开口矩形、箭头。其中，方框表示数据的源点和终点；圆角矩形或圆表示变换数据的加工（处理）；双杠或开口矩形表示数据存储；箭头表示数据流，即数据的流动方向，如图 11.2.1 所示。

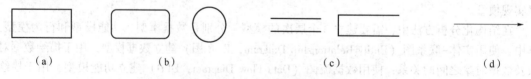

　（a）　　　　　　　　　（b）　　　　　　　　　（c）　　　　　　　　　（d）

图 11.2.1　数据流图的基本符号

（a）方框；（b）圆角矩形或圆；（c）双杠或开口矩形；（d）箭头

2）数据流图的基本成分

数据流图表示的是一个系统的逻辑模型，然而任何计算机系统实质上都是信息处理系统，都是把输入数据经过变换后输出的系统。因此，在使用数据流图表示系统的功能模型时，就需要使用外部实体、处理、数据存储和数据流 4 种数据流图基本成分表示出计算机系统的整个信息处理过程。

（1）外部实体。

外部实体指在系统之外且与系统有联系的人或事物，它说明了数据的外部来源和去处，属于系统的外部和系统的界面。外部实体中支持系统数据输入的实体称为源点，支持系统数据输出的实体称为终点。通常外部实体在数据流图中用方框表示，框中写上外部实体名称，为了区分不同的外部实体，同一外部实体可在一张数据流图中出现多次。

（2）处理。

处理指对数据加工处理，也就是数据变换，它用来改变数据值。而每一种处理又包括数据输入、数据处理和数据输出等部分。在数据流图中处理过程用带圆角的矩形表示，圆角矩形分为 3 个部分，标识部分用来标识一个功能，功能描述部分是必不可少的，功能执行部分表示功能由谁来完成。

（3）数据存储。

数据存储表示数据保存的地方，它用来存储数据。系统处理从数据存储中提取数据，也将处理的数据返回数据存储。与数据流不同的是，数据存储本身不产生任何操作，它仅仅响应存储和访问数据的要求。

（4）数据流。

数据流是指处理功能的输入或输出数据信息。它用来表示一中间数据流值，但不能用来改变数据值。数据流是模拟系统数据在系统中传递过程的工具。在数据流图中的数据流用一个水平箭头或垂直箭头表示，箭头指出数据的流动方向，箭线旁注明数据流名。

3）数据流图的用途和特点

（1）数据流图的用途。

①系统分析员能用该工具自顶向下分析系统信息流程。

②可在数据流图上明确表示出需要计算机处理的部分。

③能根据数据存储，进一步作数据分析，向数据库设计过渡。

④数据流图能根据数据流向，清楚表示数据存取方式。

⑤对应每一个处理过程，都能清楚地描述出相应的语言、判定树、判定表等工具表达处理方法。

（2）数据流图的特点。

①数据流图能清楚显示系统将输入和输出什么样的信息，数据如何通过系统流动以及数据将被存储在何处。

②数据流图可以反映出数据的流向和处理过程。

③数据流图采用自顶向下分析，容易及早发现系统各个部分的逻辑错误，也容易修正。

④数据流图绘制起来比较麻烦，需要层层细化，工作量较大。

4）数据流图举例

假设一家工厂的采购部每天需要一张订货报表，报表按零件编号排序，表中列出所有需要再次订货的零件。对于每个需要再次订货的零件应该列出下述数据：零件编号、零件名称、订货数量、目前价格、主要供应者、次要供应者。零件入库或出库称为事务，通过放在仓库中的事务处理终端把事务报告给订货系统。当某种零件的库存数量少于库存量临界值时就应该再次订货。

通过对上述工厂订货过程描述的分析，可以使用如下 4 步得到该订货系统的数据流图。

第 1 步：列出问题描述中数据流图的源点/终点、处理、数据存储和数据流 4 种成分。

源点/终点：采购员、仓库管理员。

处理：产生报表、处理事务。

数据存储：订货信息、库存清单。

数据流：订货报表、事务。

第2步：根据数据流图的4种成分，画出顶层数据流图，如图11.2.2所示。

图 11.2.2　订货系统顶层数据流图

第3步：把顶层数据流图进行细化，描绘出主要功能，画出功能级数据流图，如图11.2.3所示。

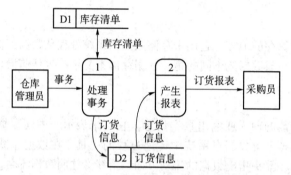

图 11.2.3　订货系统功能级数据流图

第4步：把功能级数据流图中描绘的系统主要功能进一步细化，画出最终数据流图，如图11.2.4所示。

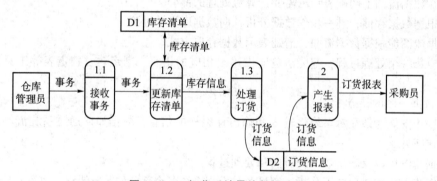

图 11.2.4　订货系统最终数据流图

3. 状态转换图

状态转换图是指通过描绘系统的状态及引起系统状态转换的事件，来表示系统行为的图形。它指明了作为特定事件的结果将执行哪些对应的动作，是软件工程的结构化分析方法中建立行为模型的工具，能够有效地描述系统对内部或者外部事件的响应。

状态转换图中定义的状态主要有初态（即初始状态）、中间状态和终态（即结束状态）3种，不同的状态之间在一定的条件下可以循环转换，但在同一张状态转换图中只能有一个初态，终态则可以有0个至多个。

1）状态转换图的符号及基本成分

在状态转换图中，经常用到的符号有实心圆、牛眼图（内圆为实心圆）、圆角矩形、箭头4种，如图11.2.5所示。其中，初态用实心圆表示；终态用牛眼图表示；中间状态用圆角矩形表示，在实际使用中，圆角矩形会被两条水平横线分成上、中、下 3 个部分，上面部分为状态名称，不可省略，中间部分为状态变量的名字和值，可省略，下面部分是活动表，也可省略；两个状态之间的状态转换用箭头表示，箭头指明了转换方向，箭线上可标出触发转换的事件表达式，如果在箭线上未标明事件表达式，则表示在初态的内部活动执行完之后自动触发转换。

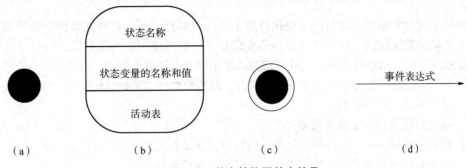

图 11.2.5　状态转换图基本符号
(a) 实心圆；(b) 圆角矩形；(c) 牛眼图；(d) 箭头

2）状态转换图举例

在日常工作生活中，复印机的工作过程大致是这样的，当未接到复印命令时，处于闲置状态；接到复印命令时，进入复印状态，完成后又回到闲置状态；如果执行复印命令时发现没有纸，则进入缺纸状态，发出警报，装满纸之后，回到闲置状态；如果执行复印命令时，发生卡纸，则进入卡纸状态，待工作人员处理完毕，回到闲置状态。用状态转换图建立复印机工作过程的行为模型，如图 11.2.6 所示。

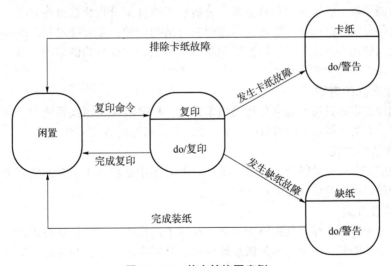

图 11.2.6　状态转换图实例

11.3　软件工程的结构化设计

软件工程结构化设计方法是一种面向数据流的设计方法，通常与结构化分析方法衔接起来共同使用，以数据流图为基础得到软件的模块结构。结构化设计方法的基本思想是在结构化分析的基础上，将系统设计成由相对独立、功能单一的模块组成的系统。其主要任务是基于结构化分析结果，定义满足分析中所需要的结构，即针对给定的问题，列出该问题对应的软件解决方案。其中，结构化设计又被进一步细分为概要设计和详细设计两个阶段。

11.3.1　结构化设计的步骤

结构化设计的基本思路是利用结构化分析中产生的数据流图，将数据流图中从系统输入数据流到系统输出数据流的一连串连续变换形成信息流，然后应用面向数据流的设计方法把信息流映射成软件结构，信息流不同，其映射的方法也不同。在数据流图中，根据变换中心处理信息的方式不同，信息流可分为事务流和变换流两种。结构化设计方法的具体实施步骤如下：

（1）评审和细化数据流图；

（2）确定数据流图的信息流类型；

（3）把数据流图映射到软件模块结构，设计出模块结构的上层；

（4）基于数据流图逐步分解高层模块，设计中下层模块；

（5）对模块初步结构进行优化，得到质量更高的模块和更为合理的软件结构；

（6）描述模块各个接口。

11.3.2　概要设计

概要设计的基本目的就是回答"概括地说，系统应该如何实现"这个问题，因此，概要设计又称总体设计或初步设计。概要设计阶段的重要任务是设计软件的基本结构，也就是要确定系统中每个程序是由哪些模块组成的，以及这些模块相互间的关系。

概要设计过程主要由系统设计和结构设计两个阶段组成。系统设计阶段从数据流图出发设想完成系统功能的若干种合理的物理方案，分析员应该仔细分析比较这些方案，并且和用户共同选定一个最佳方案。结构设计阶段主要进行软件结构设计，需要确定软件由哪些模块组成以及这些模块之间的动态调用关系，层次图和结构图是描绘软件结构的常用工具。整个软件系统的概要设计阶段主要分为如下 9 个方面。

1. 设想供选择的方案

设想供选择的方案是指以需求分析的结果出发，根据数据流图及系统的逻辑模型分析出不同的实现方案，并抛弃技术上不可行的方案，最终得出备选的 N 套实施方案。

2. 选取合理的方案

选取合理的方案是指从得到的一系列供选择的方案中选取若干个合理的方案，通常至少选取低成本、中等成本和高成本的 3 套方案。

3. 推荐最佳方案

根据用户自身情况选择合理的解决方案。在这个过程中，用户和有关的技术专家应该认真审查分析员所推荐的最佳系统，如果该系统确实符合用户的需要，并且是在现有条件下完全能够实现的，则应该提请使用部门负责人进一步审批。

4. 功能分解

功能分解是指为确定软件结构，从实现角度把复杂的功能进一步进行分解。分析员需要仔细分析数据流图中的每个处理，使用变换流分析方法和事务流分析方法，映射出软件系统初始功能结构，如果一个处理的功能过分复杂，必须把它的功能适当地分解成一系列比较简单的功能。

5. 设计软件结构

设计软件结构是指对映射出的软件初始结构进行合理的组织和划分。通常应该把模块组织成良好的层次结构，顶层模块调用它的下层模块以实现程序的完整功能，每个下层模块再调用更下层的模块，完成程序的一个子功能，最下层的模块完成最具体的功能。

6. 设计数据库

设计数据库是指对系统需要存储和使用的数据，根据结构化分析中的实体-联系图进行数据应用的设计。

7. 制订测试计划

制订测试计划是指在概要设计阶段需要适当考虑测试问题，以提高软件的可测试性。

8. 书写文档

书写文档是指从概要设计阶段开始，应该使用正式的文档记录概要设计的结果。在这个阶段完成的文档通常有系统说明、用户手册、测试计划、详细的实现计划、数据库设计结果等。

9. 审查和复审

审查和复审是指进行概要设计的审查和用户复审。在概要设计的最后，应该对概要设计的结果进行严格的技术审查，在技术审查通过之后再由客户从管理角度进行复审。

11.3.3 详细设计

详细设计是软件工程结构化设计方法中设计部分的最后一个阶段。其目的是确定"应该怎样具体地实现所要求的系统"这个问题，经过这个阶段的设计工作，在编码阶段就可以把这个描述直接翻译成用某种程序设计语言书写的程序。详细设计阶段的关键任务是确定怎样具体地实现用户需要的软件系统，设计每个模块的实现算法、所需的局部数据结构，也就是要设计出程序的"蓝图"，其中，重点在于设计出软件模块的数据结构和算法。

在详细设计过程中，我们需要对每个模块规定的功能以及算法的设计，给出适当的算法描述，即确定模块内部的详细执行过程，包括局部数据组织、控制流、每一步具体处理要求和各种实现细节等。详细设计所使用的技术是结构化程序设计技术，常见的详细设计工具有程序流程图、盒图、问题分析图、过程设计语言等。

1. 程序流程图

程序流程图又称程序框图，是使用最广泛然而也是用得最混乱的一种描述程序逻辑结构的工具。它用方框表示一个处理步骤，菱形表示一个逻辑条件，箭头表示控制流向。程序流程图的基本控制结构有顺序型、选择型、先判定（While）型循环、后判定（Until）型循环、多情况（Case）型选择 5 种。其优点是结构清晰、易于理解、易于修改；缺点是只能描述执行过程而不能描述有关的数据。

2. 盒图

盒图是一种强制使用结构化构造的图示工具，也称方框图。其具有以下特点：功能域明确、不可能任意转移控制、很容易确定局部和全局数据的作用域、很容易表示嵌套关系及模板的层次关系。

3. 问题分析图

问题分析图（Problem Analysis Diagram，PAD）是一种改进的图形描述方式，可以用来取代程序流程图，比程序流程图更直观，结构更清晰。其最大的优点是能够反映和描述自顶向下的历史和过程。PAD 提供了多种基本控制结构的图示，并允许递归使用，具有以下特点。

（1）使用 PAD 符号设计出的程序代码是结构化程序代码。

（2）PAD 所描绘的程序结构十分清晰。

（3）用 PAD 表现的程序的逻辑易读、易懂和易记。

（4）容易将 PAD 转换成高级语言源程序。

（5）既可以表示逻辑，也可用来描绘数据结构。

（6）支持自顶向下方法的使用。

4. 过程设计语言

过程设计语言（Process Design Language，PDL）也称伪码，用于描述模块内部的具体算法，以便开发人员之间比较精确地进行交流。过程设计语言的语法是开放式的，其外层语法是确定的，用于描述控制结构，而内层语法则不确定，用于描述具体操作。用它来描述详细设计，工作量比画图小，又比较容易转换为真正的代码。其优点在于可以作为注释直接插在源程序中，也可以使用普通的文本编辑工具或文字处理工具产生和管理；不足之处为，没有图形工具形象直观，描述复杂的条件组合与动作间对应关系时，相对复杂。

11.4 软件工程的结构化实现

软件工程的结构化实现是指在软件经过详细设计后，把详细设计的结果通过选定的某种程序设计语言变成计算机上能够正确运行的程序。通常情况下，实现主要包括编码和测试两个方面。编码是把软件设计结果翻译成某种程序设计语言书写的程序，是对设计的进一步具体化；测试是保证软件质量的关键步骤，是对软件规格说明、设计和编码的最后复审。值得注意的是，调试是测试发现错误后的修改过程，属于测试的后期阶段，只是调试有自身的知识点，放在测试中不合适，所以单独列出一节来说明。

11.4.1 编码

软件编码是指将上一阶段详细设计得到的处理过程描述转换为基于某种程序设计语言的程序，即源程序代码。软件编码阶段是软件系统物理实现阶段，其主要内容包括编码方法及编码语言的确定、程序内部文档的书写、编码风格的讨论以及程序效率的考虑等。

编码是一个系统实现阶段的第1步，程序员在该阶段的目标是按照系统设计阶段提出的需求，进行软件系统功能的开发，最终得到满足客户要求的、稳定性好的、可读性强的、运行效率高的软件系统。其任务是将详细设计的结果转化为用具体的程序设计语言编写的程序代码。为了实现以上目标，程序员在编写代码的过程中，就需要考虑并遵循如下原则。

（1）编制易于修改和维护的代码。

（2）在编程中采用统一的标准和约定。

（3）同步编程与文档书写工作。

（4）尽可能地重用，以降低软件开发成本，提高软件质量。

（5）具有良好的编程风格。

11.4.2 测试

软件测试是保证软件质量的关键步骤，是对软件规格说明、设计和编码的最后复审。大量资料表明，软件测试的工作量占整个软件工作量的40%以上，其成本为其他阶段成本的3~5倍，需要高度重视。软件测试的目的不是证明软件的正确性，而是尽可能多地发现并排除软件中潜在的错误，交付高质量的软件给用户。

1. 软件的测试技术

软件测试技术是指软件测试过程中为更多地找出软件中的隐含错误，而使用的软件测试方法。现阶段常用的软件测试技术有白盒测试和黑盒测试两种，白盒测试技术主要用于测试软件模块的功能是否正常，黑盒测试技术主要用于测试软件的结构和算法是否正确处理运行。

1）白盒测试技术

白盒测试又称结构测试，它把程序看作一个装在透明盒子里的模块，测试者完全清楚程序的结构和处理算法，该测试主要在整个测试过程的早期进行。在测试时，按照程序内部的逻辑结构设计测试用例，检测程序中的主要执行通路是否都能按预定要求正确工作。在白盒测试技术中，常用的是逻辑覆盖测试和控制结构测试两种测试手段。

（1）逻辑覆盖测试。

逻辑覆盖测试通常采用流程图来设计测试用例，它考察的重点是图中的判定框，因为这些判定通常与选择结构有关或与循环结构有关，是决定程序结构的关键成分。从覆盖源程序语句的详尽程序分析，大致有以下一些不同的覆盖标准。

①语句覆盖：每条语句至少执行一次。

②判定覆盖：每个判定的每个分支至少执行一次。

③条件覆盖：每个判定的每个条件应取到各种可能的值。

④判定/条件覆盖：同时满足判定覆盖和条件覆盖。

⑤条件组合覆盖：每个判定中各条件的每一种组合至少出现一次。

⑥点覆盖：程序执行路径至少经过流程图的每个节点一次。

⑦边覆盖：程序执行路径至少经过流程图的每条边一次。

⑧路径覆盖：使程序中每一条可能的路径至少执行一次。

（2）控制结构测试。

控制结构测试通常是根据程序的控制结构设计测试用例，重点考察程序的控制结构。从程序的控制结构来划分，常用的控制结构测试手段有基本路径测试、条件测试、循环测试 3 种。

①基本路径测试：保证程序中每条语句至少执行一次，且每个条件在执行时都将分别取真、假两种值。

②条件测试：着重测试程序中的每个条件。

③循环测试：专注于测试循环结构的有效性。

2）黑盒测试技术

黑盒测试又称功能测试，它把程序看作一个黑盒子，完全不考虑程序的内部结构和处理过程，着重测试软件的功能，与白盒测试互补，主要用于整个测试过程的后期。在测试时，按照程序的功能设计测试用例，只在程序接口进行测试，检查程序功能是否能按照需求规格说明书的规定正常输出。在黑盒测试技术中，在设计测试用例时主要采用等价类划分法、边界值分析法、错误推测法、因果图法 4 种方法。

（1）等价类划分法。

等价类划分法是指依据需求把输入数据的可能值划分为若干个等价类的测试方法。在划分了等价类之后，从每一个等价类中选出一个数据作为测试用例，如果这个测试用例测试通过，则认为所代表的等价类测试通过，这样就可以用较少的测试用例达到尽量多的功能覆盖，解决了不能穷举测试的问题。

（2）边界值分析法。

边界值分析法是指对输入或输出的边界值进行测试的一种黑盒测试技术。通常情况下，边界值分析法被作为对等价类划分法的补充，其测试用例来自等价类的边界。采用边界值分析法产生的测试用例，可使被测程序能在边界值及其附近运行，从而更有效地暴露程序中潜藏的错误。

（3）错误推测法。

错误推测法是指依靠测试人员的经验和直觉，列举出程序中可能有的错误和容易发生错误的特殊情况，有针对性地设计出测试用例，提出测试方案。该方法在很大程度上靠直觉和经验进行，经验可能来自对某项业务的测试，也可能来自售后用户的反馈信息，或者从故障管理库中整理错误等。

（4）因果图法。

因果图是一种简化了的逻辑图，它能采用图解的方法表示出输入的各种组合关系。而因果图法则是借助图形来设计测试用例的一种软件测试方法，适合描述多种条件组合输入，能根据输入条件的组合、约束关系和输出条件的因果关系，分析出输入条件的各种组合情况，并设计出对应的测试用例，适合对程序的多种输入条件涉及的各种组合情况进行检查。因果图法最终生成的是判定表，采用因果图法能帮助测试人员按照一定的步骤选择高效的测试用例，同时，还能指出程序规范中存在的问题。

2. 软件的测试步骤

软件系统通常由若干个子系统组成，每个子系统又由许多模块组成，因此，在进行软件系统测试的过程中，我们把软件的测试步骤分为模块测试、子系统测试、系统测试、验收测试和平行测试。

1）模块测试

模块测试又称单元测试，是对一个模块进行测试，根据模块的功能说明，检验模块是否有错误。模块测试在模块编程结束后进行，一般由编程人员自己进行。

在设计好的软件系统中，每个模块完成一个清晰定义的子功能，而且这个子功能和同级其他模块的功能之间没有相互依赖关系。因此，我们把每个模块作为一个单独的实体来测试，且模块测试比较容易设计检验模块正确性的测试方案。模块测试的目的是保证每个模块作为一个单元能正确运行，在这个测试步骤中所发现的往往是编码和详细设计的错误。

2）子系统测试

子系统测试是把经过模块测试的模块放在一起形成一个子系统来进行测试。测试模块间的相互协作和通信功能是子系统测试的主要任务，因此，接口测试是子系统测试的重点。

3）系统测试

系统测试是把经过测试的子系统装配成一个完整的系统来测试。在这个过程中，不仅能发现设计和编码的错误，还可以验证系统是否能提供需求说明书中指定的功能。在这个测试步骤中发现的往往是软件设计中的错误，也可能发现需求规格说明书中的错误。通常我们把子系统测试和系统测试统称为集成测试。

4）验收测试

验收测试也称确认测试，是把软件系统作为单一的实体进行测试，测试方法与系统测试基本类似。它需要在用户积极参与下进行，而且可能使用实际数据（系统将来要处理的信息）进行测试。验收测试的目的是验证系统确实能够满足用户的需要，在这个测试步骤中发现的往往是系统需求规格说明书中的错误。

5）平行测试

通常在一些关系重大的软件产品验收之后，并不会立即投入生产性运行，而是要再经过一段并行运行时间以验证新系统的准确性和稳定性。平行测试是指同时运行新开发出来的系统和将被它取代的旧系统，以便比较新旧两个系统的处理结果，从而发现那些隐蔽性较高的软件错误。

📠 11.4.3　调试

软件调试（也称为纠错）是指在测试发现错误之后排除错误的过程，出现在软件成功测试之后。调试不是测试，调试过程从执行一个测试用例开始，评估测试结果，如果发现实际结果与预期结果不一致，则这种不一致就是一个症状，它表明在软件中存在隐藏的问题。调试的目标是试图找出产生症状的原因，以便改正错误。在调试过程中，会产生两种调试结果，一种是找到了问题的原因并把问题改正和排除，另一种则是没找出问题的原因。一般情况下，软件调试需要把对系统的分析、调试人员的直觉和运气组合起来，才能实现调试的最终目标，通常采用以下 3 种调试方法。

1. 蛮干法

蛮干法可能是寻找软件错误原因的最低效的方法。仅当所有其他方法都失败了的情况下，才应该使用这种方法。

2. 回溯法

回溯法是一种相当常用的调试方法，当调试小程序时这种方法是有效的。其具体做法是，从发现症状的地方开始，人工沿程序的控制流往回追踪分析源程序代码，直到找出错误原因为止，但回溯法不适用于大规模的程序，大规模程序会让回溯路径越来越长，最终无法完成。

3. 原因排除法

原因排除法是指通过实际不断尝试或推理，逐一去掉不可能的原因，最终找到症状所在。常用的原因排除法有对分查找法、归纳法、演绎法等。对分查找法类似于数据结构中的折半查找法；归纳法是从个别现象推断出一般性结论的思维方法；演绎法是指从一般原理或前提出发，经过排除和精化的过程推导出结论的方法。

思考题

1. 软件工程的概念是什么？
2. 软件工程的目标和原则是什么？
3. 软件工程的基本原理是什么？
4. 什么是软件的生命周期？它分为哪些阶段？
5. 软件的过程是什么？
6. 软件工程的结构化方法是什么？
7. 基于结构化方法的软件过程主要模型有哪些？各有什么特点？
8. 结构化分析方法包括哪 3 个阶段？
9. 结构化分析中需要建立哪些模型？用什么工具建立这些模型？
10. 结构化设计分为哪两个阶段？它的主要任务又是什么？
11. 概要设计过程由哪两个阶段组成？每个阶段的作用是什么？
12. 详细设计的目的和任务是什么？
13. 编码应该遵循的基本原则是什么？
14. 软件测试的目的是什么？其测试技术有哪些？
15. 软件的测试步骤有哪些？
16. 软件调试的目标是什么？常用的调试方法有哪些？

第 12 章

数据库技术基础

数据库技术是数据管理的最新技术，是计算机科学的重要分支。在计算机三大主要应用领域（科学计算、数据处理和过程控制）中，数据处理约占比 70%。数据库技术就是由数据处理技术发展起来的，如今已形成了较为完整的理论体系和实用技术。数据库的建设规模、数据库信息量的大小和使用频率已成为衡量一个国家信息化程度的重要标志。

12.1 数据库技术概述

数据库技术产生于 20 世纪 60 年代末 70 年代初，其主要目的是有效地管理和存取大量的数据资源。数据库技术主要研究如何科学地组织和存储数据，如何有效地获取和处理数据。数年来，数据库技术和计算机网络技术的发展相互渗透和促进，已成为当今计算机领域发展迅速、应用广泛的两大领域。数据库技术不仅应用于事务处理，而且进一步应用于情报检索、人工智能、专家系统、计算机辅助设计等领域。人们在日常生活中，随处可见采用数据库技术来存储和处理信息的管理系统，如飞机、火车订票系统，银行业务系统，图书馆管理系统等。

12.1.1 数据库技术的基本概念

数据库技术就是研究、管理和应用数据库的一门软件科学。数据库技术涉及许多基本概念，主要包括数据、信息、数据处理、数据库、数据库管理系统及数据库系统等。

数据库技术是现代信息科学与技术的重要组成部分，是计算机数据处理与信息管理系统的核心。数据库技术研究和解决了计算机信息处理过程中有效地组织和存储大量数据的问题，能够在数据库系统中减少数据存储冗余、实现数据共享、保障数据安全以及高效地检索数据和处理数据。因此，我们在学习数据库技术的过程中，首先要了解以下数据库技术的相关概念。

1. 数据（Data）

数据是对现实世界中客观事物的符号表示，是信息的表现形式和载体。其表现形式不仅包括数字，还包括文字、图形、图像、声音和视频等，它们都可以经过数字化后存储到计算机中。通过数据将事物的信息及时、正确、有效地描述或记录下来是数据处理过程中的关键。

2. 信息（Information）

信息是人脑对现实世界中事物的存在方式、运动状态以及事物之间联系的抽象反映，是经过加工处理并对人类客观行为产生影响的数据表现形式。

信息与数据之间存在着固有的联系，任何事物的属性都是通过数据来表示的。数据经过加工处理之后，成为信息。而信息只有通过数据形式表现出来才能被人们理解和接受。概括地说：信息＝数据+处理。

3. 数据库（DataBase，DB）

简单地讲，数据库就是存放数据的仓库，只是这个仓库是存储在计算机存储设备上的，而且是按一定格式存储的。

严格地讲，数据库是长期存储在计算机内，有组织、可共享的大量数据的集合。数据库中的数据按一定的数据模型组织、描述和存储，具有较小的数据冗余，较高的数据独立性和易扩展性，并可为多种用户共享。

4. 数据库管理系统（DataBase Management System，DBMS）

数据库管理系统是一个用于建立、使用和维护数据库的系统软件，位于应用系统与操作系统之间，如图 12.1.1 所示。它对数据库进行统一的管理和控制，以保证数据库的安全性和完整性。用户通过数据库管理系统访问数据库中的数据，数据库管理员也通过数据库管理系统进行数据库的维护工作。

数据库管理系统提供多种功能，可使多个应用程序和用户用不同的方法同时或在不同时刻去建立、修改和查询数据库。大部分数据库管理系统提供数据定义语言（Data Definition Language，DDL）和数据操作语言（Data Manipulation Language，DML），供用户定义数据库的模式结构与权限约束，实现对数据的追加、删除等操作。

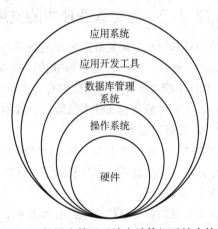

图 12.1.1　数据库管理系统在计算机系统中的位置

5. 数据库系统（DataBase System，DBS）

数据库系统是指实现有组织地、动态地存储大量关联数据，方便用户访问的，一般由数据库、硬件系统、软件系统（应用程序）和用户 4 个部分组成的系统。

1）数据库

数据库本身不是独立存在的，它是数据库系统的一部分，在实际应用中，人们面对的是数据库系统。

2）硬件系统

硬件系统指存储和运行数据库系统的硬件设备，包括 CPU、内存、大容量的存储设备、输入/输出设备和外部设备等。

3）软件系统

在整个数据库系统的组成中，数据库系统涉及的相关软件包括如下 3 个部分。

（1）操作系统：系统的基础软件平台，用于支持数据库管理系统的运行。

（2）数据库管理系统：数据库系统的核心软件。

（3）应用开发工具和应用系统：应用开发工具是系统为开发人员和最终用户提供的高效率、多功能的应用生成器、查询器等各种软件工具，能够为数据库系统的开发和应用提供良好的环境；应用系统是系统开发人员利用数据库系统所提供的数据库管理系统及数据库系统开发工具开发出来的，面向某一类实际应用的软件系统，最终为用户服务。

4）用户

用户是指使用数据库的人员，可以分为以下 4 类。

（1）第 1 类用户：系统分析员和数据库设计人员。系统分析员负责应用系统的需求分析和规范说明，他们和用户及数据库管理员一起确定系统的硬件配置，并参与数据库系统的概要设计。数据库设计人员负责数据库中数据的确定、数据库各级模式的设计。

（2）第 2 类用户：应用程序员。应用程序员负责编写使用数据库的应用程序，这些应用程序可对数据进行检索、建立、删除或修改。

（3）第 3 类用户：最终用户。他们利用系统的接口或查询语言访问数据库。

（4）第 4 类用户：数据库管理员。他们是负责设计、建立、管理和维护数据库，以及协调用户对数据库要求的个人或工作团队。

数据库管理员的主要职责：参与数据库设计的全过程，决定整个数据库的结果和信息内容；决定数据库的存储结构和存取策略；帮助应用程序员使用数据库系统；定义数据库的安全性和完整性约束条件；监控数据库的使用和运行；负责数据库的性能改进、数据库的重组和重构，以提高系统的性能。

12.1.2　数据管理技术的发展

使用计算机后，随着数据处理量的增长，产生了数据管理技术。数据管理指的是对数据的分类、组织、编码、存储、检索和维护。数据管理技术的发展与计算机硬件（主要是外部存储器）、软件系统及计算机应用范围有着密切的联系。迄今为止，数据管理技术的发展经历了 3 个阶段：人工管理阶段、文件系统阶段和数据库系统阶段。

1. 人工管理阶段

在 20 世纪 50 年代中期以前，计算机主要用于科学计算。当时计算机的软、硬件均不完善，硬件存储设备只有磁带、卡片和纸带，软件方面还没有操作系统和管理数据的软件，数据处理方式基本上是批处理。

人工管理阶段，数据管理具有如下 4 个特点。

1）数据不保存

由于当时计算机主要用于科学计算，一般不需要将数据长期保存。在计算某一课题时将原始数据随程序一起输入内存，运算完成后将结果数据输出，原始数据和程序一起从内存中释放，此过程不仅对用户数据如此，对系统软件所需的数据也如此。

2）数据没有专门的管理软件

数据由应用程序自己管理，没有相应的软件系统负责数据的管理工作。程序员在应用程序中不仅要规定数据的逻辑结构，而且还要在应用程序中设计物理结构，包括存储结构、存取方法和输入/输出方式等。因此，程序员负担很重。

3）数据不共享

数据是面向应用的，一组数据只能对应一个应用程序。即使多个应用程序涉及某些相同的数据时，也必须各自定义，无法互相利用、互相参照，因此程序之间有大量的冗余数据。

4）数据不具有独立性

数据的逻辑结构或物理结构发生变化后，必须对应用程序作相应的修改。这也进一步加重了程序员的负担。

在人工管理阶段，应用程序与数据之间是一一对应关系，如图 12.1.2 所示。

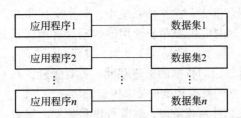

图 12.1.2　人工管理阶段应用程序与数据的对应关系

2. 文件系统阶段

20 世纪 50 年代后期到 60 年代中期，计算机的应用范围逐渐扩大，不仅用于科学计算，还大量用于信息管理。此时，硬件方面已有了磁盘、磁鼓等直接存取的存储设备；软件方面，在操作系统中已经有了专门的数据管理软件，当时被称为文件系统；处理方式上不仅有了文件批处理，而且还能联机实时处理。

文件系统阶段，数据管理具有如下 6 个特点。

1）数据以文件形式长期保存

数据以文件形式长期保存在计算机的磁盘上，可以反复进行查询、修改、插入和删除等操作。

2）由文件系统管理数据

文件系统提供了文件管理功能和文件存取方法，把数据组织成相互独立的数据文件，实现了"按文件名访问，按记录进行存取"的数据管理技术。

3）程序与数据间有一定独立性

程序与数据之间由文件系统提供存取方法进行转换，使应用程序与数据之间具有"设备独立性"，即当改变存储设备时，不必改变应用程序。程序员可以不必过多地考虑数据存储的物理细节，将精力集中于算法上，从而大大减少维护程序的工作量。

4）文件组织形式已多样化

在文件组织上有了索引文件、链接文件和直接存取文件等，但文件之间是相互独立的，缺乏联系。数据之间的联系需要通过程序去构造。

5）数据具有一定的共享性

有了文件以后，数据不再属于某个特定的程序，可以被反复使用。但是文件结构的设计仍是基于特定的用途，程序仍是基于特定的物理结构和存取方法编制的。因此，程序与数据结构之间的依赖关系并未根本改变。

6）数据的存取基本上以记录为单位。

在文件系统阶段，应用程序与数据的对应关系如图 12.1.3 所示。

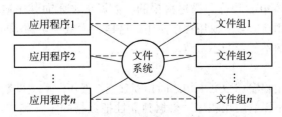

图 12.1.3　文件系统阶段应用程序与数据的对应关系

与人工管理阶段相比，文件系统阶段对数据的管理能力有了很大提升，但随着数据管理规模的扩大，数据量急剧增加，文件系统仍存在以下缺点。

（1）数据共享性差，冗余度大。在文件系统中，一个文件基本上对应一个应用程序，即文件仍然是面向应用的。当不同的应用程序所使用的数据具有相同部分时，也必须分别建立自己的数据文件，数据不能共享。因此，数据冗余度大，浪费存储空间。

（2）数据不一致性。由于相同数据的重复存储、各自管理，在对数据进行更新操作时，容易造成数据的不一致，给数据的修改和维护带来困难。

（3）数据独立性差。在文件系统阶段，尽管程序和数据之间有一定的独立性，但这种独立性主要是指设备独立性。在数据处理过程中，一旦改变数据的逻辑结构，必须修改相应的应用程序；同样，应用程序的改变，也将引起文件的数据结构的改变。可见，文件系统仍然是一个没有弹性的、无结构的数据集合，不能反映现实世界事物之间的内在联系。

3. 数据库系统阶段

20世纪60年代后期至今，计算机管理数据的规模逐渐增大，应用范围趋于广泛，数据量急剧增加，而且数据的共享要求越来越强。随着大容量磁盘的出现，硬件价格下降，软件价格上升，以文件方式管理数据已经不能满足应用的需求。于是为满足多用户、多应用共享数据的需求，数据库技术应运而生，出现了统一管理数据的专门软件——数据库管理系统。

在数据库系统阶段，应用程序与数据的对应关系如图12.1.4所示。

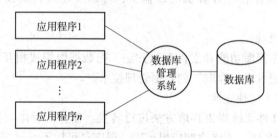

图12.1.4 数据库系统阶段应用程序与数据的对应关系

在数据库系统阶段，对于数据的管理在文件系统之上加入了数据库管理系统，由数据库管理系统负责应用程序和数据库之间的数据存取。在该阶段的数据管理具有如下特点。

1）数据结构化

数据结构化是指在数据库系统中，将各种应用的数据按照一定的结构形式（即数据模型）组织到一个结构化的数据库中。数据不再仅仅针对某个应用，而是面向整个组织（即多个应用）的数据结构。也就是说，不仅数据内部是结构化的，整体也是结构化的。描述数据时，不仅要描述数据本身，还要描述数据之间的联系。数据的结构化是数据库系统的主要特征之一，是数据库系统与文件系统的本质区别。

2）数据的共享性高，冗余度低

数据库系统是从整体角度看待和描述数据的，数据不再面向某个应用而是面向整个系统。因此，数据可以被多个用户、多个应用程序使用。这样大大减少了数据冗余，节约了存储空间，同时也避免了数据之间的不相容与不一致。

3）数据独立性高

数据独立性是指应用程序和数据结构之间相互独立、互不影响，即数据的逻辑结构、存储结构以及存储方式的改变不影响应用程序。数据独立性把数据的定义和描述从应用程序中分离出去，加上数据的存取是由数据库管理系统管理，用户不必考虑存取路径等细节，从而简化了应用程序的编写，大大减少了对应用程序的维护和修改。

数据独立性一般分为物理独立性和逻辑独立性两级。

（1）物理独立性：指用户的应用程序与存储在磁盘上的数据库中的数据是相互独立的。也就是说，数据库物理结构（如存储结构、存取方式、外部存储设备等）改变，应用程序不用改变。

（2）逻辑独立性：指用户的应用程序与数据库的逻辑结构是相互独立的。也就是说，数据库总体逻辑结构改变（如修改数据定义、增加新的数据类型、改变数据间的联系等），应用程序也可以不改变。

4）数据由数据库管理系统统一管理和控制

数据库为多个用户和应用程序所共享，对数据的存取往往是并发的，即多个用户可以同时存取数据库中的数据，甚至可以同时存取数据库中的同一个数据。为保证数据库数据的正确、有效和数据库系统的有效运行，数据库管理系统还必须提供以下 4 个方面的数据控制功能。

（1）数据的安全性控制：防止因不合法的使用造成数据的泄密和破坏，保证数据的安全和机密。使每个用户只能按规定，对某些数据以某种方式进行使用和处理。

（2）数据的完整性控制：系统通过设置一些完整性规则，保证数据的正确性、有效性和相容性。

（3）并发控制：对多用户的并发操作加以控制和协调，防止由于相互干扰而提供给用户不正确的数据，并防止数据库遭到破坏，保证并发访问时的数据一致性。

（4）数据恢复：当数据库被破坏或数据不可靠时，系统有能力将数据库从错误状态恢复到最近某一时刻的正确状态。

12.1.3　数据库系统的内部体系结构

美国国家标准协会（American National Standard Institute，ANSI）的数据库管理系统研究小组于 1978 年提出了标准化的建议，将数据库结构分为 3 级：面向用户或应用程序员的用户级、面向建立和维护数据库人员的概念级、面向系统程序员的物理级。在该建议的基础上，经过逐渐发展和演变，最终形成了"三级模式和二级映像"的数据库系统的内部体系结构，如图 12.1.5 所示。

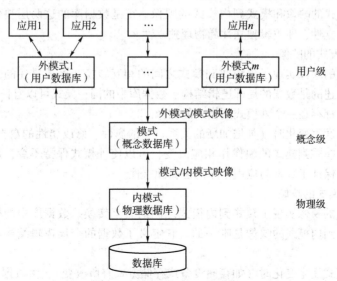

图 12.1.5　数据库系统的内部体系结构

1. 数据库系统的三级模式

1）模式

模式也称概念模式，对应于概念级，位于三级模式结构的中间层。它是对数据库中全部数据的逻辑结构和特征的总体描述，是所有用户的公共数据视图，是一种抽象的描述，不涉及具体的硬件环境与平台，也与具体的软件环境无关。

一个数据库只有一个模式。数据库模式以某一种数据模型为基础，综合考虑了所有用户的需求，并将这些需求有机地结合成一个逻辑整体。定义模式时不仅要定义数据的逻辑结构，而且要定义与数据有关的安全性、完整性要求和数据间的联系。

2）外模式

外模式也称子模式或用户模式，对应于用户级，位于三级模式结构的最外层。它是数据库用户（包括应用程序和最终用户）能够看见和使用的局部数据的逻辑结构和特征描述，是数据库用户的数据视图，即用户视图。

外模式由模式推导而出，是模式的一个子集，一个数据库可以有多个外模式。外模式是可以共享的，同一个外模式可以为多个应用程序所使用，但一个应用程序只能使用一个外模式。每个用户只能看见和访问所对应的外模式中的数据，数据库中的其余数据是不可见的。因此，外模式是保证数据库安全性的一个有力措施。

3）内模式

内模式也称存储模式或物理模式，对应于物理级，位于三级模式结构的最内层。它是对数据的物理结构和存储方式的描述，是数据在数据库系统内部的表示方式，如记录的存储方式、索引的组织方式、数据是否压缩、存储数据是否加密和数据的存储记录结构有何规定等。一个数据库只有一个内模式，且独立于具体的存储设备。

2. 数据库系统的二级映像

数据库系统的三级模式对应数据的 3 个抽象级别，它使用户能逻辑地、抽象地处理数据，而不必关心数据在计算机内部的存储方式，把数据的具体组织留给数据库管理系统管理。为了在系统内部实现这 3 个抽象级别的联系和转换，数据库管理系统在这三级模式之间提供了两层映像，即外模式到模式的映像和模式到内模式的映像。正是数据库的这两层映像保证了数据库系统中较高的数据独立性，即逻辑独立性和物理独立性。

1）外模式到模式的映像

外模式到模式的映像实现了外模式到模式之间的相互转换。模式描述的是数据的全局逻辑结构，而外模式描述的是数据的局部逻辑结构。数据库中的同一模式可以有任意多个外模式，对于每一个外模式，都存在一个外模式到模式的映像。

当数据的模式发生变化时（如增加新的关系、新的属性、修改属性的数据类型等），由数据库管理员对各个外模式到模式的映像作相应改变，可以使外模式保持不变，从而使对应的应用程序也保持不变，保证了数据与应用程序的逻辑独立性。

2）模式到内模式的映像

模式到内模式的映像实现了模式到内模式之间的相互转换。数据库中的模式和内模式都只有一个，所以模式到内模式的映像是唯一的。它定义了数据的全局逻辑结构与存储结构之间的对应关系。

当数据的内模式发生变化时（如存储设备或存储方式有所改变），由数据库管理员对模式到内模式的映像作相应改变，可以使模式保持不变，从而应用程序也不必改变，保证了数据与应用程序的物理独立性。

12.2　数据模型

12.2.1　数据模型的基本概念及分类

1. 数据模型的基本概念

模型是对现实世界中某个对象特征的模拟和抽象，如航模飞机、地图和建筑设计沙盘等都是具体的模型。

数据模型是在数据库系统中对现实世界数据特征的抽象，用来描述数据、组织数据和对数据进行操作，是数据库系统的核心和基础。

数据库中的数据模型可以将复杂的现实世界要求反映到计算机数据库中的物理世界，这种反映是一个逐步转化的过程，需要将现实世界的事物及其联系抽象成信息世界的概念模型，然后再抽象成计算机世界的数据模型，如图 12.2.1 所示。

1) 现实世界

现实世界即客观存在的世界。现实世界的数据就是客观存在的各种报表、图表和查询格式等原始数据。计算机只能处理数据，所以首先要解决的问题是按用户的观点对数据和信息建模，即抽取数据库技术所研究的数据，分门别类，综合抽取出系统所需的数据。

2) 信息世界

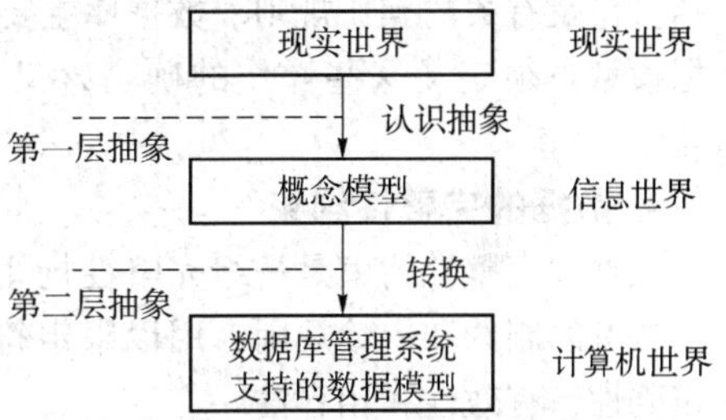

图 12.2.1　数据处理的抽象和转换过程

信息世界是现实世界在人们头脑中的反映，经过人脑的分析、归纳和抽象，形成信息，人们把这些信息用符号、文字、图片、声音和图像等进行记录，并整理、归纳和格式化后，就构成了信息世界。在信息世界中，数据库常用的表示现实世界的概念有实体、实体集、属性和码等。

3) 计算机世界

计算机世界是信息世界中信息的数据化，就是将信息用字符和数值等数据表示，便于存储在计算机中并由计算机进行识别和处理。计算机世界中常用的概念有字段、记录、文件和关键字等。

2. 数据模型的分类

数据模型的种类繁多，根据模型应用的目的不同，可以把数据模型划分为两类，即分别属于两个不同的抽象级别。

第一类数据模型是概念模型，也称信息模型。它是按用户的观点对数据和信息进行建模，是对现实世界的事物及其联系的第一层抽象，是用户和数据库设计人员之间进行交流的工具，这一类数据模型中最著名的是 E-R 模型。

第二类数据模型是逻辑模型和物理模型。逻辑模型是属于计算机世界中的模型，按照计算机系统的观点对数据建模，主要用于数据库管理系统的实现，是对现实世界的第二层抽象。常见的逻辑模型主要有层次模型、网状模型、关系模型和面向对象模型等。物理模型是对数据最底层的抽象，它描述数据在磁盘或磁带上的存储方式和存取方法，是面向计算机系统的模型。从逻辑模型到物理模型的转换由数据库管理系统自动完成，一般不需要我们考虑。因此，如果不特别说明，我们在数据模型中讨论的数据库的逻辑结构模型，指的就是逻辑模型。

12.2.2 数据模型的组成要素

数据模型是严格定义的一组概念的集合。这些概念精确地描述了系统的静态特性、动态特性和完整性约束条件。因此，数据模型通常由数据结构、数据操作和数据的完整性约束 3 个要素组成。

1. 数据结构

数据结构用于描述系统的静态特性，描述数据库的组成对象以及对象之间的联系。数据结构描述的内容包括两类：第一类是与数据类型、内容、性质有关的对象，如关系模型中的域、属性、关系等；第二类是与数据之间联系有关的对象，如关系模型中的码、外码等。

数据结构是刻画一个数据模型性质最重要的方面。因此，数据库系统通常按照其数据结构的类型来命名数据模型。例如，层次结构、网状结构和关系结构的数据模型分别命名为层次模型、网状模型和关系模型。

2. 数据操作

数据操作用于描述系统的动态特性，是数据库中各种对象的实例允许执行的操作的集合，包括操作及有关的操作规则。数据库主要有查询和更新（包括插入、删除和修改）两大类操作。数据模型必须定义这些操作的确切含义、操作符号、操作规则（如优先级）以及实现操作的语言。

3. 数据的完整性约束

数据的完整性约束是一组完整性规则的集合。完整性规则是给定的数据模型中数据及其联系所具有的制约和依赖规则，用以限定符合数据模型的数据库状态及状态的变化，以保证数据的正确性、有效性和相容性。

在建立数据模型时，应该反映和规定本数据模型必须遵守的、基本的和通用的完整性约束条件。例如，在关系模型中，任何关系必须满足实体完整性和参照完整性这两类条件。

此外，数据模型还应该提供定义完整性约束条件的机制，以反映具体应用所涉及的数据必须遵守的特定的语义约束。例如，在某单位的数据库中规定男职工的退休年龄是 60 周岁，女职工的退休年龄是 55 周岁。

12.2.3 概念模型的 E-R 表示

概念模型用于信息世界的建模，是现实世界到信息世界的第一层抽象。长期以来被广泛使用的概念模型是实体-联系模型（即 E-R 模型），它是由美籍华裔计算机科学家陈品山于 1976 年提出的，该模型将现实世界的要求转化为用实体、联系、属性等基本概念，以及它们间的连接关系直观地表示出来的图形化的方式。

1. E-R 模型的基本概念

1) 实体

现实世界中的事物可以抽象成实体，实体是概念世界中的基本单位，它们是客观存在并且可以相互区别的事物。实体可以是具体的人、事和物，如一个学生、一本书、一门课等；也可以是抽象的事件，如一次考试，一堂课、学生选修课程等。

2) 属性

实体所具有的某一特性称为属性。一个实体可以由若干个属性共同来刻画，如学生实体由学号、姓名、性别、年龄、专业等方面的属性组成。属性有 "型" 和 "值" 之分。"型" 为属性名，如学号、姓名、性别、年龄、专业都是属性的型； "值" 为属性的具体内容，如学生（1001、张三、男、18、计算机），这些属性的值的集合表示了一个学生实体。

3) 实体型

具有相同属性的实体必然有共同的特征。用实体名及其属性名的集合来抽象和描述同类实体，称为实体型，如学生（学号、姓名、性别、年龄、专业）就是一个实体型。

4) 实体集

凡是有共性的实体组成的集合称为实体集，如所有学生、所有课程等。

5) 码

在实体型中，能唯一标识一个实体的属性或属性集称为实体的码（也称键），如学生的学号就是学生实体的码。

6) 联系

现实世界中，事物内部及事物之间是有联系的，这些联系在信息世界中被抽象为单个实体型内部的联系和实体型之间的联系。单个实体型内部的联系通常是指组成实体的各属性之间的联系；实体型之间的联系通常是指不同实体集之间的联系，可以分为两个实体型之间的联系以及两个以上实体型之间的联系，下面主要介绍两个实体型之间的联系。

2. 两个实体型之间的联系

两个实体型之间的联系是指两个不同实体集间的联系，可以分为如下 3 种。

1) 一对一联系（1:1）

如果对于实体集 A 中的每一个实体，实体集 B 中至多有一个实体与之联系，反之亦然，则称实体集 A 与实体集 B 具有一对一联系，记为 1:1。例如，学校与校长、班级与班长、观众与座位、病人与床位之间的联系。

2) 一对多联系（1:n）

如果对于实体集 A 中的每一个实体，实体集 B 中有 n 个实体（$n \geq 0$）与之联系；反之，对于实体集 B 中的每一个实体，实体集 A 中至多只有一个实体与之联系，则称实体集 A 与实体集 B 具有一对多联系，记为 1:n。例如，班级与学生、宿舍与学生、公司与职员之间的联系。

3) 多对多联系（m:n）

如果对于实体集 A 中的每一个实体，实体集 B 中有 n 个实体（$n \geq 0$）与之联系；反之，对于实体集 B 中的每一个实体，实体集 A 中也有 m 个实体（$m \geq 0$）与之联系，则称实体集 A 与实体集 B 具有多对多联系，记为 m:n。例如，教师与学生、学生与课程、工厂与产品之间的联系。

3. E-R 模型的图示法

E-R 图是 E-R 模型的一种非常直观的表示方法，基本成分包含实体型、属性和联系，它们的表示方法如下。

1) 实体型表示法

实体型表示法是指用矩形框表示实体型，在矩形框内标注实体名称，如图 12.2.2(a) 所示。

2) 属性表示法

属性表示法是指用椭圆形框表示属性，在椭圆形框内标注属性名称，如图 12.2.2(b) 所示；并用无向线段将其与对应的实体相连。对于实体的码，在属性名下画一条横线。

3) 联系表示法

联系表示法是指用菱形框表示联系，在菱形框内标注联系名称，如图 12.2.2(c) 所示；并用无向线段将其与有关实体相连，同时在无向线段上注明其对应联系的类型，即 1:1、1:n 或 m:n。

例如，用 E-R 图表示学生选修课程的概念模型。学生有学号、姓名、性别、年龄、专业等属性，学号是学生实体的码。课程有课程号、课程名、课程性质、学分等属性，课程号是课程实体的码。学生实体与课程实体间的联系为选课，是多对多联系，因为一个学生可以选修多门课程，一门课程也可以被多个学生选修，用成绩来描述选课的属性，如图 12.2.3 所示。

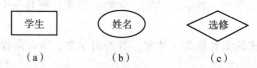

图 12.2.2 E-R 图的 3 种基本成分及其图形表示方法

（a）实体型表示法；（b）属性表示法；（c）联系表示法

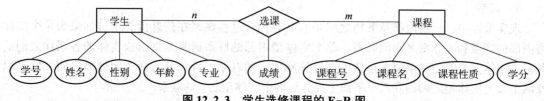

图 12.2.3 学生选修课程的 E-R 图

12.2.4 常见的数据模型

目前，在数据库领域中常用的数据模型主要有层次模型（Hierarchical Model）、网状模型（Network Model）、关系模型（Relational Model）和面向对象模型（Object Oriented Model）4 种，它们是对现实世界的第二层抽象，直接面向数据库的逻辑结构。

其中，层次模型和网状模型是早期的数据模型，统称为非关系模型或格式化模型，20 世纪 70 年代至 80 年代初，非关系模型的数据库系统非常流行，在数据库系统产品中占据了主导地位，现在已经逐渐被关系模型的数据库系统取代；关系模型是现今比较流行的数据库建模模型；面向对象模型是捕获在面向对象程序设计中所支持的对象语义的逻辑数据模型。

1. 层次模型

层次模型是数据库系统中最早出现的数据模型，采用层次模型的数据库的典型代表是 1969 年由 IBM 公司推出的 IMS（Information Management System），这是 IBM 公司推出的第一个大型商用数据库管理系统，曾经得到广泛的应用。

层次模型使用树形结构表示各类实体及实体间的联系。它是以记录为节点，以记录之间的联系为边的有向树。

在树形结构中，每个节点表示一个记录类型，每个记录类型可包含若干个字段，记录类型描述的是实体，字段描述实体的属性，各个记录类型及其字段都必须命名。节点间用带箭头的连线或边表示记录类型间的联系，连线上端的节点是父节点或双亲节点，连线下端的节点是子节点或子女节点，同一双亲的子节点称为兄弟节点，没有子节点的节点称为叶子节点。

层次模型主要具有以下特点。

（1）每棵树有且仅有一个节点没有双亲，它是树的根节点。

（2）根节点以外的其他节点有且仅有一个父节点。

（3）父节点与子节点之间的联系是一对多（$1:n$）的联系。父节点中的任何一个记录值可能对应 n 个子节点中的记录值，而子节点中的一个记录值只能对应父节点中的一个记录值。因此，任何一个给定的记录值只有按照其路径查看时，才能显出它的全部意义，没有一个子女记录值能够脱离双亲记录值而独立存在。

图 12.2.4 为层次模型示例。

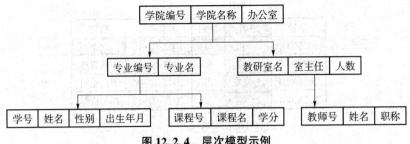

图 12.2.4　层次模型示例

2. 网状模型

网状模型的出现略晚于层次模型，它是一种采用有向图结构表示各类实体及实体间联系的数据模型。相对于层次模型，网状模型可以用于描述较为复杂的现实世界。它通过指针实现记录之间的联系，查询效率较高，但由于数据结构复杂并且编程复杂，故对开发人员的要求较高，其应用也受到一定制约。

世界上第一个网状数据库管理系统是由美国通用电气公司的 Bachman 等人在 1964 年开发成功的 IDS（Integrated DataStore），IDS 的出现，奠定了网状数据库的应用基础。

网状模型主要具有以下特点。

（1）允许一个以上的节点没有父节点。

（2）一个节点可以有多个父节点。

（3）允许两个节点之间有多种联系（复合联系）。

图 12.2.5 为网状模型示例。

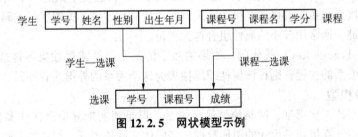

图 12.2.5　网状模型示例

3. 关系模型

1970 年，IBM 公司的研究员 E. F. Codd 发表了题为《大型共享数据银行的关系模型》的论文，提出了关系模型的概念，开创了数据库的关系方法和数据规范化理论的研究，为关系数据库技术奠定了理论基础。

关系模型的数据结构是一个规范化的二维表，它由表名、表头和表体 3 个部分构成，表名即二维表的名称，表头决定了二维表的结构（即表中的列数及每列的列名、类型等），表体即二维表中的数据。每个二维表又可称为关系。

关系模型与层次模型、网状模型的最大差别是用键而不是用指针导航数据，其数据结构简单易懂，用户只需简单地查询语句就可以对数据库进行操作，并不涉及存储结构等细节。另外，关系模型是数学化的模型，有严格的数学基础及在此基础上发展的关系数据理论，简化了程序员的工作和数据库的开发维护工作，因而关系模型自诞生以后便发展迅速，成为深受用户欢迎的数据模型。

以图 12.2.6 所示的学生基本情况表为例，介绍关系模型中的一些主要术语。

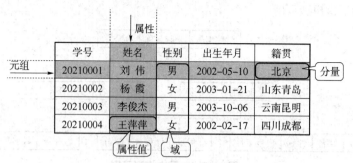

图 12.2.6 关系模型示例

（1）关系（Relation）：一个关系对应一个二维表，二维表的表名就是关系名。

（2）元组（Tuple）：二维表中的一行称为元组，在关系数据库中被称为记录。

（3）属性（Attribute）：二维表中的一列称为属性，每一个属性的名称称为属性名，列值称为属性值。

（4）分量（Component）：元组中的一个属性值，允许出现空值（NULL）。

（5）域（Domain）：属性值的取值范围称为域。

（6）关键字（Key）或码：如果在一个关系中存在唯一标识一个实体的一个属性或属性集，则称该属性或属性集为这个关系的关键字（简称键）或码。

（7）候选键（Candidate Key）或候选码：如果在一个关系中存在多个属性或属性集都能唯一标识该关系的元组，则这些属性或属性集都称为该关系的候选键或候选码。一个关系中可以有多个候选键。

（8）主键（Primary Key）或主码：在一个关系的若干候选键中指定一个用来唯一标识该关系的元组，则称这个被指定的候选键称为主关键字，或简称主键、关键字、主码。每一个关系都有且只有一个主键，通常用较小的属性组合作为主键。

（9）外键（Foreign Key）或外码：如果关系中的某个属性或属性集不是这个关系的主键，但它是另外一个关系的主键，则称该属性或属性集为这个关系的外键或者外码。

4. 面向对象模型

虽然关系模型比层次模型、网状模型简单灵活，但是现实世界中存在许多含有复杂数据结构的应用领域，如计算机辅助设计的图形数据，多媒体应用的图形、声音和文档等。它们需要更高级的数据库技术来表达。

面向对象模型是建立在面向对象的基本思想上的一种把实体表示为类，用一个类描述对象属性和实体行为的数据模型，可以通过将一个对象类嵌套或封装在另一个对象类里来表示类间的关联，新的对象类可以从更一般化的对象类中导出，如图 12.2.7 所示。面向对象的方法，更利于用人理解的方式对复杂系统进行分析、设计与编程。同时，面向对象能有效提高编程的效率，通过封装技术、消息机制可以像搭积木一样快速开发出一个全新的系统。

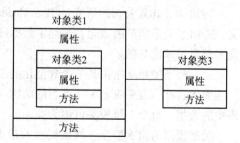

图 12.2.7 对象类间的关联

面向对象模型能完整地描述现实世界的数据结构，具有丰富的表达能力，但模型相对比较复杂，涉及的知识比较多，因此，面向对象数据库尚未达到关系数据库的普及程度。

12.3　关系数据库

12.3.1　关系数据库概述

1. 关系数据库的概念

关系数据库是采用关系模型作为数据组织方式的数据库。在关系数据库中，使用集合、代数等概念和方法来处理数据库中的数据，它将每个具有相同属性的数据独立地存储在一个表中。对任一个表而言，用户可以新增、删除和修改表中的数据，而不会影响表中的其他数据。关系数据库产品一经问世，就以其简单清晰的概念，易懂易学的数据库语言，深受广大用户喜爱。如今常用的关系数据库有 Oracle、DB2、SQL Server、Sybase、MySQL 等。

2. 关系数据库的完整性

关系数据库的完整性是实现对关系中的数据的约束。关系数据库中有 3 类完整性约束：实体完整性、参照完整性及用户定义完整性。其中，实体完整性和参照完整性由关系数据库系统自动支持；用户定义完整性是用户根据应用实际环境对关系中数据定义的约束规则，运行时由系统自动检查。

1）实体完整性

实体完整性是指主键中的属性值不能为空。这是数据库完整性的最基本要求，因为主键是唯一决定元组的，如果为空值则其唯一性就成为不可能的了。

例如，在学生关系中的主键"学号"不能为空，选课关系中的主键"学号+课程号"不能为空。

2）参照完整性

参照完整性是关系之间相互关联的基本约束，不允许关系引用不存在的元组，即在关系中的外键，要么是所关联关系中实际存在的元组，要么为空值。

例如，学生实体和专业实体可以用下面的关系来表示，其中主键用下划线标识：

学生（<u>学号</u>，姓名，性别，出生年月，专业号）

专业（<u>专业号</u>，专业名）

这两个关系存在着关联，即学生关系的外键"专业号"与专业关系的主键"专业号"相关联，学生关系是参照关系，专业关系是被参照关系。学生关系中某个学生"专业号"的取值，必须在参照关系专业中的主键"专业号"的值中能够找到，否则表示把该生分配到一个不存在的专业，显然不符合语义。如果某个学生"专业号"取空值，则表示该学生尚未分配到任何专业。

3）用户定义完整性

用户定义完整性是针对某一具体关系数据库的约束条件，它反映某一具体应用所涉及的数据必须满足的语义要求。

例如，规定成绩的取值范围为 $0 \sim 100$；性别只能是"男"或"女"；职工的工龄应小于年龄等。

12.3.2　关系代数

关系数据库系统的特点之一是它建立在数学理论的基础之上，有很多数学理论可以表示关系模型的数据操作，其中，最为著名的是关系代数和关系演算。关系数据库中使用 SQL 语言可以支持关系代数和关系演算中的运算和操作。关系代数采用对关系的运算来表达查询要求，关系演算用谓词来表达查询要求。下面将介绍关于关系数据库的理论——关系代数。

关系代数的运算对象是关系，运算结果也是关系。关系代数用到的运算符主要包括以下4类。

（1）传统的集合运算符：∪（并）、-（差）、∩（交）、×（广义笛卡尔积）。

（2）专门的关系运算符：σ（选择）、π（投影）、⋈（连接）、÷（除）。

（3）算术比较运算符：>（大于）、≥（大于或等于）、<（小于）、≤（小于或等于）、=（等于）、<>（不等于）。

（4）逻辑运算符：∧（与）、∨（或）、¬（非）。

传统的集合运算将关系看成元组的集合，其运算是从关系的"水平"方向即行的角度来进行；专门的关系运算不仅涉及行运算（水平方向），也涉及列运算（垂直方向）；算术比较运算和逻辑运算是用来辅助专门的关系运算进行操作的。

1. 传统的集合运算

传统的集合运算是二目运算，包括并、差、交、广义笛卡尔积4种运算。

设关系 R 和关系 S 具有相同的列数 n（即两个关系都有 n 个属性），且相应的属性取自同一个域，t 是元组变量，$t \in R$ 表示 t 是 R 的一个元组，则定义并、差、交、广义笛卡尔积运算如下。

1）并（Union）

关系 R 与关系 S 的并运算结果是由属于 R 或 S 的所有元组（重复元组合并）组成的一个新的关系，该关系仍为 n 元关系，记作

$$R \cup S = \{t \mid t \in R \vee t \in S\}$$

两个关系 R 和 S 的并运算如图 12.3.1 所示。

（a）　　　　　　　（b）　　　　　　　（c）

图 12.3.1　关系的并运算

（a）关系 R；（b）关系 S；（c）$R \cup S$

2）差（Difference）

关系 R 与关系 S 的差运算结果由属于 R 但不属于 S 的所有元组组成，即从 R 中删去与 S 中相同的元组，组成一个新的关系，该关系仍为 n 元关系，记作

$$R - S = \{t \mid t \in R \wedge t \notin S\}$$

两个关系 R 和 S 的差运算如图 12.3.2 所示。

（a）　　　　　　　（b）　　　　　　　（c）

图 12.3.2　关系的差运算

（a）关系 R；（b）关系 S；（c）$R-S$

3）交（Intersection）

关系 R 与关系 S 的交运算结果由既属于 R 又属于 S 的元组组成，即 R 和 S 中相同的元组组成一个新的关系，该关系仍为 n 元关系，记作

$$R \cap S = \{ t \mid t \in R \land t \in S \}$$

两个关系 R 和 S 的交运算如图 12.3.3 所示。

A	B	C	D
1	2	3	4
5	6	7	8
2	2	9	0

A	B	C	D
3	4	5	6
1	2	3	4
9	8	7	6

A	B	C	D
1	2	3	4

（a）   （b）   （c）

图 12.3.3 关系的交运算

（a）关系 R；（b）关系 S；（c）$R \cap S$

4）广义笛卡尔积（Extended Cartesian Product）

两个分别为 n 元和 m 元的关系 R 和 S 的广义笛卡尔积是一个（$n+m$）列的元组的集合。元组的前 n 列是关系 R 的一个元组，后 m 列是关系 S 的一个元组。若 R 有 k_1 个元组，S 有 k_2 个元组，则关系 R 和关系 S 的广义笛卡尔积有 $k_1 \times k_2$ 个元组，记作

$$R \times S = \{ t_r \frown t_s \mid t_r \in R \land t_s \in S \}$$

两个关系 R 和 S 的广义笛卡尔积运算如图 12.3.4 所示。

A	B	C	D
1	2	3	4
5	6	7	8
2	2	9	0

E	F
1	1
2	2

A	B	C	D	E	F
1	2	3	4	1	1
1	2	3	4	2	2
5	6	7	8	1	1
5	6	7	8	2	2
2	2	9	0	1	1
2	2	9	0	2	2

（a）   （b）   （c）

图 12.3.4 关系的广义笛卡尔积运算

（a）关系 R；（b）关系 S；（c）$R \times S$

2. 专门的关系运算

1）选择

选择是在关系 R 中选取满足给定条件的若干元组，组成一个新的关系，记作

$$\sigma_F(R) = \{ t \mid t \in R \land F(t) = \text{'真'} \}$$

其中，F 表示选择的条件，它是一个由运算对象（属性名、常量、简单函数）、算术比较运算符（=、>、≥、<、≤、<>）和逻辑运算符（∧、∨、¬）构成的逻辑表达式，结果为逻辑值"真"或"假"。

关系的选择运算是从行的角度进行的运算，如图 12.3.5 所示。

2）投影

投影是对关系在垂直方向上的选择操作。关系 R 上的投影是从 R 中选出若干属性列，组成一个新的关系，记作

$$\pi_A(R) = \{ t[A] \mid t \in R \}$$

其中，A 为 R 中的属性列。

关系的投影运算是从列的角度进行的运算，如图 12.3.6 所示。

A	B	C	D
1	2	3	4
5	6	7	8
2	2	9	0

（a）

A	B	C	D
1	2	3	4

（b）

图 12.3.5 关系的选择运算

（a）关系 R；（b）$\sigma_{A<'5' \wedge D>'0'}(R)$

A	B	C	D
1	2	3	4
5	6	7	8
2	2	9	0

（a）

A	B
1	3
5	7
2	9

（b）

图 12.3.6 关系的投影运算

（a）关系 R；（b）$\sigma_{A,C}(R)$

3）连接

连接也称为 θ 连接。它是从两个关系的广义笛卡尔积中选取满足一定条件的元组，组成一个新的关系，记作

$$R \bowtie_{A\theta B} S = \{ \widehat{t_r t_s} \mid t_r \in R \wedge t_s \in S \wedge t_r[A] \; \theta \; t_s[B] \}$$

其中，AθB 为连接条件，当 θ 为 "＝" 时，称为等值连接；当 θ 为 "＜" 时，称为小于连接；当 θ 为 "＞" 时，称为大于连接。

在等值连接中，有一种特殊的连接是自然连接，它要求两个关系中进行比较的分量必须是相同的属性组，并且要在结果中把重复的属性去掉，即 R 和 S 具有相同的属性组 B，则自然连接可以记作

$$R \bowtie S = \{ \widehat{t_r t_s} \mid t_r \in R \wedge t_s \in S \wedge t_r[B] = t_s[B] \}$$

关系 R 和关系 S 的大于连接、等值连接和自然连接如图 12.3.7 所示。

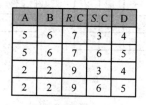

A	B	C
1	2	3
5	6	7
2	2	9

（a）

C	D
3	4
8	9
6	5

（b）

A	B	R.C	S.C	D
5	6	7	3	4
5	6	7	6	5
2	2	9	3	4
2	2	9	6	5

（c）

A	B	R.C	S.C	D
1	2	3	3	4

（d）

A	B	C	D
1	2	3	4

（e）

图 12.3.7 关系的连接运算

（a）关系 R；（b）关系 S；（c）大于连接（$R.C > S.D$）；（d）等值连接（$R.C = S.D$）；（e）自然连接

4）除

设有关系 $R(X,Y)$ 和 $S(Y,Z)$，其中 X、Y、Z 为属性集，R 中的 Y 与 S 中的 Y 可以有不同的属性名，但必须出自相同的值域。

R 与 S 的除运算得到一个新的关系 $P(X)$，P 是 R 中满足下列条件的元组在 X 上的投影：元组在 X 上分量值 x 的象集 Y_x 包含 S 在 Y 上投影的集合，记作

$$R \div S = \{ t_r[X] \mid t_r \in R \wedge \pi_Y(S) \subseteq Y_x \}$$

其中，Y_x 为 x 在 R 中的象集，即 R 中的属性组 X 上值为 x 的各元组在 Y 上分量的集合，$x = t_r[X]$。

关系 R 和关系 S 的除运算如图 12.3.8 所示。

A	B	C	D
1	2	3	4
1	2	5	6
2	2	9	0

C	D	E
3	4	5
5	6	7

A	B
1	2

(a)　　　　　　　　　　(b)　　　　　　　　(c)

图 12.3.8　关系的除运算

(a) 关系 R；(b) 关系 S；(c) $R \div S$

12.3.3　关系数据库的规范化理论

关系数据库的规范化理论最早是由关系数据库的创始人 E. F. Codd 提出的，后经许多专家学者对关系数据库理论做了深入的研究和发展，形成了一整套有关关系数据库设计的理论。在该理论出现以前，层次和网状数据库的设计只是遵循其模型本身固有的原则，没有具体的理论依据可言，具有随意性和盲目性，可能在以后的运行和使用中出现许多预想不到的问题。

关系数据库的规范化的基本思想是消除关系模式中的数据冗余，消除数据依赖中的不合理部分，解决数据在插入、删除过程中出现异常的问题。在关系数据库的规范化理论中，主要包括函数依赖、范式（Normal Form，NF）和模式设计 3 个方面的内容。其中，函数依赖起着核心的作用，是模式分解和模式设计的基础；范式是模式分解的标准。在本书中，我们只讨论关系数据库的范式。

范式是符合某一种级别的关系模式的集合，它是关系数据库规范化理论的基础，也是我们在设计数据库结构中所要遵循的规则和指导方法。目前关系数据库有 6 种范式：第一范式（1NF），第二范式（2NF），第三范式（3NF），Boyce-Codd 范式（BCNF），第四范式（4NF），第五范式（5NF）。通常在设计关系数据库时，只需要达到 3NF 就可以了。

各种范式之间的关系可以表示为 5NF⊂4NF⊂BCNF⊂3NF⊂2NF⊂1NF，如图 12.3.9 所示。

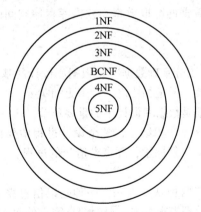

图 12.3.9　各种范式之间的关系

（1）第一范式（1NF）：如果关系模式 R 的所有属性均为原子属性，即每个属性都是不可再分的，则称 R 属于第一范式，记作 $R \in 1NF$。第一范式是最基本的规范形式。

（2）第二范式（2NF）：如果关系模式 $R \in 1NF$，且每个非主属性都完全函数依赖于 R 的主键，则称 R 属于第二范式，记作 $R \in 2NF$。

（3）第三范式（3NF）：如果关系模式 $R \in 2NF$，且每个非主属性都不传递函数依赖于 R 的主键，则称 R 属于第三范式，记作 $R \in 3NF$。

关系模式规范化的过程如图 12.3.10 所示。

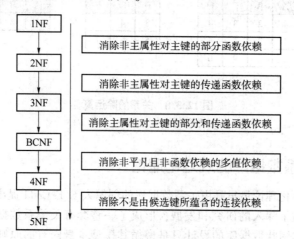

图 12.3.10　关系模式规范化的过程

12.4　数据库设计

12.4.1　数据库设计概述

数据库设计是指对于一个给定的应用环境，构造最优的数据库模式，建立数据库及其应用系统，使之能有效地存储数据，满足用户的信息要求和处理要求。

1. 数据库设计的目标

数据库设计的目标是为用户和各种应用系统提供一个信息基础设施和高效率的运行环境。高效率的运行环境包括数据库数据的存取效率、数据库存储空间的利用率、数据库系统运行管理的效率等。

2. 数据库设计的特点

"三分技术，十分管理，十二分基础数据"是数据库设计的基本特点之一。要建立一个好的数据库系统，开发技术固然重要，但是相比之下管理更加重要。"十二分基础数据"强调了数据的收集、整理、组织和不断更新是数据库设计中的重要环节。

数据库设计应该和应用系统设计相结合，整个设计过程中要把数据库结构设计和对数据库的处理紧密结合起来，是一种"反复探索，逐步求精"的过程。

3. 数据库设计的方法

数据库设计从本质上来讲有两种基本方法：一种是以信息需求为主，兼顾处理需求的面向数据的设计方法；另一种是以处理需求为主，兼顾信息需求的面向过程的方法。

这两种方法目前都在使用。早期以面向过程的方法使用较多，如今，面向数据的设计方法是主流。其中，目前公认的比较完整和权威的一种规范设计方法是新奥尔良法。它结合软件工程的思想和方法把数据库设计分成需求分析、概念结构设计、逻辑结构设计和物理结构设计 4 个阶段。目前，常用的规范设计方法大多起源于新奥尔良法。

12.4.2　数据库设计的步骤

在实际进行数据库设计的过程中，一般从软件工程的角度出发，采用生命周期法将数据库应用系统的设计分成目标独立的若干阶段来完成，每完成一个阶段，都要进行设计分析，评价一些重要的设计指标，对设计阶段产生的文档组织评审，与用户进行交流。如果设计的数据库不符合要求则进行修改，这种分析和修改可能要重复若干次，以求最终实现的数据库能够比较精确地模拟现实世界，并且能较准确地反映用户的需求，实现数据的共享和安全存取。

使用数据库设计的生命周期法把整个数据库的设计分为需求分析、概念结构设计、逻辑结构设计、物理结构设计、数据库实施、数据库运行与维护 6 个阶段，如图 12.4.1 所示。

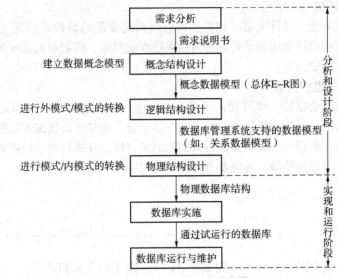

图 12.4.1　数据库设计步骤

在数据库设计中，前两个阶段是面向用户的应用要求和具体的问题；中间两个阶段是面向数据库管理系统；最后两个阶段是面向具体的实现方法。前 4 个阶段可统称为"分析和设计阶段"，后两个阶段统称为"实现和运行阶段"。

1. 需求分析阶段

进行数据库设计首先必须准确了解和分析用户需求（包括数据和处理要求）。需求分析是整个数据库设计过程的基础，是最费时、最复杂的一步，但也是最重要的一步，相当于构建数据库大厦的地基，它决定了以后各步设计的速度与质量。需求分析做得不好，可能会导致整个数据库设计返工重做。在需求分析阶段的后期，编写系统分析报告（也称"需求规格说明书"），提交给用户的决策部门管理人员进行讨论审查。

2. 概念结构设计阶段

概念结构设计是整个数据库设计的关键，它通过对用户需求进行综合、归纳与抽象，形成一个独立于具体数据库管理系统的概念模型。该模型是面向现实世界的数据模型，不能直接用于数据库的实现，但是这种模式易于为用户所理解，而且设计人员可以致力于模拟现实世界，而不必过早地纠缠于数据库管理系统所规定的各种细节。在此阶段，用户可以参与和评价数据库的设计，从而有利于保证数据库的设计与用户的需求相吻合。

一般情况下，用 E-R 模型表示概念模型。该模型虽然只有几个基本元素，但能够表达现实世界复杂的数据、数据之间的联系和约束条件，它还能方便快捷地转换成关系模型。

3. 逻辑结构设计阶段

逻辑结构设计是把概念结构转换为某个数据库管理系统所支持的数据模型，并对其进行优化。目前，绝大多数是转换成关系数据模型。

数据库逻辑结构设计的目标是，满足用户的完整性和安全性要求，能在逻辑级上高效率地支持各种数据库事务的运行。

4. 物理结构设计阶段

数据库最终是需要存储在物理设备上的。物理结构设计是为逻辑数据模型建立一个完整的、能实现的数据库结构，包括存储结构和存取方法。数据库的物理结构设计完全依赖于给定的数据库软件和硬件设备，不同类型的数据库管理系统对物理结构设计的要求差别很大。

5. 数据库实施阶段

在数据库的实施阶段，设计人员运用数据库管理系统提供的数据库语言（如 SQL）及其宿主语言，根据逻辑结构设计和物理结构设计的结果建立数据库，编制和调试应用程序，组织数据入库，并进行数据库的试运行。

6. 数据库运行与维护阶段

数据库经过试运行合格后，即可投入正式运行。这一阶段主要是收集和记录实际系统运行的数据，数据库运行的记录用来提供用户要求的有效信息，用来评价数据库系统的性能，并进一步调整和修改数据库。在运行中，必须保持数据库的完整性，且能有效地处理数据库故障和进行数据库恢复。在运行和维护阶段，可能要对数据库结构进行修改和扩充。

思考题

1. 简述数据库、数据库管理系统、数据库系统 3 个概念的含义和联系。
2. 数据库技术发展经历了哪几个阶段？
3. 数据库系统的内部体系结构是什么？
4. 数据模型的组成要素有哪些？
5. 简述关系数据库的完整性约束。
6. 数据库设计分为哪几个阶段？每个阶段的主要工作是什么？

参考文献

［1］袁方，王兵. 计算机导论［M］. 4 版. 北京：清华大学出版社，2020.

［2］黄国兴，丁岳伟，张瑜. 计算机导论［M］. 4 版. 北京：清华大学出版社，2019.

［3］杨文静，唐玮嘉，侯俊松. 大学计算机基础［M］. 北京：北京理工大学出版社，2019.

［4］高敬阳，朱群雄. 大学计算机基础［M］. 3 版. 北京：清华大学出版社，2011.

［5］蔡晓丽，张本文，徐向阳，等. 大学计算机应用基础［M］. 微课版. 成都：电子科技大学出版社，2020.

［6］高继梅，计算机应用基础［M］. 上海：上海交通大学出版社，2018.

［7］龚沛曾，杨志强. 大学计算机基础简明教程［M］. 3 版. 北京：高等教育出版社，2021.

［8］李志鹏. 精解 Windows 10［M］. 3 版. 北京：人民邮电出版社，2021.

［9］张艳，姜薇，孙晋非，等. 大学计算机基础［M］. 3 版. 北京：清华大学出版社，2016.

［10］陈慧. 计算机组成原理［M］. 北京：北京理工大学出版社，2017.

［11］谢希仁. 计算机网络［M］. 7 版. 北京：电子工业出版社，2017.

［12］邓世昆. 计算机网络［M］. 北京：北京理工大学出版社，2018.

［13］教育部考试中心. 全国计算机等级考试二级教程：MS Office 高级应用［M］. 北京：高等教育出版社，2019.

［14］教育部考试中心. 全国计算机等级考试二级教程：公共基础知识［M］. 北京：高等教育出版社，2019.

［15］华文科技. 新编 Office 2016 应用大全［M］. 北京：机械工业出版社，2017.

［16］严蔚敏，李冬梅，吴伟民. 数据结构（C 语言版）［M］. 2 版. 北京：人民邮电出版社，2015.

［17］KRUSE R L.数据结构与程序设计（C 语言版）［M］. 2 版. 敖富江，译. 北京：清华大学出版社，2019.

［18］崔武子，赵重敏，李青. C 程序设计教程［M］. 2 版. 北京：清华大学出版社，2007.

［19］邢国波，杨朝晖，郭庆. Java 面向对象程序设计［M］. 北京：清华大学出版社，2019.

［20］黎远松，彭其华，贺全兵，等. 算法分析与设计［M］. 成都：西南交通大学出版社，2013.

［21］耿国华. 算法设计与分析［M］. 2 版. 北京：高等教育出版社，2020.

［22］褚华，霍秋艳. 软件设计师教程［M］. 5 版. 北京：清华大学出版社，2018.

［23］张海藩，牟永敏. 软件工程导论［M］. 6 版. 北京：清华大学出版社，2017.

［24］陈志泊. 数据库原理及应用教程［M］. 4 版. 北京：人民邮电出版社，2017.

［25］王珊，萨师煊. 数据库系统概论［M］. 5 版. 北京：高等教育出版社，2014.